U0275692

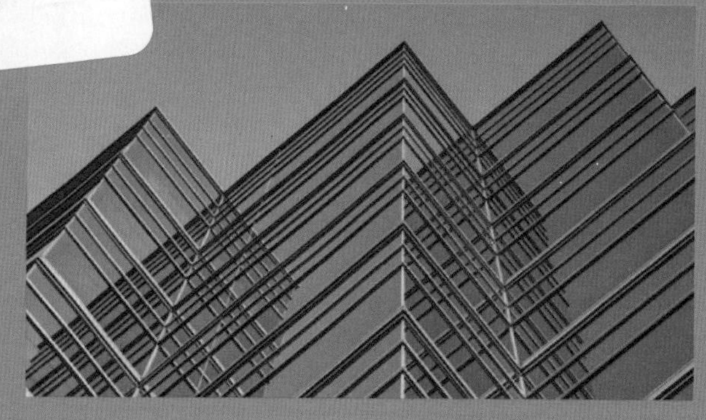

卷首语
preface

"还在秉烛沉思，笔精墨妙？"长久以来，人们都在思索如何把复杂的事物简单化。之所以迟迟找不到最好的办法，不是因为达不到那一高度，而是因为站的角度不对而已。

面层的精美源于基层的细致，成功的捷径来自积累的沉淀。

希望通过本书的匠心介绍给你不一样的学习体验！

新筑时代

CONTENTS /目录

关注我们，获取更多课程

01 加气砌块墙体乳胶漆类做法 /6
02 混凝土隔墙乳胶漆类做法(1) /8
03 混凝土隔墙乳胶漆类做法(2) /10
04 混凝土隔墙乳胶漆类做法(3) /12
05 轻钢龙骨隔墙乳胶漆类做法(1) /14
06 轻钢龙骨隔墙乳胶漆类做法(2) /16
07 混凝土墙体石材干挂 /18
08 加气砌块墙体石材干挂 /20
09 石材隔墙工艺做法(1) /22
10 石材隔墙工艺做法(2) /24
11 窗台板工艺 /26
12 石材与墙砖相接 /28
13 石材与木饰面相接(1) /30
14 石材与木饰面相接(2) /32
15 石材与木饰面相接(3) /34
16 石材与木饰面相接(4) /36
17 石材与木饰面相接(5) /38
18 石材与木饰面相接(6) /40
19 石材踢脚线与软包相接 /42
20 石材与软包相接 /44
21 石材与硬包相接 /46
22 石材与石材相接(1) /48
23 石材与石材相接(2) /50
24 石材与石材相接(3) /52
25 石材与不锈钢相接(1) /54

装饰工艺 解析

—— 墙面篇 ——

苏州新筑时代网络科技有限公司　编

江苏凤凰科学技术出版社

图书在版编目（CIP）数据

装饰工艺解析. 墙面篇 / 苏州新筑时代网络科技有限公司编. -- 南京 : 江苏凤凰科学技术出版社, 2018.7
ISBN 978-7-5537-9195-1

Ⅰ. ①装… Ⅱ. ①苏… Ⅲ. ①住宅－墙面装修 Ⅳ. ①TU767

中国版本图书馆CIP数据核字(2018)第094831号

装饰工艺解析 墙面篇

编　　者	苏州新筑时代网络科技有限公司
项目策划	天潞诚 / 薛业凤
责任编辑	刘屹立　赵　研
特约编辑	彭　娜　毛汶真
出版发行	江苏凤凰科学技术出版社
出版社地址	南京市湖南路1号A楼，邮编：210009
出版社网址	http：//www.pspress.cn
总　经　销	天津凤凰空间文化传媒有限公司
总经销网址	http：//www.ifengspace.cn
印　　刷	深圳市雅佳图印刷有限公司
开　　本	889 mm×1194 mm　1 / 16
印　　张	9.75
字　　数	80 000
版　　次	2018年7月第1版
印　　次	2018年7月第1次印刷
标准书号	ISBN 978-7-5537-9195-1
定　　价	128.00元

图书如有印装质量问题，可随时向销售部调换（电话：022-87893668）。

26 石材与不锈钢相接(2) /56
27 石材与玻璃相接(1) /58
28 石材与玻璃相接(2) /60
29 石材与玻璃相接(3) /62
30 石材与墙纸相接 /64
31 石材暗门工艺做法 /66
32 混凝土柱石材干挂 /68
33 建筑钢柱石材干挂 /70
34 木龙骨干挂木饰面做法 /72
35 卡式龙骨干挂木饰面做法 /74
36 混凝土基层木饰面干挂做法 /76
37 轻钢龙骨基层木饰面干挂做法 /78
38 木饰面与玻璃相接(1) /80
39 木饰面与玻璃相接(2) /82
40 木饰面与玻璃相接(3) /84
41 木饰面与不锈钢相接(1) /86
42 木饰面与不锈钢相接(2) /88
43 木饰面与不锈钢相接(3) /90
44 木饰面与墙纸相接(1) /92
45 木饰面与墙纸相接(2) /94
46 木饰面与墙纸相接(3) /96
47 木饰面与墙纸相接(4) /98
48 木饰面与软硬包相接(1) /100
49 木饰面与软硬包相接(2) /102
50 木饰面与软硬包相接(3) /104
51 木饰面与软硬包相接(4) /106
52 木饰面与软硬包相接(5) /108
53 墙砖与木饰面相接 /110
54 墙砖与墙纸相接 /112
55 墙砖与不锈钢相接 /114
56 软硬包与不锈钢踢脚线相接 /116
57 木饰面与不锈钢踢脚线相接 /118
58 玻璃与不锈钢相接 /120
59 乳胶漆与不锈钢相接 /122
60 轻钢龙骨基层不锈钢做法 /124
61 混凝土隔墙木基层不锈钢做法 /126
62 轻钢龙骨基层软包做法 /128
63 混凝土基层硬包做法 /130
64 乳胶漆与软硬包相接(1) /132
65 乳胶漆与软硬包相接(2) /134
66 乳胶漆与软硬包相接(3) /136
67 软硬包与墙纸相接 /138
68 玻璃窗与墙面相接 /140
69 墙面艺术玻璃做法 /142
70 玻璃栏杆扶手工艺做法(1) /144
71 玻璃栏杆扶手工艺做法(2) /146
72 陶瓷马赛克隔墙工艺做法(1) /148
73 陶瓷马赛克隔墙工艺做法(2) /150
74 混凝土基层门套做法 /152
75 轻钢龙骨基层门套做法 /154

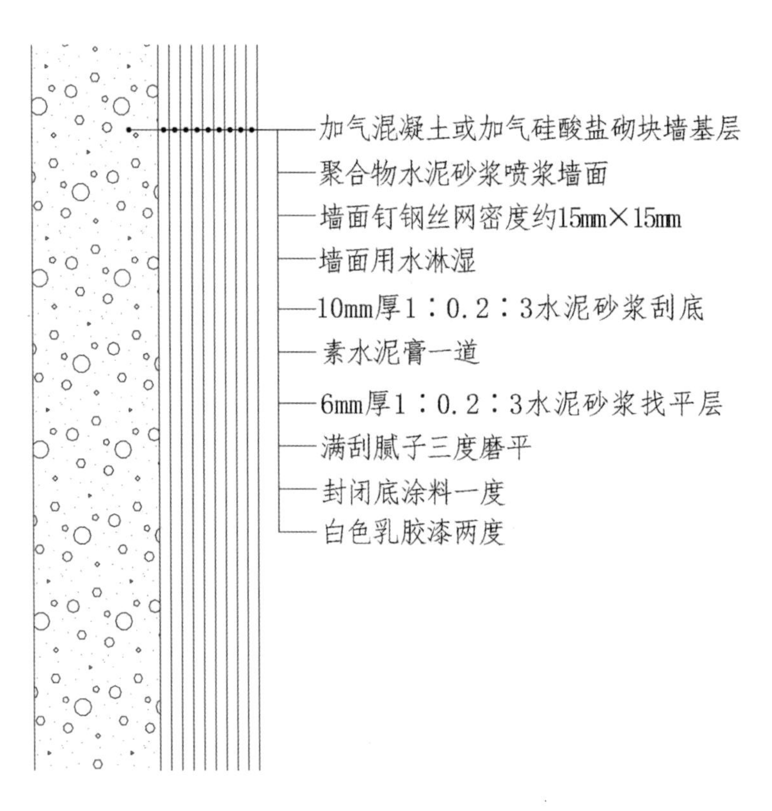
加气混凝土或加气硅酸盐砌块墙基层
聚合物水泥砂浆喷浆墙面
墙面钉钢丝网密度约15mm×15mm
墙面用水淋湿
10mm厚1：0.2：3水泥砂浆刮底
素水泥膏一道
6mm厚1：0.2：3水泥砂浆找平层
满刮腻子三度磨平
封闭底涂料一度
白色乳胶漆两度

加气砌块墙体乳胶漆类做法节点图

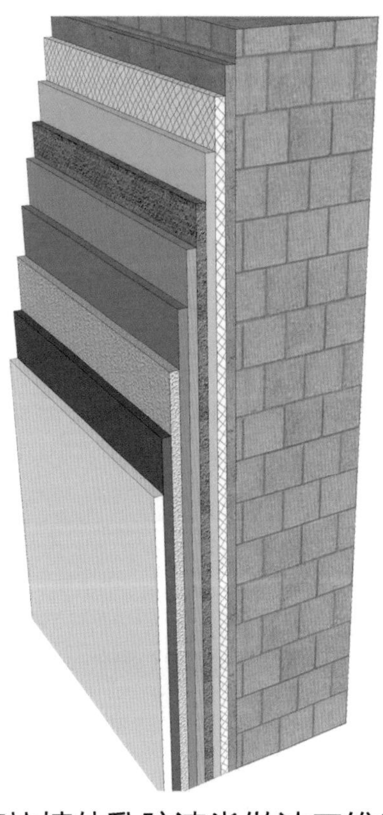

加气砌块墙体乳胶漆类做法三维示意图

工艺说明：1. 加气混凝土或加气硅酸盐砌块墙基层。

2. 聚合物水泥砂浆喷浆墙面。

3. 墙面钉钢丝网密度约15mm×15mm。

4. 10mm厚1：0.2：3水泥砂浆刮底。

5. 素水泥膏一道。

6. 6mm厚1：0.2：3水泥砂浆找平层。

7. 满刮腻子三度磨平。

8. 封闭底涂料一度。

9. 白色乳胶漆两度。

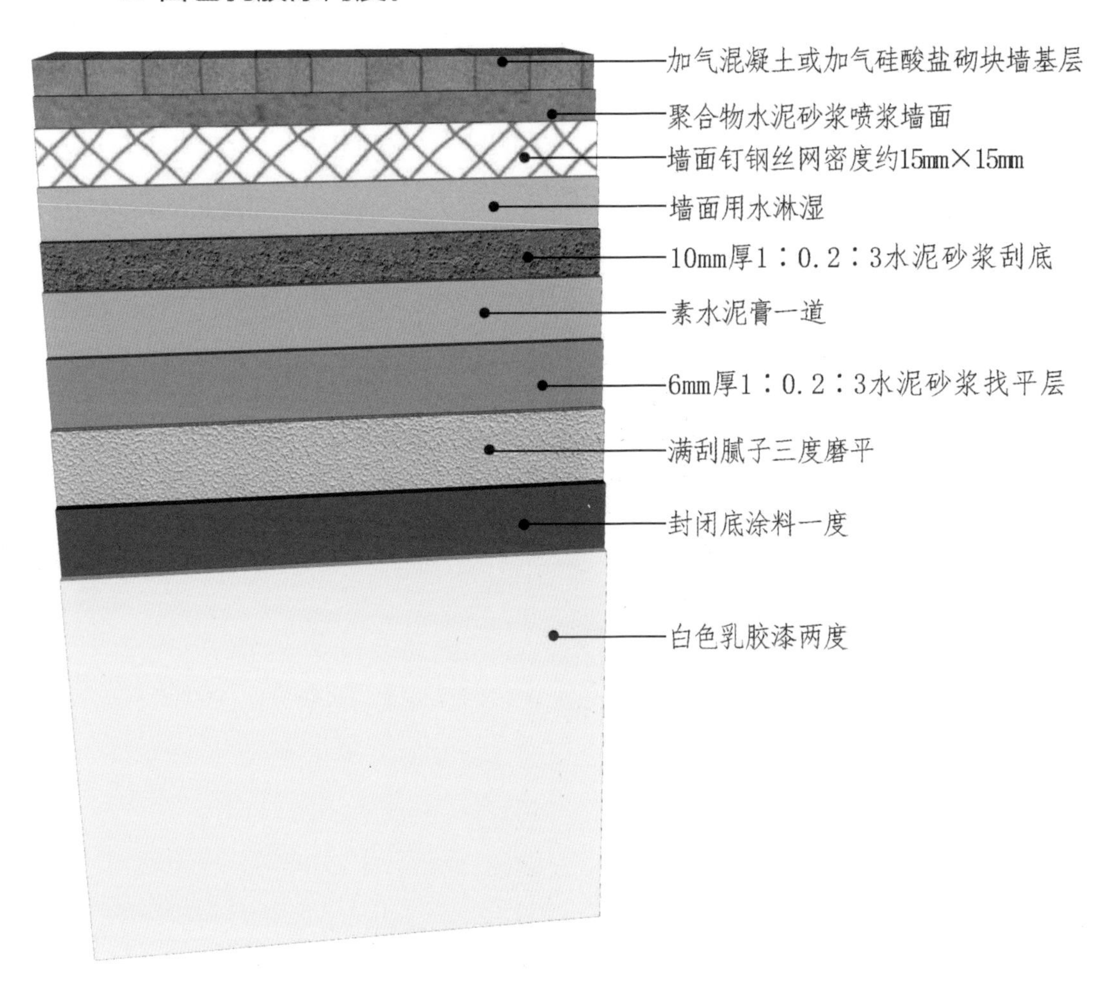
加气混凝土或加气硅酸盐砌块墙基层
聚合物水泥砂浆喷浆墙面
墙面钉钢丝网密度约15mm×15mm
墙面用水淋湿
10mm厚1：0.2：3水泥砂浆刮底
素水泥膏一道
6mm厚1：0.2：3水泥砂浆找平层
满刮腻子三度磨平
封闭底涂料一度
白色乳胶漆两度

加气砌块墙体乳胶漆类做法三维示意图

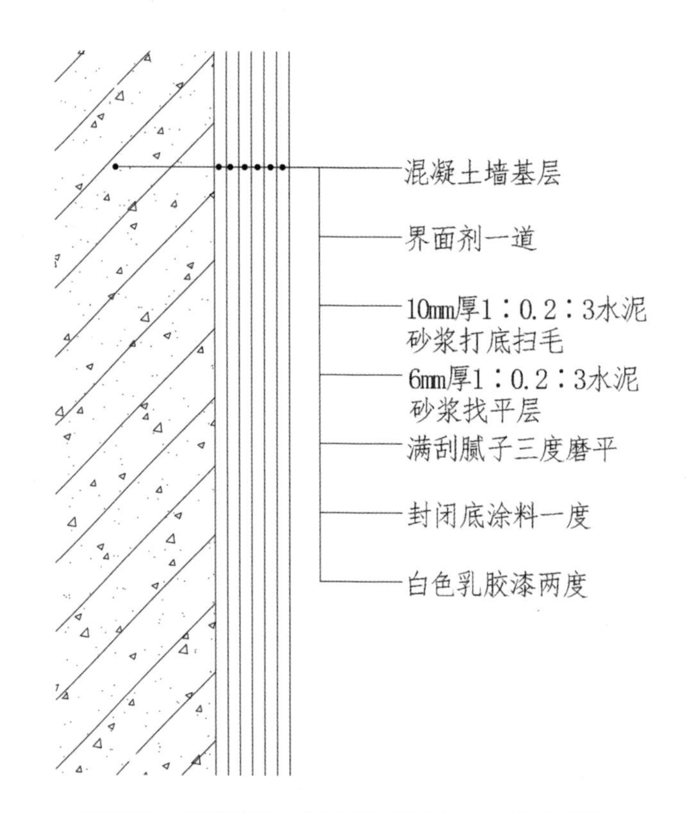
混凝土墙基层
界面剂一道
10mm厚1：0.2：3水泥
砂浆打底扫毛
6mm厚1：0.2：3水泥
砂浆找平层
满刮腻子三度磨平
封闭底涂料一度
白色乳胶漆两度

混凝土隔墙乳胶漆类做法(1)节点图

混凝土隔墙乳胶漆类做法(1)三维示意图

工艺说明： 1. 混凝土隔墙表面清除干净，墙面滚涂界面剂一道。

2. 10mm厚1：0.2：3水泥砂浆打底扫毛。

3. 6mm厚1：0.2：3水泥砂浆找平层。

4. 满刮腻子三度磨平。

5. 封闭底涂料一度，待干燥后找平、修补、打磨。

6. 第三遍涂料滚刷要均匀，滚涂要循序渐进，最好采用喷涂。

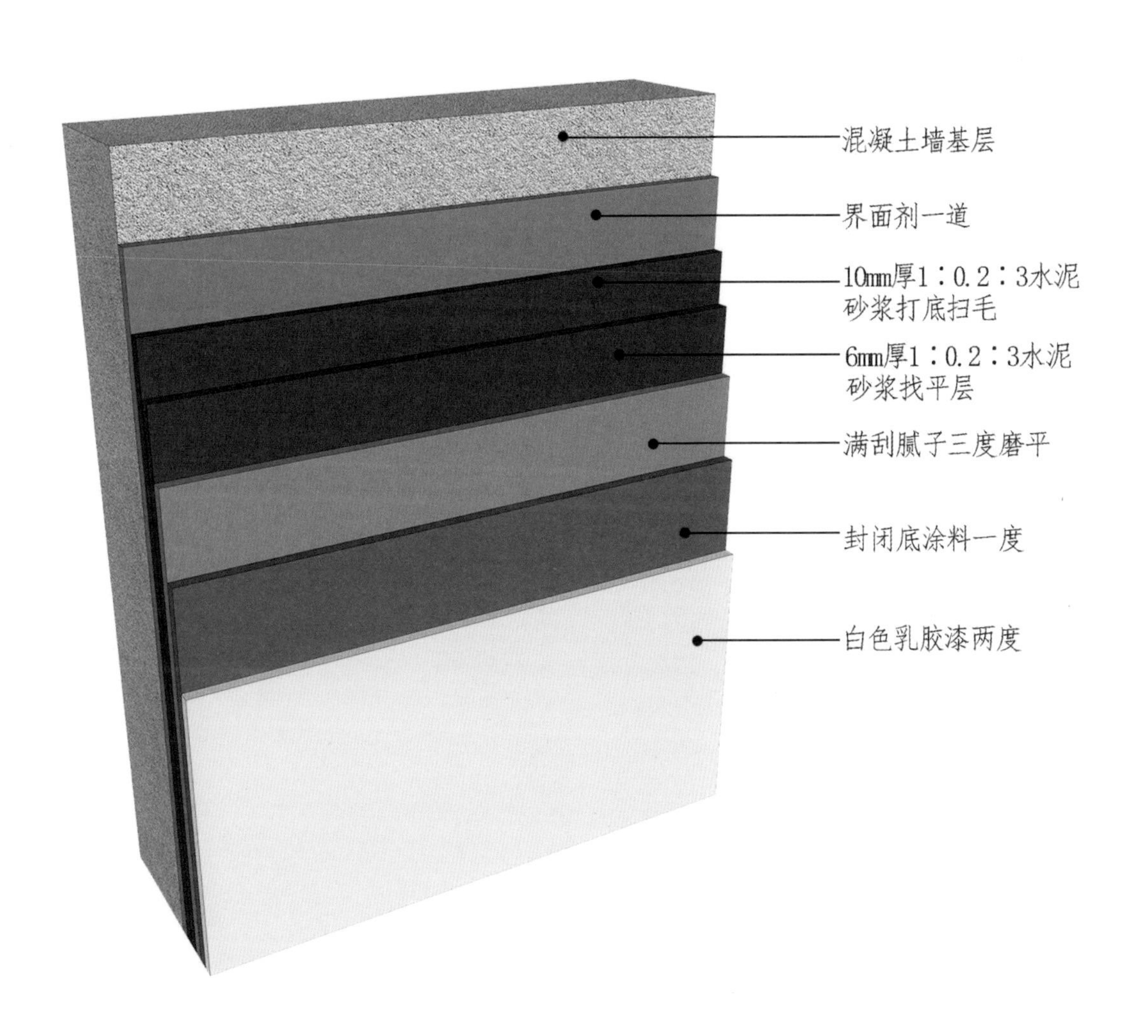
混凝土墙基层
界面剂一道
10mm厚1：0.2：3水泥
砂浆打底扫毛
6mm厚1：0.2：3水泥
砂浆找平层
满刮腻子三度磨平
封闭底涂料一度
白色乳胶漆两度

混凝土隔墙乳胶漆类做法(1)三维示意图

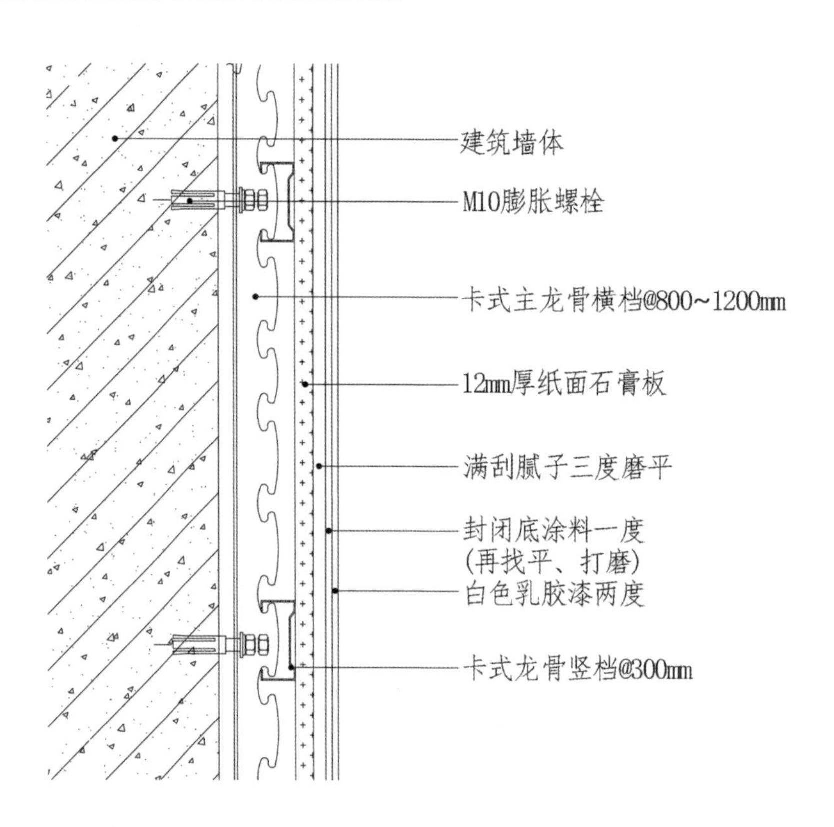
建筑墙体
M10膨胀螺栓
卡式主龙骨横档@800~1200mm
12mm厚纸面石膏板
满刮腻子三度磨平
封闭底涂料一度
(再找平、打磨)
白色乳胶漆两度
卡式龙骨竖档@300mm

混凝土隔墙乳胶漆类做法(2)节点图

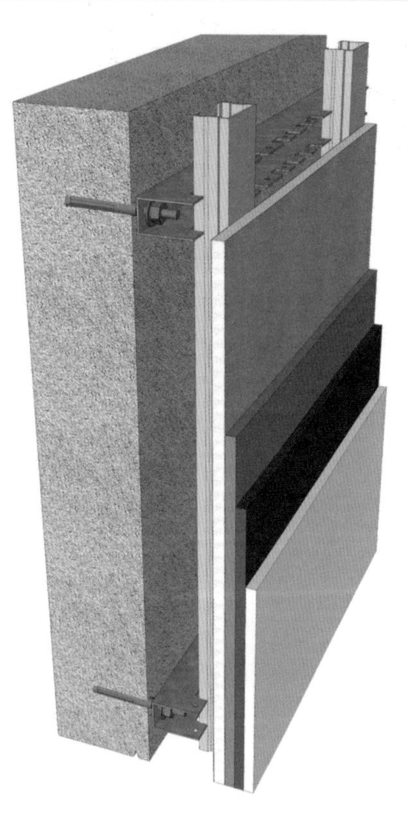

混凝土隔墙乳胶漆类做法(2)三维示意图

工艺说明： 1. 用膨胀螺栓将卡式龙骨固定在墙面上，将U形轻钢龙骨与卡式龙骨卡槽连接固定，中距300mm。

2. 用自攻螺钉将12mm厚纸面石膏板与U形轻钢龙骨固定。

3. 满刮腻子三度，最好采用喷涂。

4. 封闭底涂料一度，待干燥后找平、修补、打磨。

5. 第三遍涂料滚刷要均匀，滚涂要循序渐进。

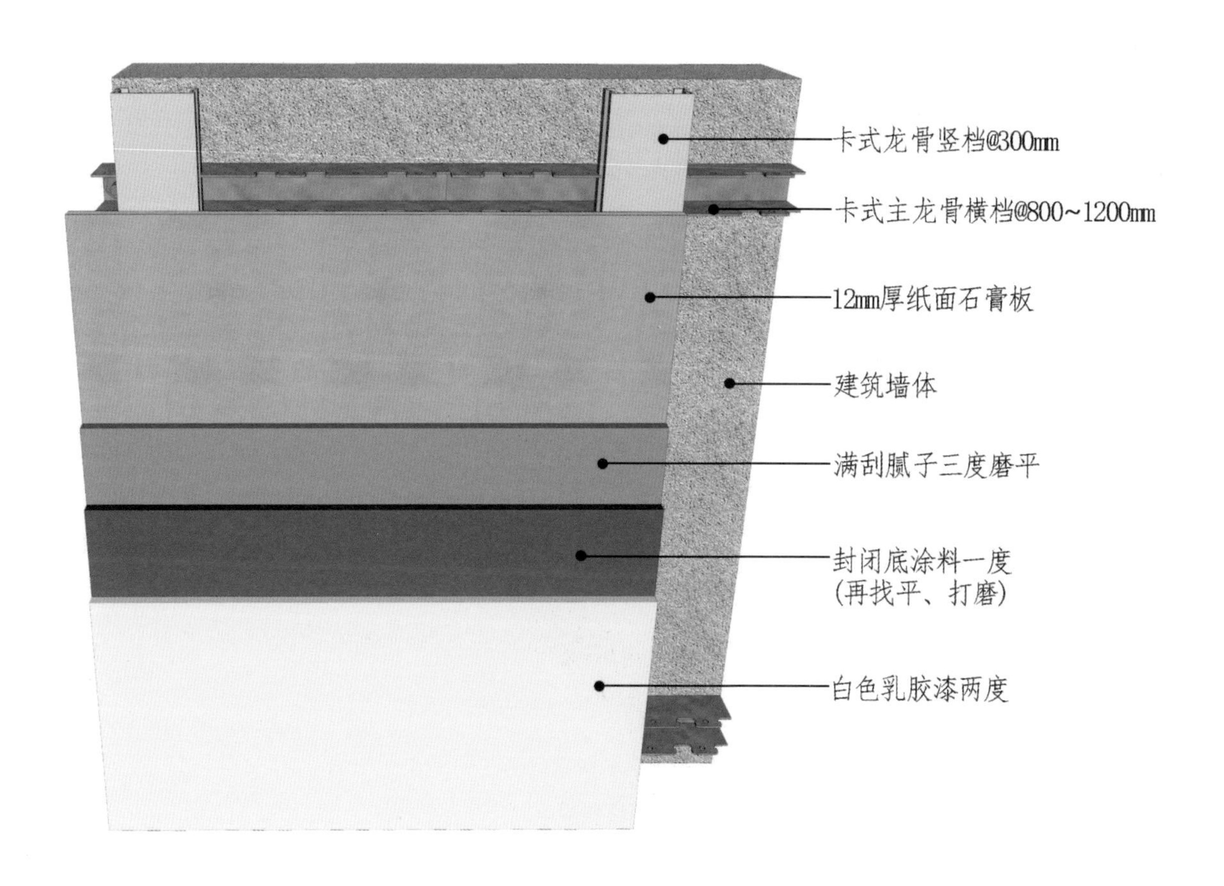

卡式龙骨竖档@300mm
卡式主龙骨横档@800~1200mm
12mm厚纸面石膏板
建筑墙体
满刮腻子三度磨平
封闭底涂料一度
(再找平、打磨)
白色乳胶漆两度

混凝土隔墙乳胶漆类做法(2)三维示意图

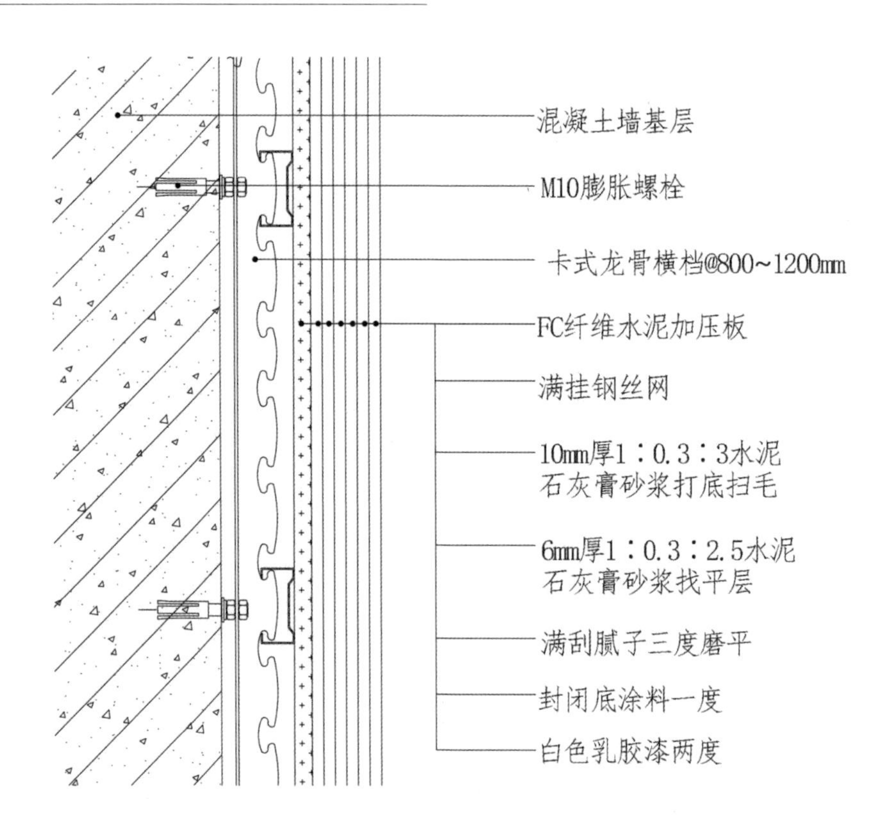
混凝土墙基层
M10膨胀螺栓
卡式龙骨横档@800~1200mm
FC纤维水泥加压板
满挂钢丝网
10mm厚1：0.3：3水泥
石灰膏砂浆打底扫毛
6mm厚1：0.3：2.5水泥
石灰膏砂浆找平层
满刮腻子三度磨平
封闭底涂料一度
白色乳胶漆两度

混凝土隔墙乳胶漆类做法(3)节点图

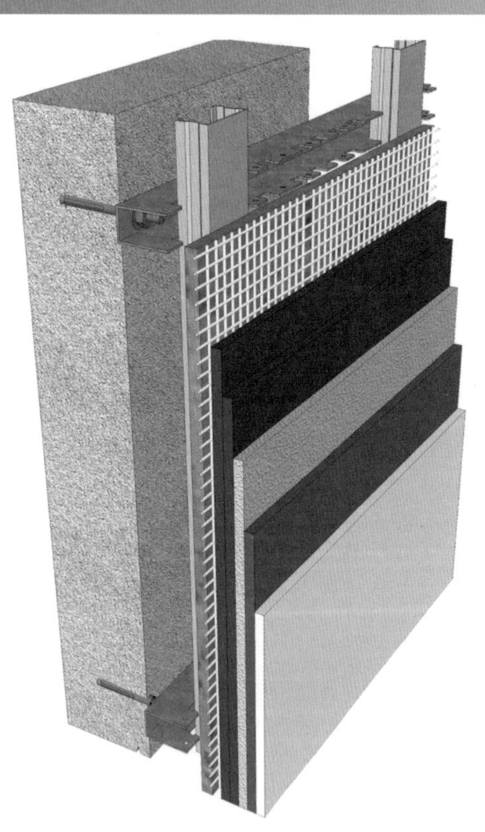

混凝土隔墙乳胶漆类做法(3)三维示意图

工艺说明： 1. 用膨胀螺栓将卡式龙骨固定在墙面上，将U形轻钢龙骨与卡式龙骨卡槽连接固定，中距300mm。

2. 用自攻螺钉将FC纤维水泥加压板基层与U形轻钢龙骨固定。
3. 用自攻螺钉把FC纤维水泥加压板与轻钢龙骨隔墙固定，满挂钢丝网。
4. 10mm厚1：0.3：3水泥砂浆打底扫毛。
5. 6mm厚1：0.3：2.5水泥砂浆找平层。
6. 满刮腻子三度，最好采用喷涂。
7. 封闭底涂料一度，待干燥后找平、修补、打磨。
8. 第三遍涂料滚刷要均匀，滚涂要循序渐进。

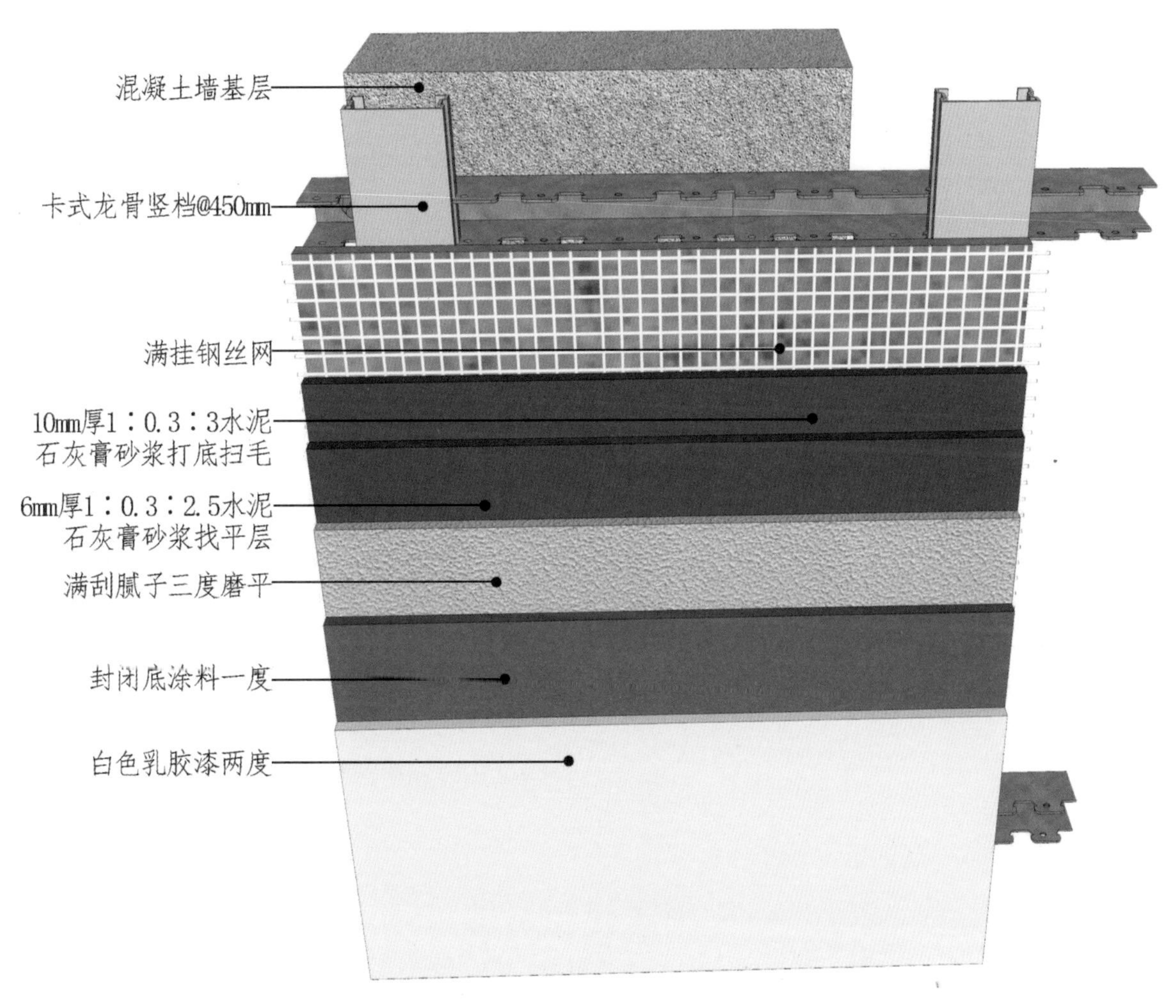
混凝土墙基层
卡式龙骨竖档@450mm
满挂钢丝网
10mm厚1：0.3：3水泥
石灰膏砂浆打底扫毛
6mm厚1：0.3：2.5水泥
石灰膏砂浆找平层
满刮腻子三度磨平
封闭底涂料一度
白色乳胶漆两度

混凝土隔墙乳胶漆类做法(3)三维示意图

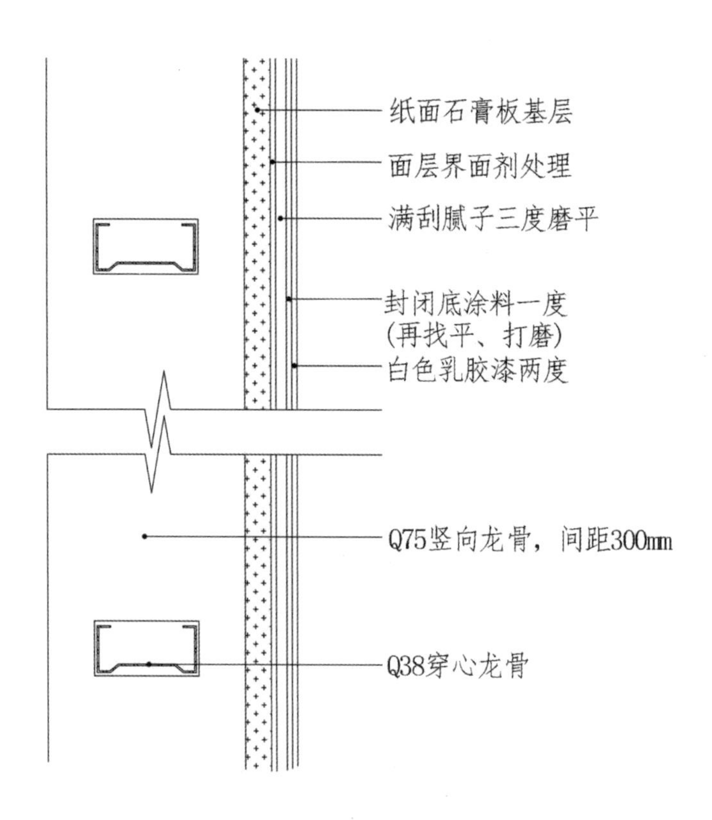
纸面石膏板基层
面层界面剂处理
满刮腻子三度磨平
封闭底涂料一度
(再找平、打磨)
白色乳胶漆两度
Q75竖向龙骨，间距300mm
Q38穿心龙骨

轻钢龙骨隔墙乳胶漆类做法(1)节点图

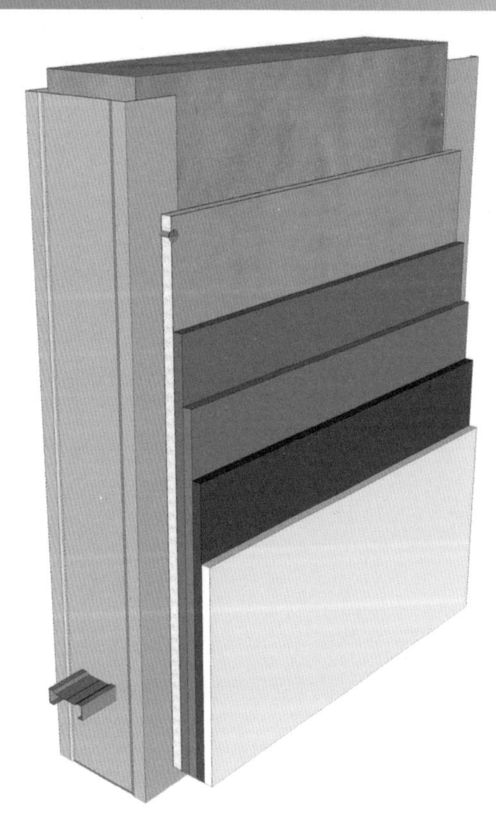

轻钢龙骨隔墙乳胶漆类做法(1)三维示意图

工艺说明： 1. 板与板接缝留1mm，两边各倒边2mm，合拼V字口5mm缝。

2. 用专用板材的腻子补修缝，第一遍干透后再找平，待第二遍腻子干透后贴接缝绷带。

3. 螺钉平头应嵌入纸面石膏板1mm，用防锈腻子补平。

4. 先做阴阳角后刮腻子两遍，第一遍垫平，第二遍找平即可。

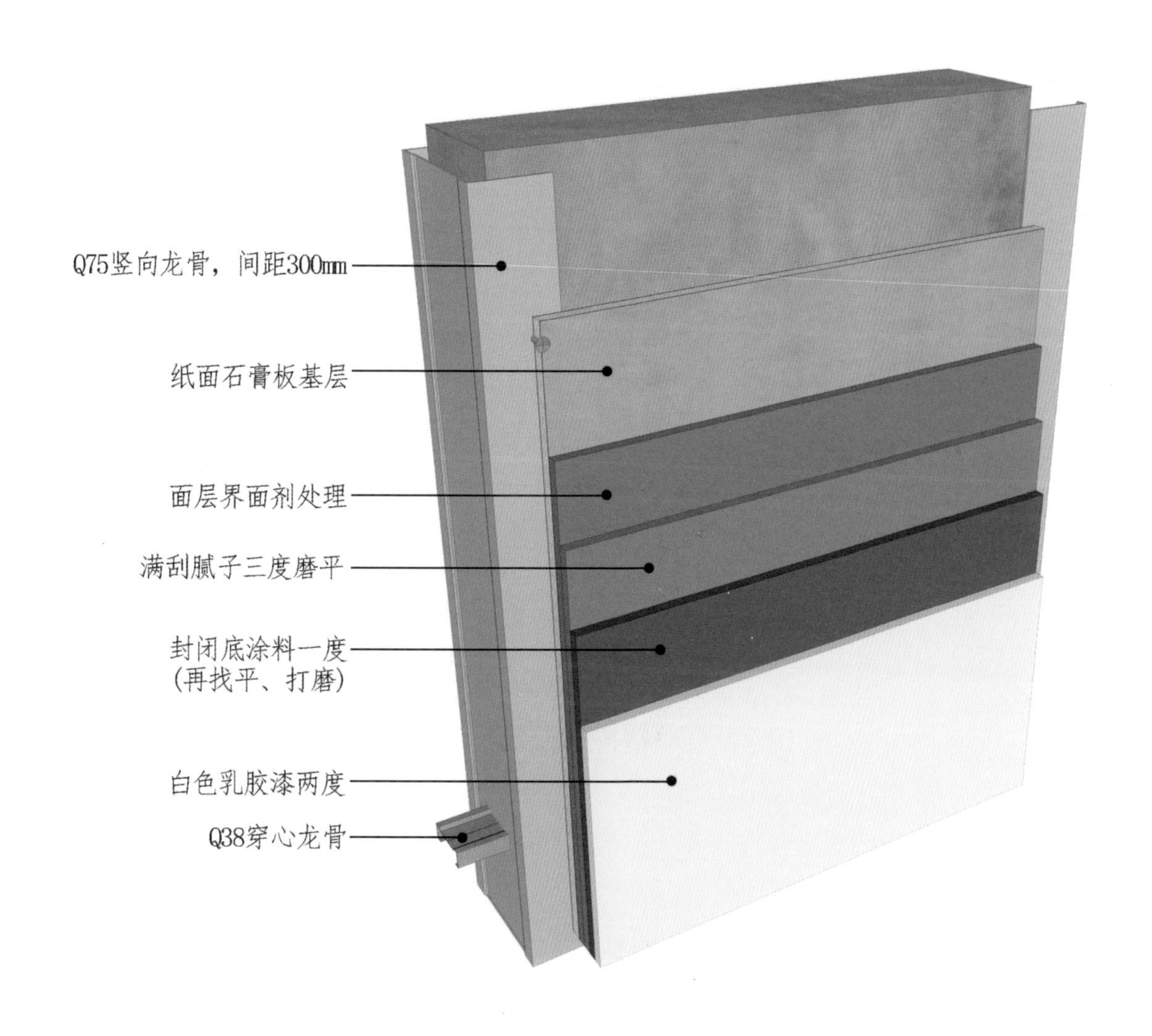
Q75竖向龙骨，间距300mm
纸面石膏板基层
面层界面剂处理
满刮腻子三度磨平
封闭底涂料一度
(再找平、打磨)
白色乳胶漆两度
Q38穿心龙骨

轻钢龙骨隔墙乳胶漆类做法(1)三维示意图

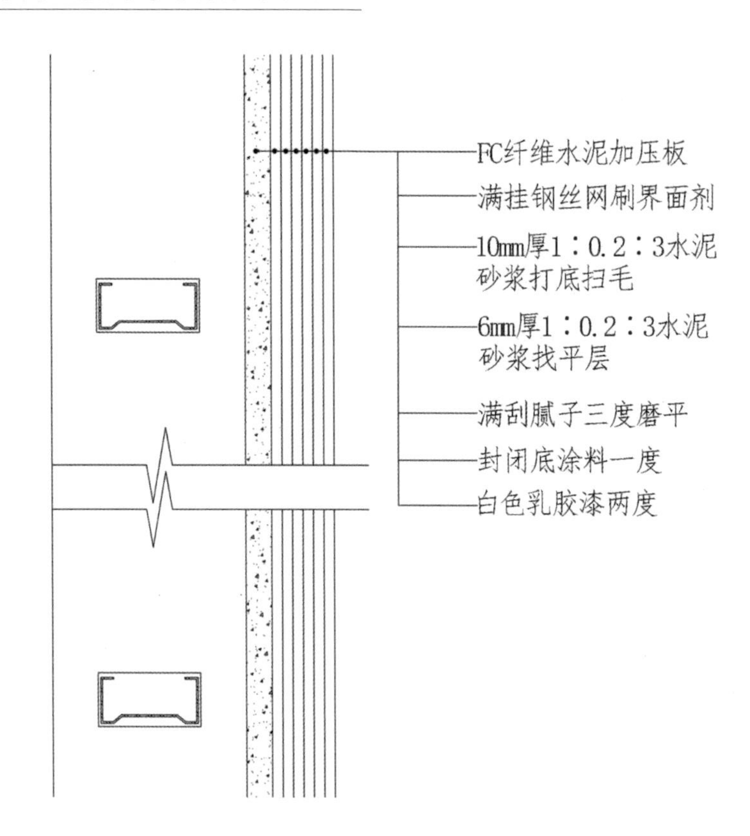
FC纤维水泥加压板
满挂钢丝网刷界面剂
10mm厚1：0.2：3水泥
砂浆打底扫毛
6mm厚1：0.2：3水泥
砂浆找平层
满刮腻子三度磨平
封闭底涂料一度
白色乳胶漆两度

轻钢龙骨隔墙乳胶漆类做法(2)节点图

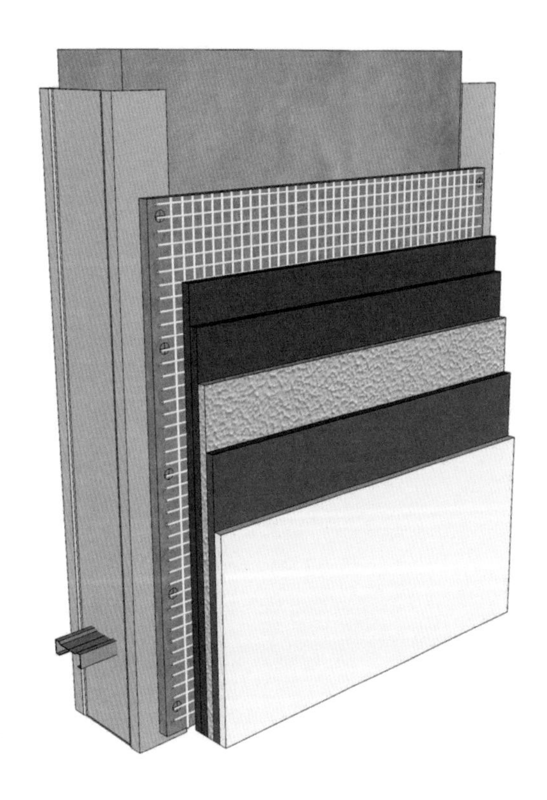

轻钢龙骨隔墙乳胶漆类做法(2)三维示意图

工艺说明： 1. 用螺钉固定FC纤维水泥加压板，螺钉做防锈处理。

2. 板与板接缝留1mm，上下错缝安装。

3. 用专用板材的腻子补修缝，第一遍干透后再找平，待第二遍腻子干透后贴接缝绷带。

4. 先做阴阳角后刮腻子两遍，第一遍垫平，第二遍找平即可。

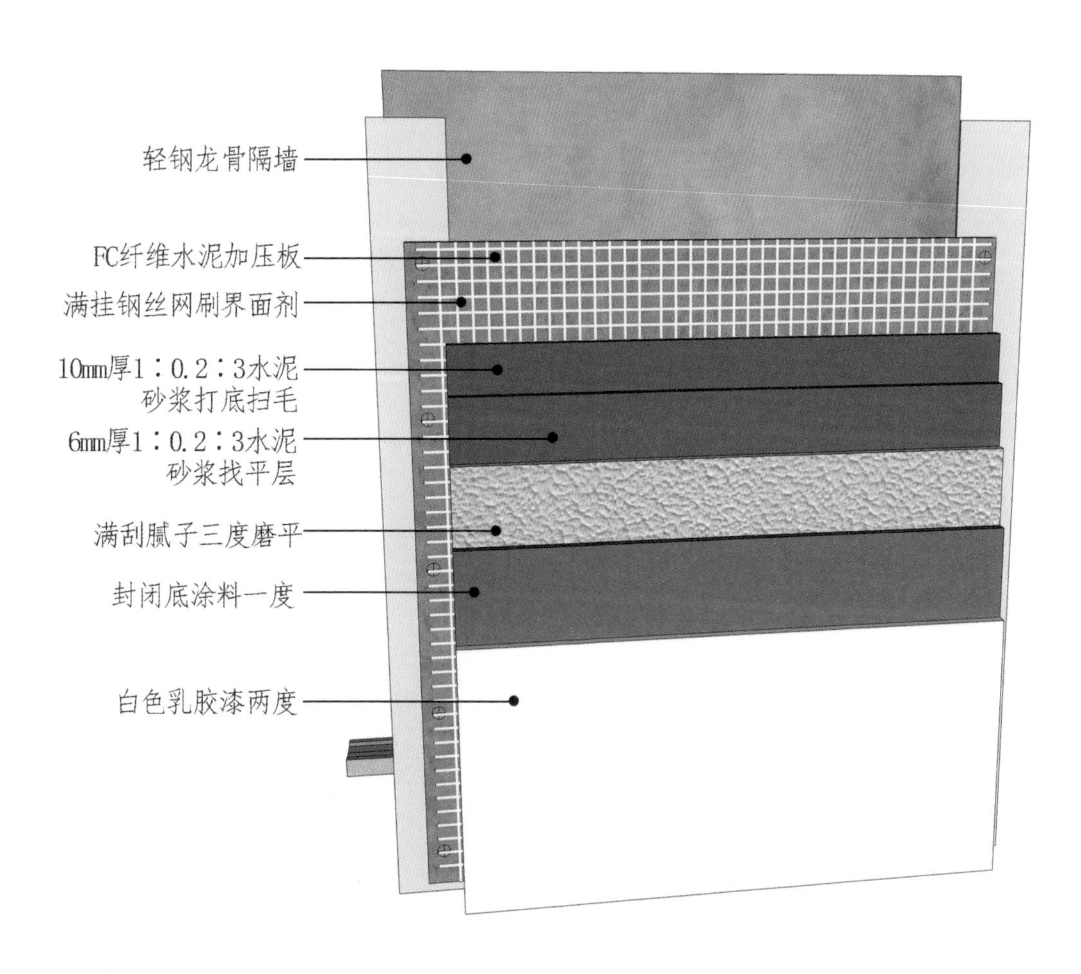
轻钢龙骨隔墙
FC纤维水泥加压板
满挂钢丝网刷界面剂
10mm厚1：0.2：3水泥
砂浆打底扫毛
6mm厚1：0.2：3水泥
砂浆找平层
满刮腻子三度磨平
封闭底涂料一度
白色乳胶漆两度

轻钢龙骨隔墙乳胶漆类做法(2)三维示意图

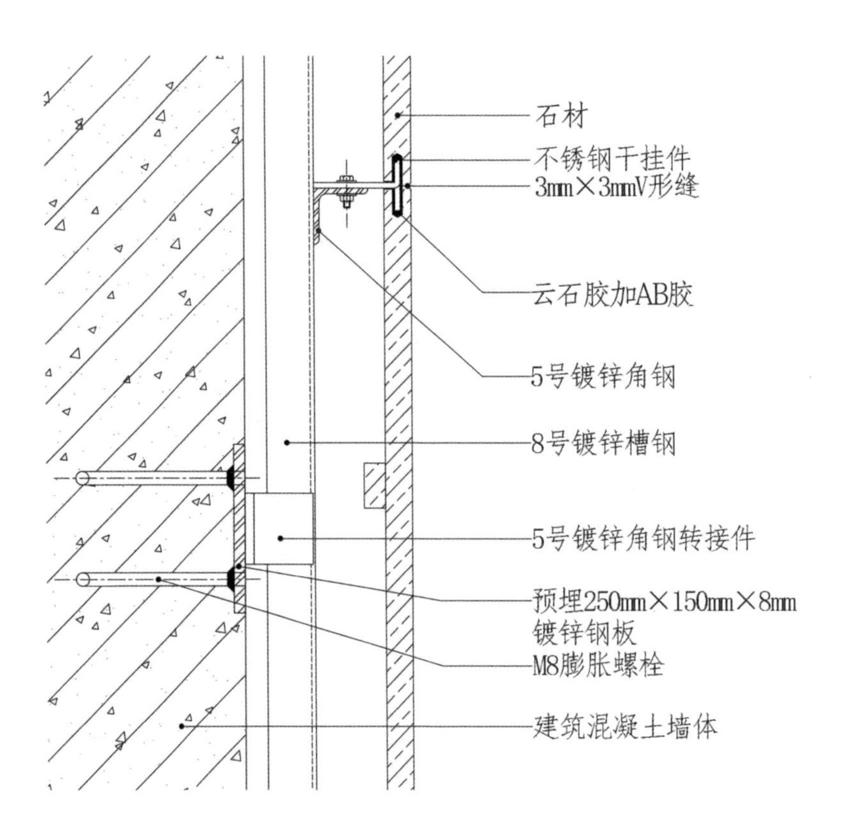
石材
不锈钢干挂件
3mm×3mmV形缝
云石胶加AB胶
5号镀锌角钢
8号镀锌槽钢
5号镀锌角钢转接件
预埋250mm×150mm×8mm
镀锌钢板
M8膨胀螺栓
建筑混凝土墙体

混凝土墙体石材干挂节点图

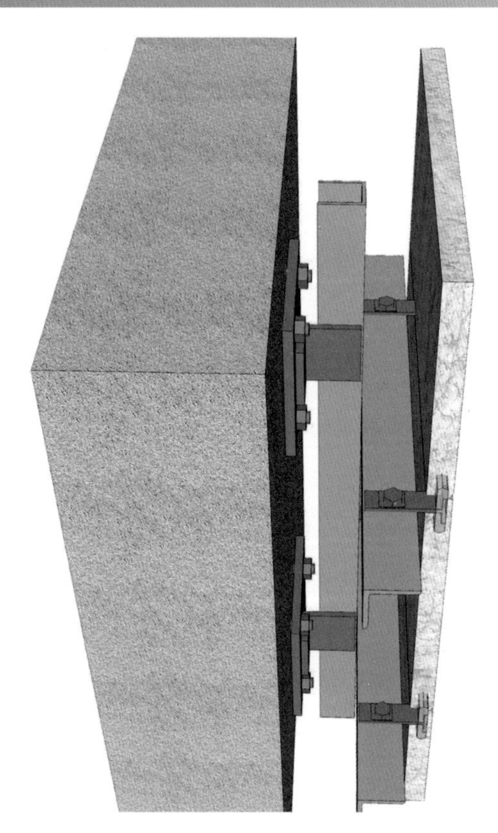

混凝土墙体石材干挂三维示意图

工艺说明： 1. 选用18mm厚石材，按排版切割后，均进行六面防护。

2. 根据设计要求或上下口做3mm倒角。

3. 混凝土墙体固定镀锌钢板，一般用M8膨胀螺栓固定。

4. 在干挂件无法满足造型的需求下，采用满焊5号角钢转接件，以调整完成面与墙体的间距。

5. 满焊8号镀锌竖向槽钢，与墙体用镀锌钢板固定。

6. 满焊5号镀锌角钢横向龙骨，与竖向8号镀锌槽钢固定。

7. 固定不锈钢干挂件。

8. AB胶固定石材，完成安装。

9. 接缝处用近色云石胶修补。

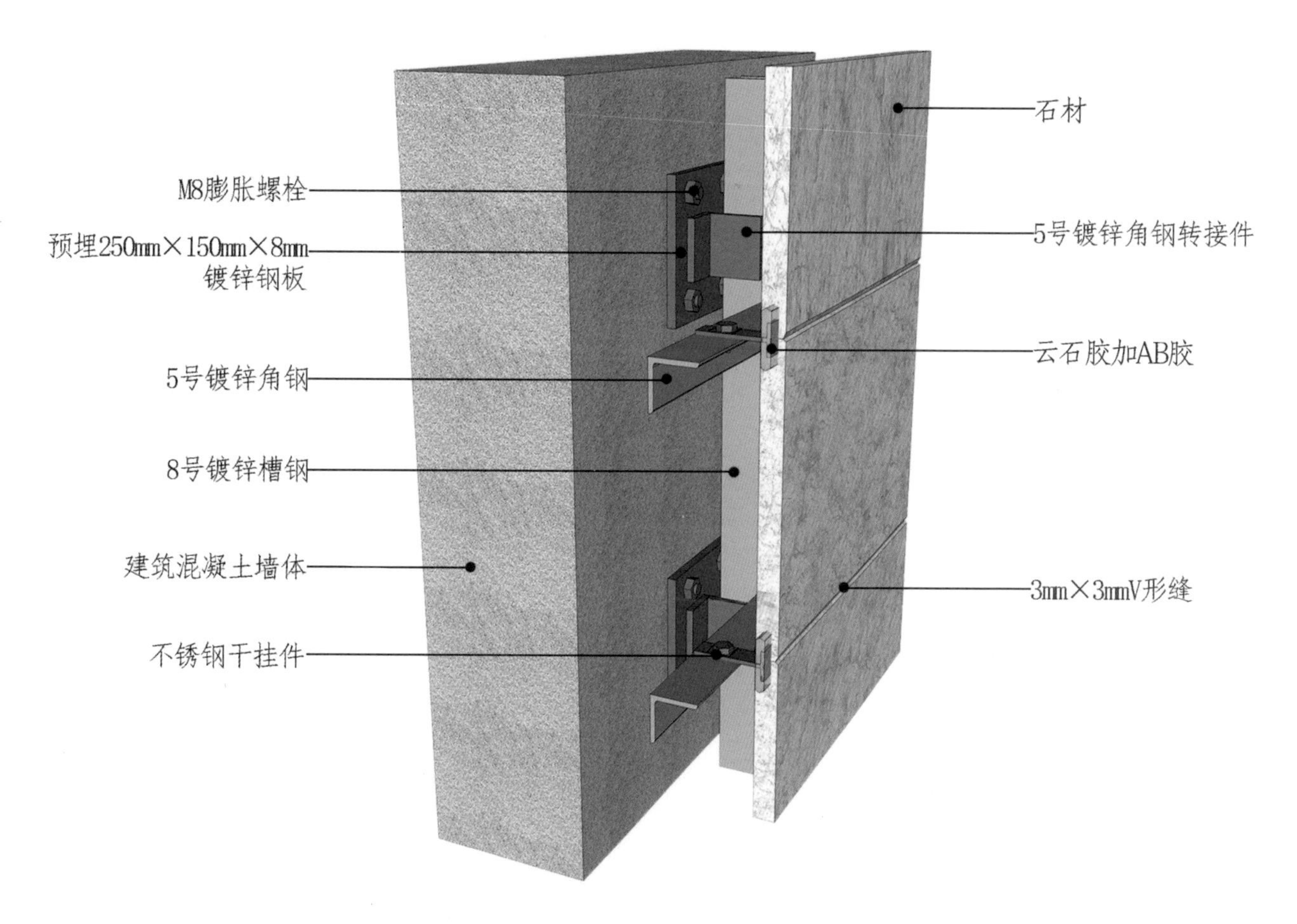
石材
M8膨胀螺栓
5号镀锌角钢转接件
预埋250mm×150mm×8mm
镀锌钢板
云石胶加AB胶
5号镀锌角钢
8号镀锌槽钢
建筑混凝土墙体
3mm×3mmV形缝
不锈钢干挂件

混凝土墙体石材干挂三维示意图

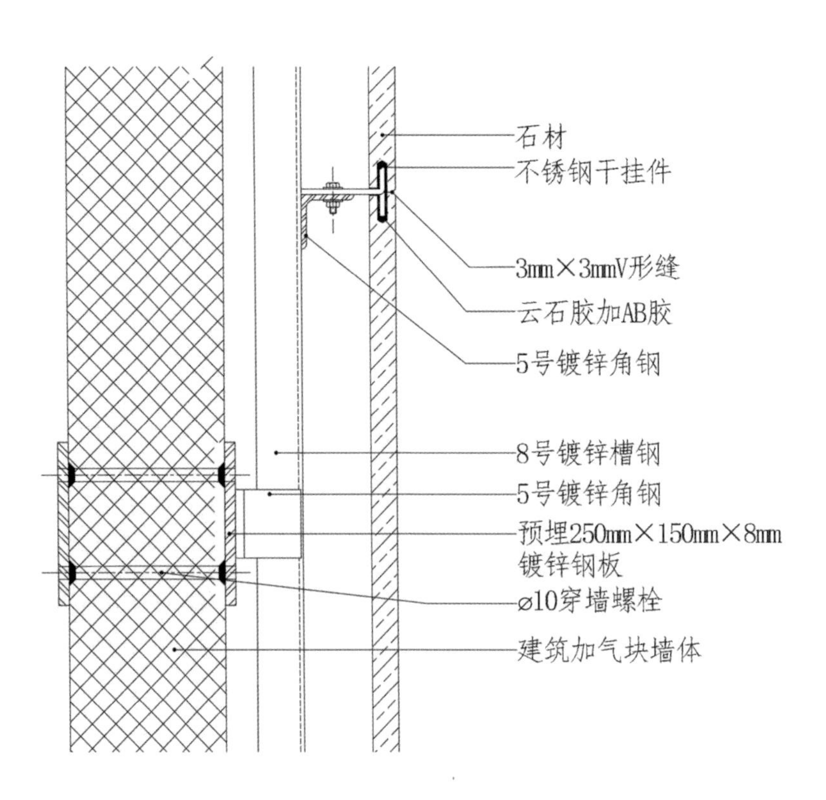
石材
不锈钢干挂件
3mm×3mmV形缝
云石胶加AB胶
5号镀锌角钢
8号镀锌槽钢
5号镀锌角钢
预埋250mm×150mm×8mm
镀锌钢板
ø10穿墙螺栓
建筑加气块墙体

加气砌块墙体石材干挂节点图

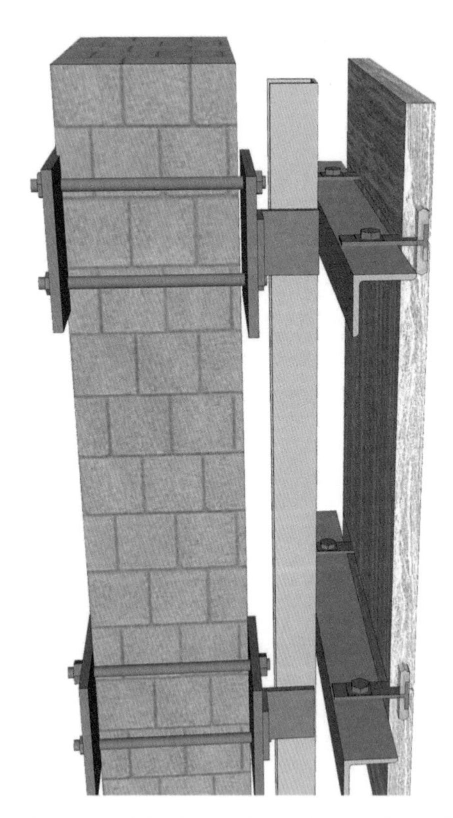

加气砌块墙体石材干挂三维示意图

工艺说明： 1. 选用18mm厚石材，按排版切割后，均进行六面防护。

2. 根据设计要求或上下口做3mm倒角。

3. 混凝土墙体固定镀锌钢板，一般用ø10穿墙螺栓固定。

4. 在干挂件无法满足造型的需求下，采用满焊5号角钢转接件，以调整完成面与墙体的间距。

5. 满焊8号镀锌竖向槽钢，与墙体用镀锌钢板固定。

6. 满焊5号镀锌角钢横向龙骨，与竖向8号镀锌槽钢固定。

7. 固定不锈钢干挂件。

8. 用AB胶固定石材，完成安装。

9. 接缝处用近色云石胶修补。

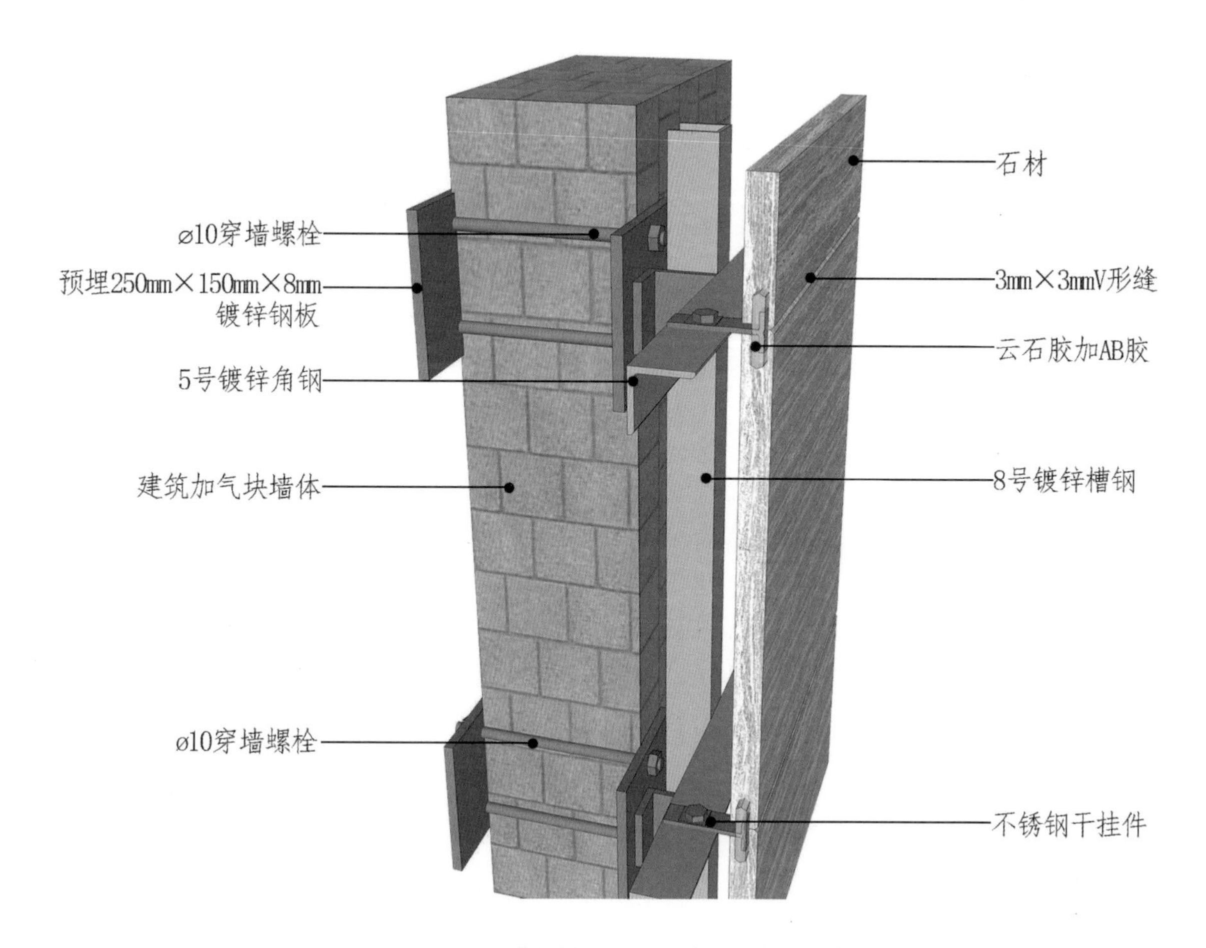
石材
ø10穿墙螺栓
预埋250mm×150mm×8mm镀锌钢板
3mm×3mmV形缝
云石胶加AB胶
5号镀锌角钢
建筑加气块墙体
8号镀锌槽钢
ø10穿墙螺栓
不锈钢干挂件

加气砌块墙体石材干挂三维示意图

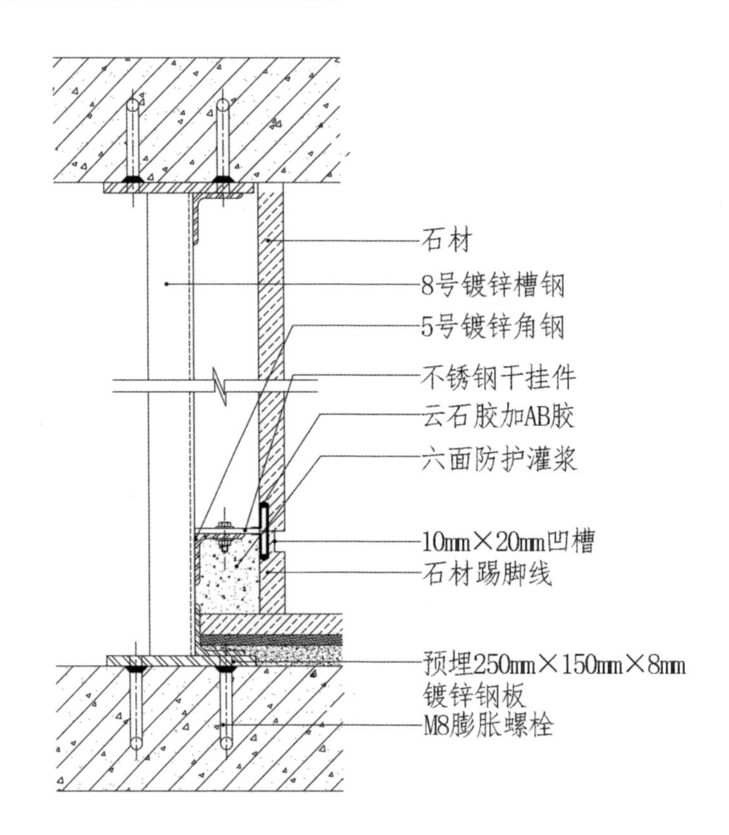
石材
8号镀锌槽钢
5号镀锌角钢
不锈钢干挂件
云石胶加AB胶
六面防护灌浆
10mm×20mm凹槽
石材踢脚线
预埋250mm×150mm×8mm
镀锌钢板
M8膨胀螺栓

石材隔墙工艺做法(1)节点图

石材隔墙工艺做法(1)三维示意图

工艺说明： 1. 选用18mm厚石材，均经过六面防护。

2. 塑造石材造型。

3. 顶地固定镀锌钢板，一般用M8膨胀螺栓固定。

4. 满焊8号镀锌槽钢竖向龙骨。

5. 满焊5号镀锌角钢横向龙骨。

6. 固定不锈钢干挂件。

7. 用AB胶固定石材，完成安装。

8. 近色云石胶补缝，水抛晶面。

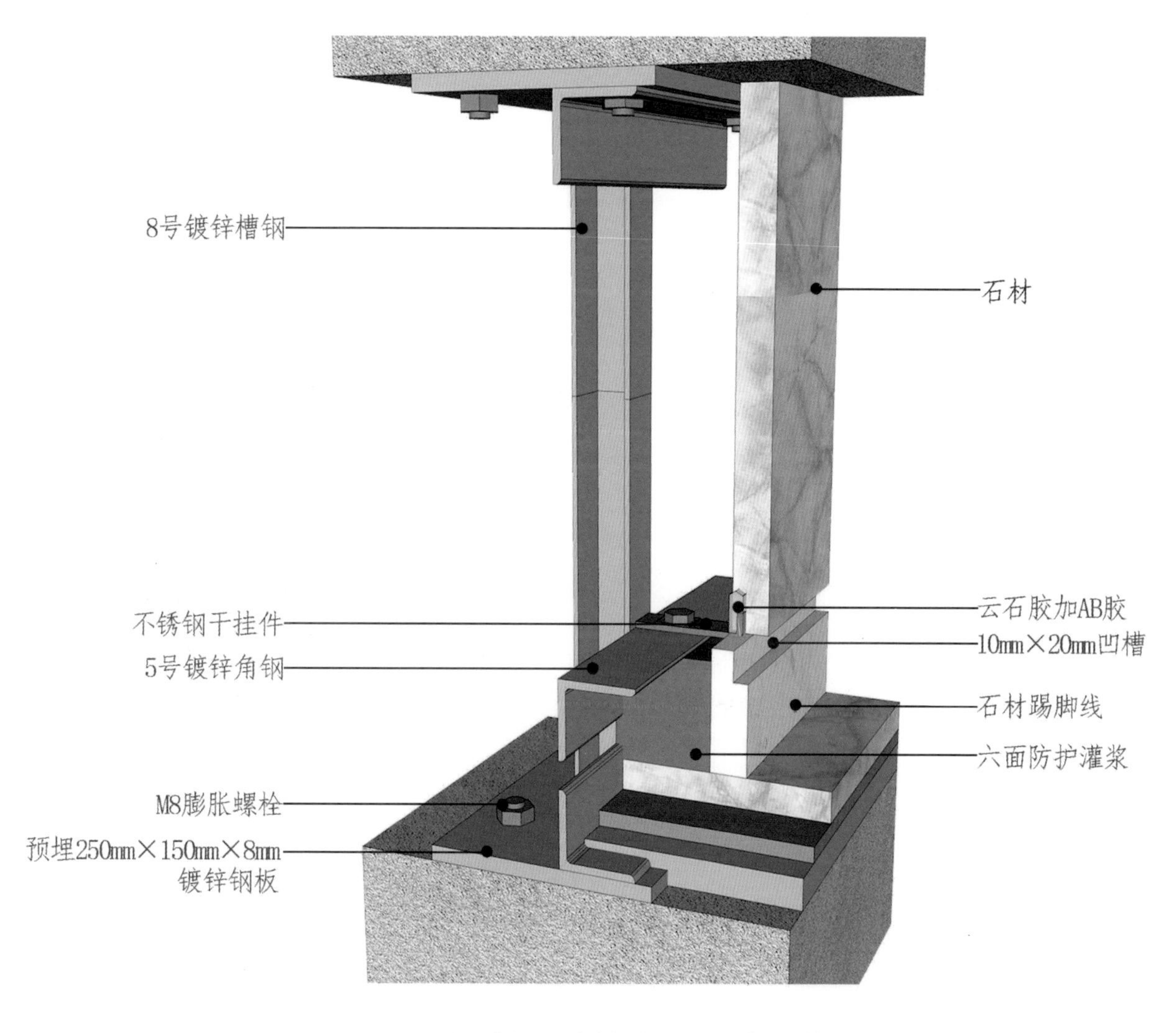
8号镀锌槽钢
石材
云石胶加AB胶
不锈钢干挂件
10mm×20mm凹槽
5号镀锌角钢
石材踢脚线
六面防护灌浆
M8膨胀螺栓
预埋250mm×150mm×8mm
镀锌钢板

石材隔墙工艺做法(1)三维示意图

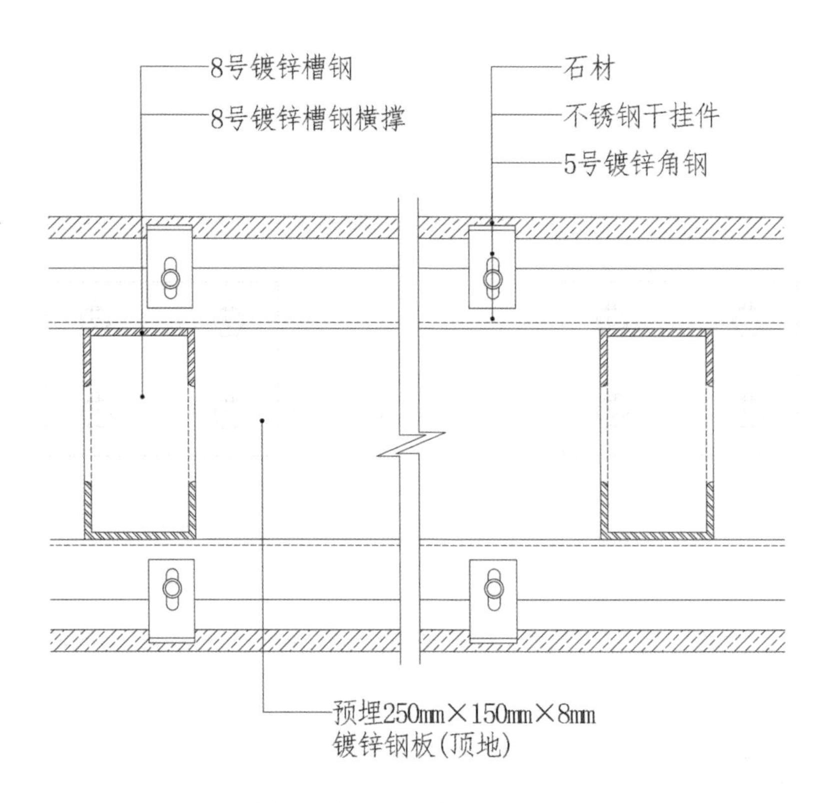
8号镀锌槽钢
8号镀锌槽钢横撑
石材
不锈钢干挂件
5号镀锌角钢
预埋250mm×150mm×8mm
镀锌钢板(顶地)

石材隔墙工艺做法(2)节点图

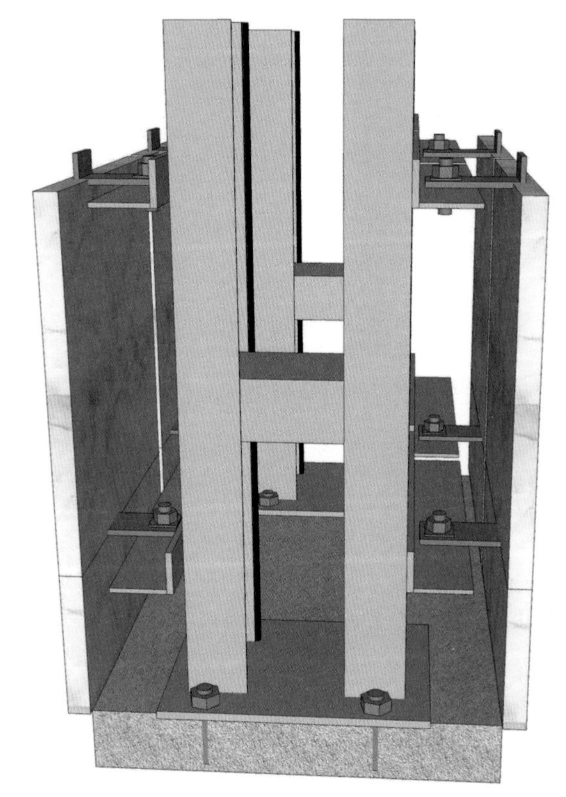

石材隔墙工艺做法(2)三维示意图

工艺说明：1. 选用18mm厚石材，石材按排版切割后，做六面防护。

2. 顶地固定镀锌钢板，一般用M8膨胀螺栓固定。

3. 满焊8号镀锌竖向槽钢，与顶地镀锌钢板固定。

4. 满焊5号镀锌角钢横向龙骨，与8号镀锌槽钢固定。

5. 固定不锈钢干挂件。

6. AB胶固定石材，完成安装。

7. 石材接缝处用近色云石胶修补。

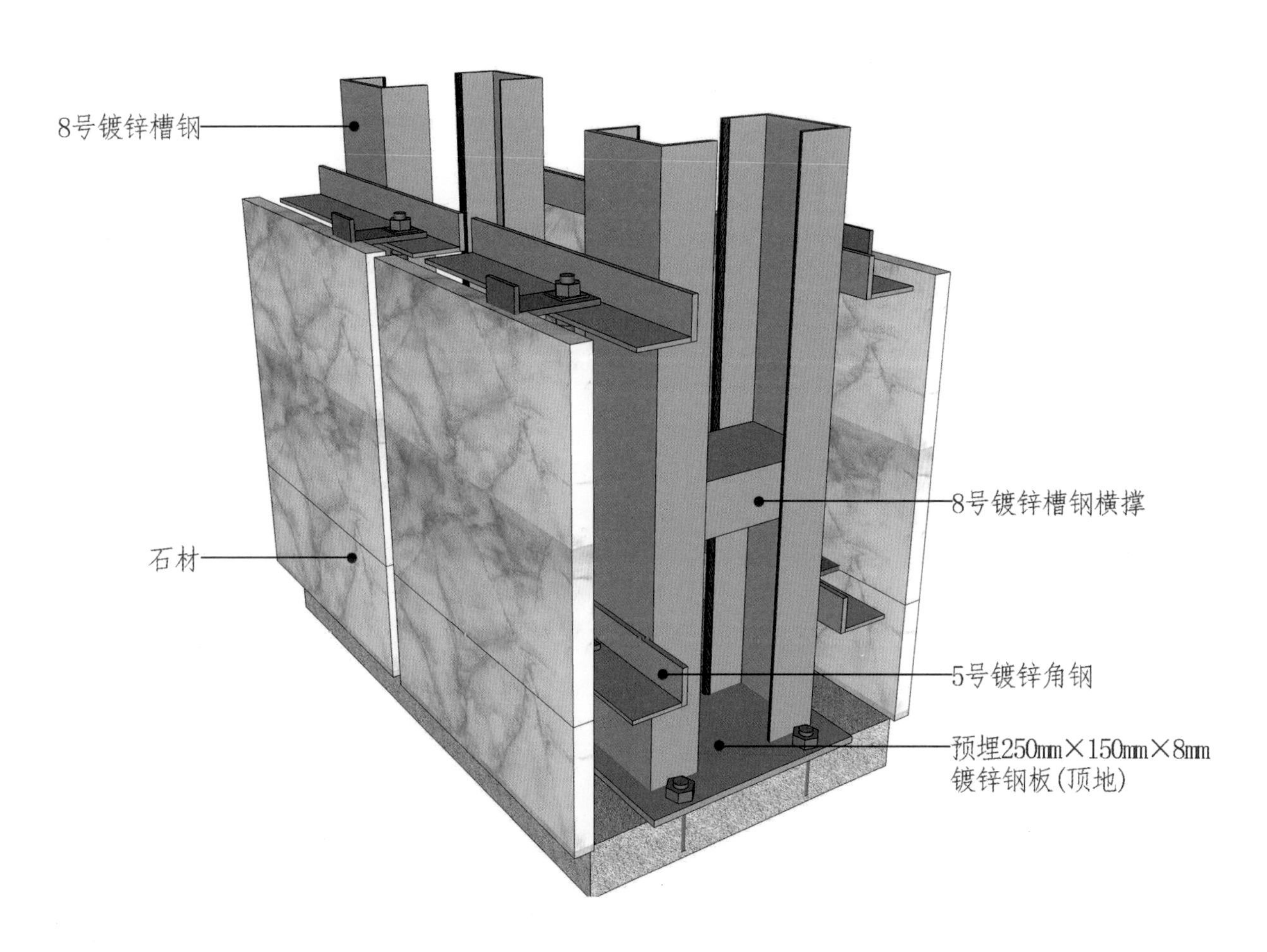
8号镀锌槽钢
石材
8号镀锌槽钢横撑
5号镀锌角钢
预埋250mm×150mm×8mm
镀锌钢板(顶地)

石材隔墙工艺做法(2)三维示意图

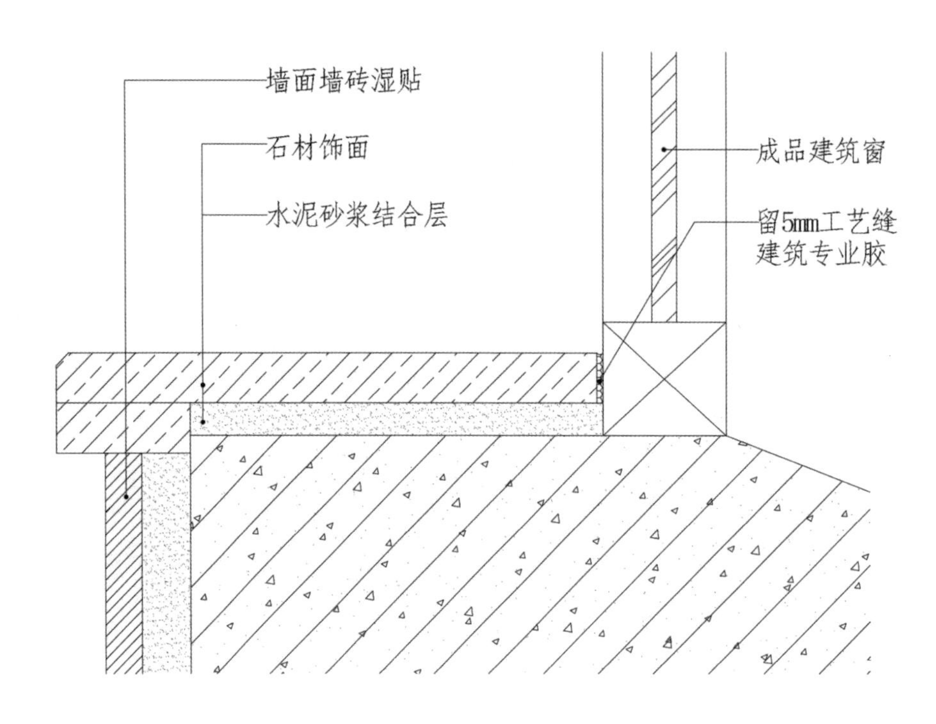
墙面墙砖湿贴
石材饰面
水泥砂浆结合层
成品建筑窗
留5mm工艺缝
建筑专业胶

窗台板工艺节点图

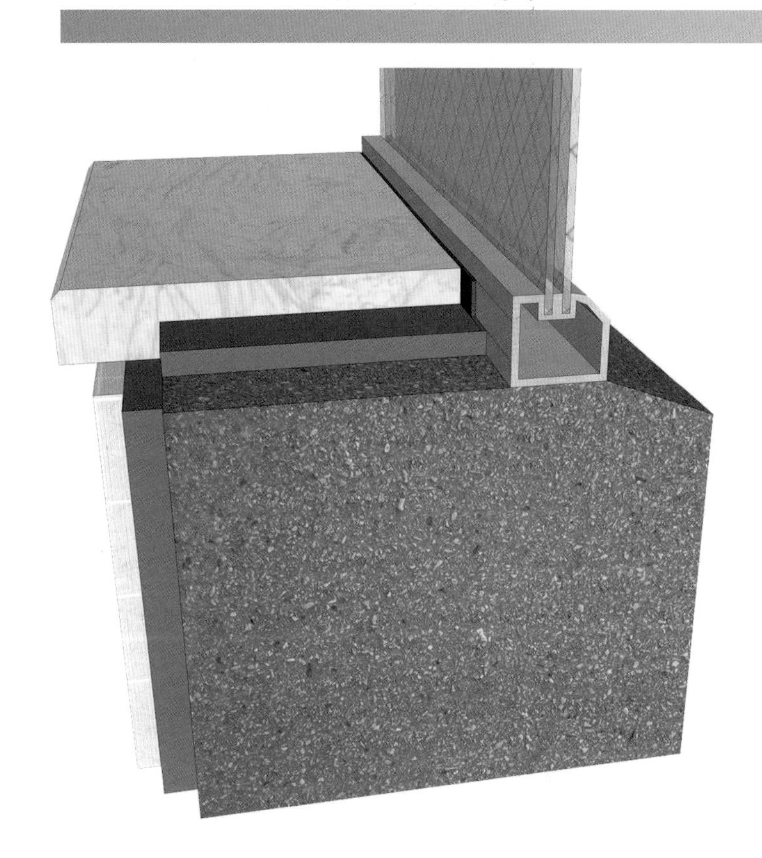

窗台板工艺三维示意图

工艺说明： 1. 施工工序：准备工作→现场放线→材料加工→基层处理→水泥砂浆结合层→铺贴石材、墙砖→灌缝、擦缝→完成面处理。

2. 用料分析：

   a. 选用20mm厚米白色大理石；

   b. 选用12mm厚玻化砖；

   c. 石材铺贴用普通硅酸盐水泥配细砂或粗砂，或用石材专用AB胶铺贴；

   d. 墙砖用普通硅酸盐水泥或胶泥铺贴；

   e. 石材需做六面防护。

3. 完成面处理：

   a. 用专用填缝剂灌缝、擦缝、保洁；

   b. 用专用保护膜做成品保护。

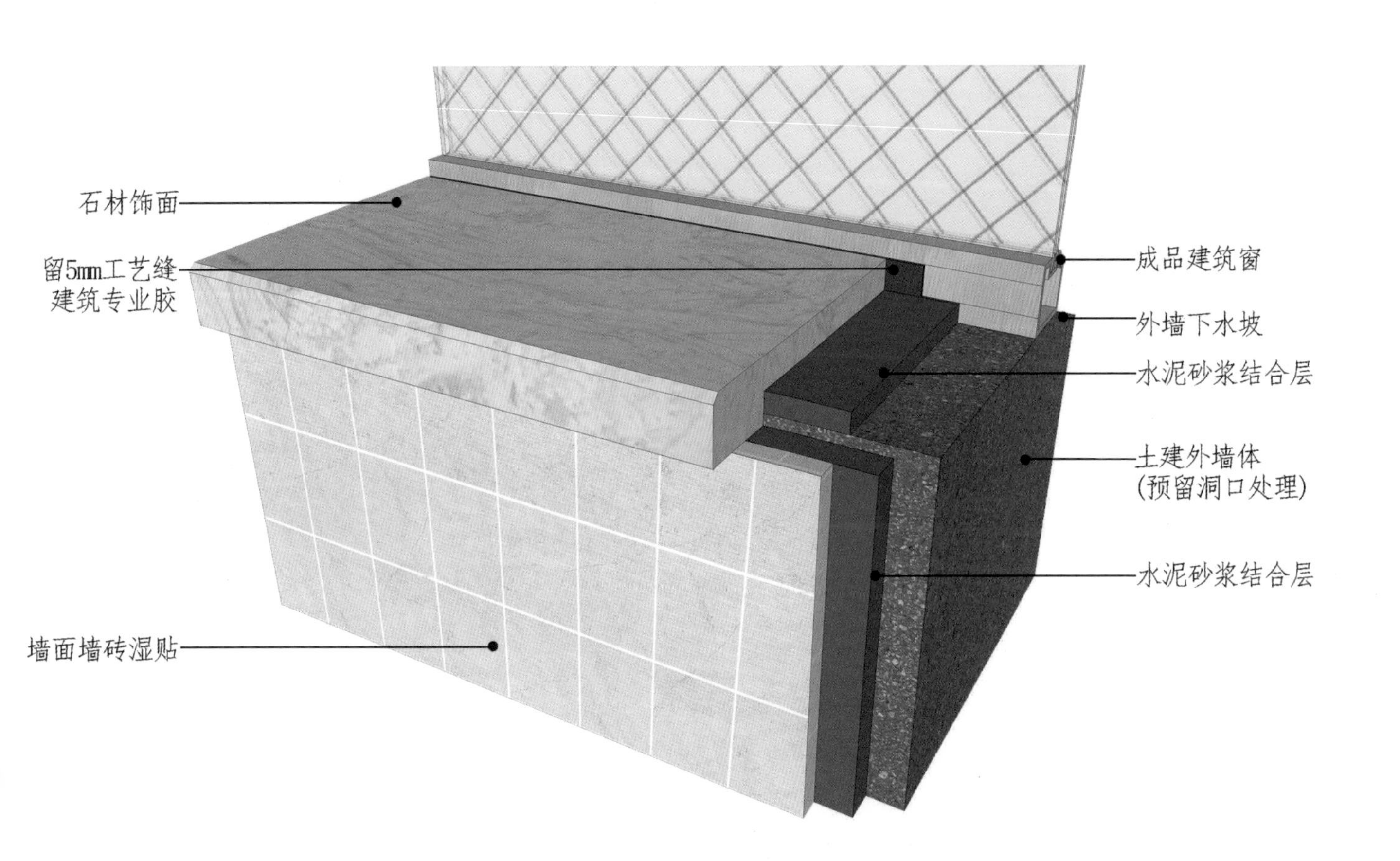

石材饰面
留5mm工艺缝
建筑专业胶
墙面墙砖湿贴
成品建筑窗
外墙下水坡
水泥砂浆结合层
土建外墙体
(预留洞口处理)
水泥砂浆结合层

窗台板工艺三维示意图

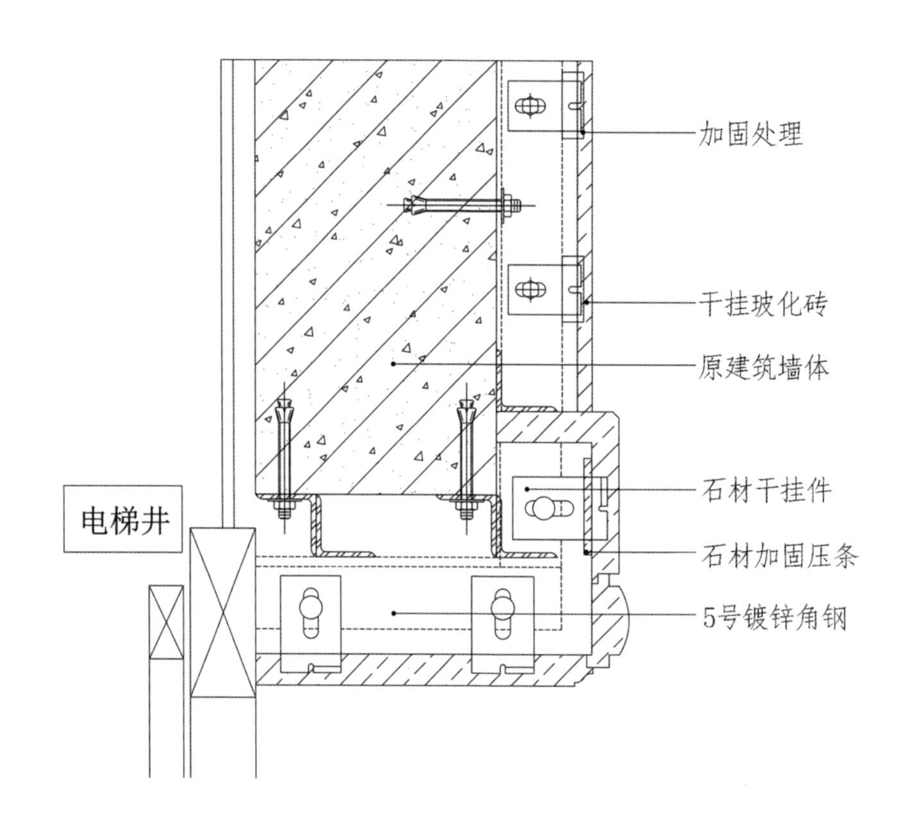
加固处理
干挂玻化砖
原建筑墙体
电梯井
石材干挂件
石材加固压条
5号镀锌角钢

石材与墙砖相接节点图

石材与墙砖相接三维示意图

工艺说明： 1. 施工工序：准备工作→现场放线→材料加工→基层钢架施工→水泥砂浆结合层→石材专用AB胶→铺贴石材、墙砖→灌缝、擦缝→完成面处理。

2. 用料分析：

a. 选用20mm厚米白色大理石；

b. 选用12mm厚玻化砖；

c. 石材铺贴用普通硅酸盐水泥配细砂或粗砂，或用石材专用AB胶铺贴；

d. 墙砖用普通硅酸盐水泥或胶泥铺贴。

3. 完成面处理：

a. 用专用填缝剂灌缝、擦缝、保洁；

b. 用专用保护膜做成品保护。

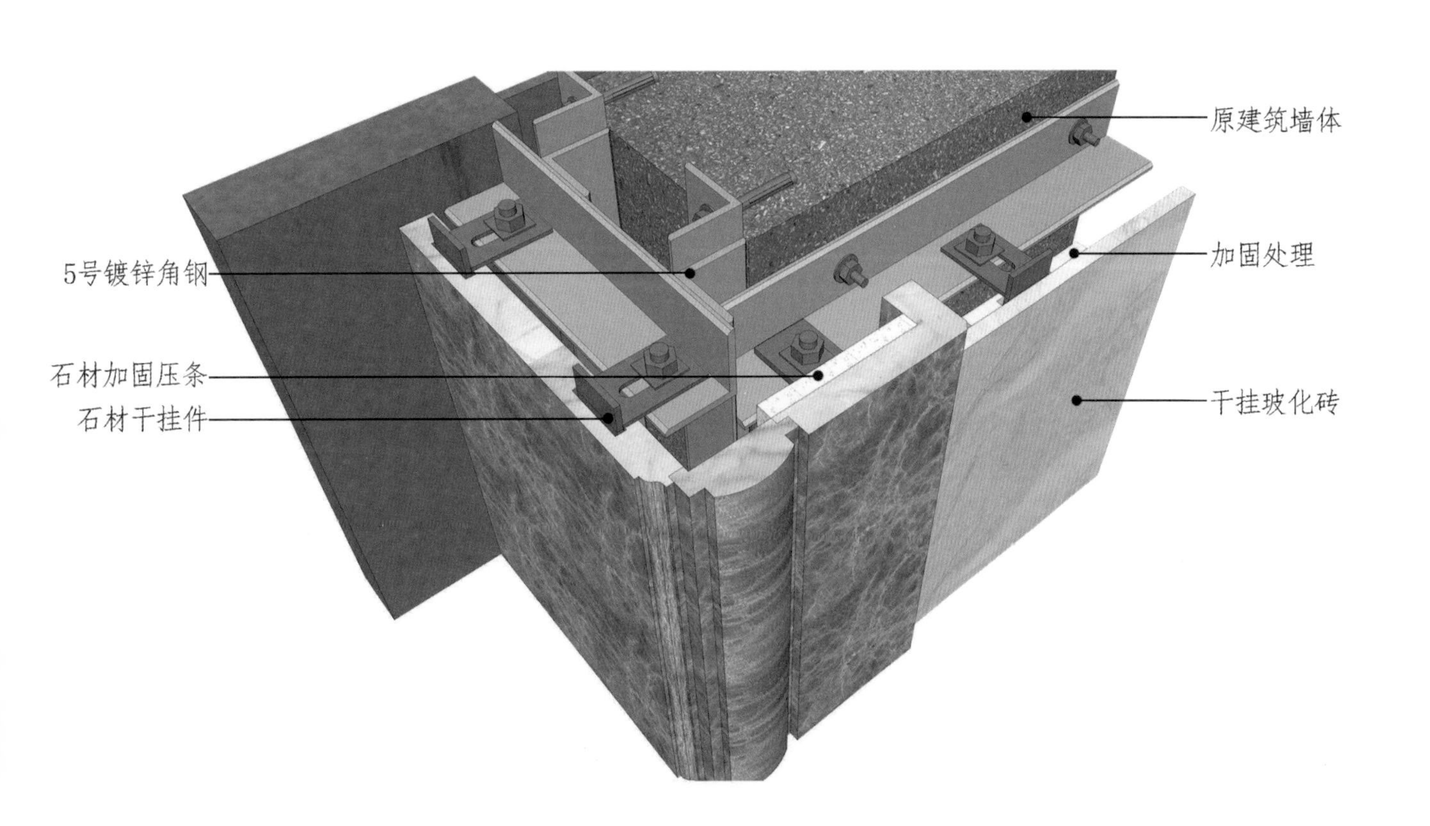
原建筑墙体
5号镀锌角钢
加固处理
石材加固压条
石材干挂件
干挂玻化砖

石材与墙砖相接三维示意图

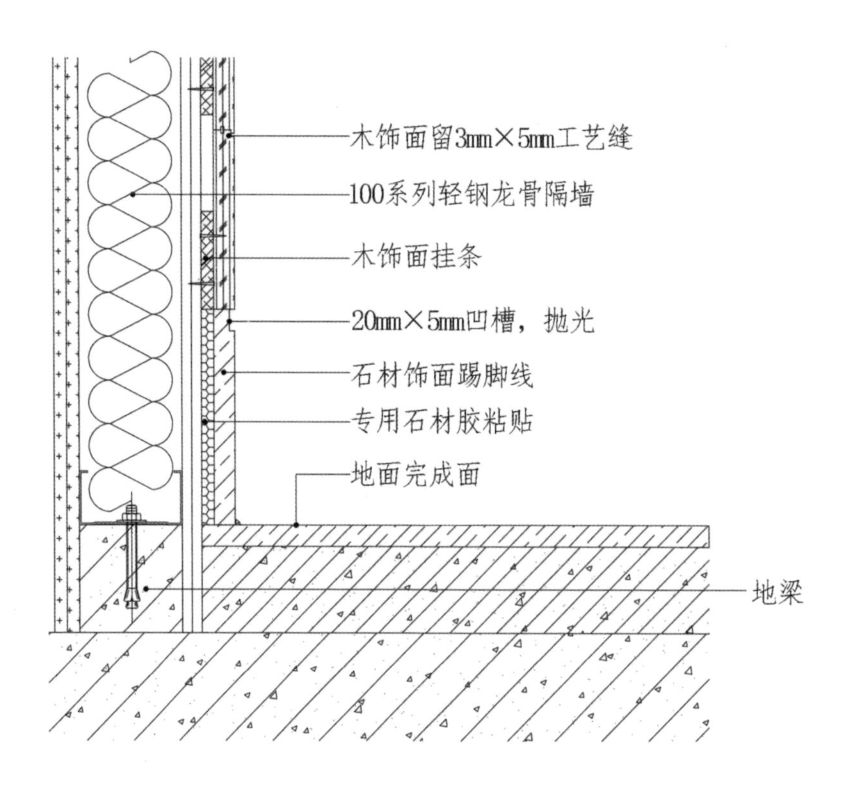
木饰面留3mm×5mm工艺缝
100系列轻钢龙骨隔墙
木饰面挂条
20mm×5mm凹槽，抛光
石材饰面踢脚线
专用石材胶粘贴
地面完成面
地梁

石材与木饰面相接(1)节点图

石材与木饰面相接(1)三维示意图

工艺说明：1. 施工工序：准备工作→现场放线→材料加工→基层处理→轻钢龙骨隔墙制作→木饰面基础固定→石材专用AB胶→铺贴石材→成品木饰面安装→完成面处理。

2. 用料分析：

a. 选用指定20mm厚石材，加工20mm×5mm凹槽；

b. 定制成品木饰面、基础材料多层板(刷防火涂料三度)；

c. 用石材专用AB胶铺贴；

d. 木饰面基础需做三防处理。

3. 完成面处理：

a. 保证石材与木饰面拼接缝完整，石材做抛光处理；

b. 用专用保护膜做成品保护。

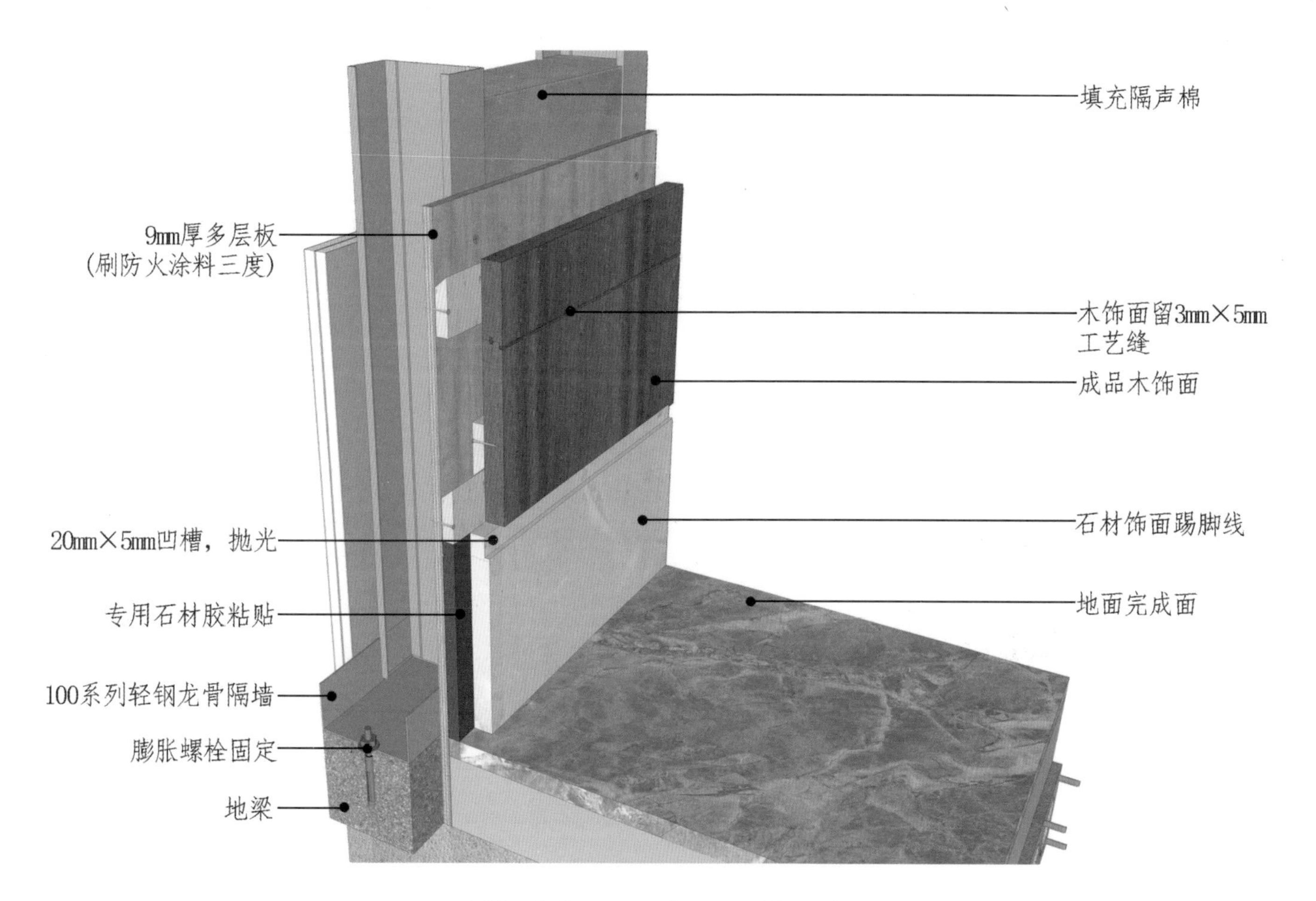
填充隔声棉
9mm厚多层板
(刷防火涂料三度)
木饰面留3mm×5mm
工艺缝
成品木饰面
石材饰面踢脚线
20mm×5mm凹槽，抛光
地面完成面
专用石材胶粘贴
100系列轻钢龙骨隔墙
膨胀螺栓固定
地梁

石材与木饰面相接(1)三维示意图

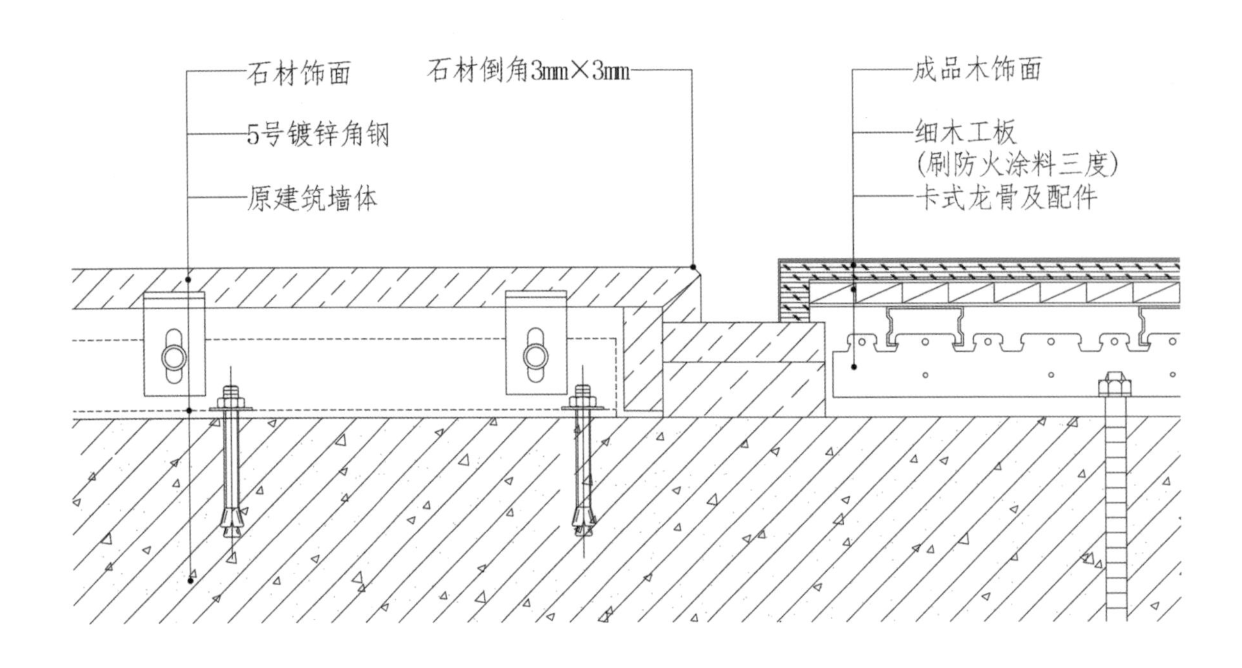
石材饰面
5号镀锌角钢
原建筑墙体
石材倒角3mm×3mm
成品木饰面
细木工板
(刷防火涂料三度)
卡式龙骨及配件

石材与木饰面相接(2)节点图

石材与木饰面相接(2)三维示意图

工艺说明：1. 施工工序：准备工作→现场放线→材料加工→基层处理→轻钢龙骨隔墙制作→木饰面基础固定→石材专用AB胶→铺贴石材→成品木饰面安装→完成面处理。

2. 用料分析：

a. 选用指定20mm厚石材，加工3mm×3mm倒角；

b. 定制成品木饰面、基础材料细木工板(刷防火涂料三度)；

c. 用石材专用AB胶铺贴；

d. 木饰面基础需做三防处理。

3. 完成面处理：

a. 保证石材与木饰面拼接缝完整，石材做抛光处理；

b. 用专用保护膜做成品保护。

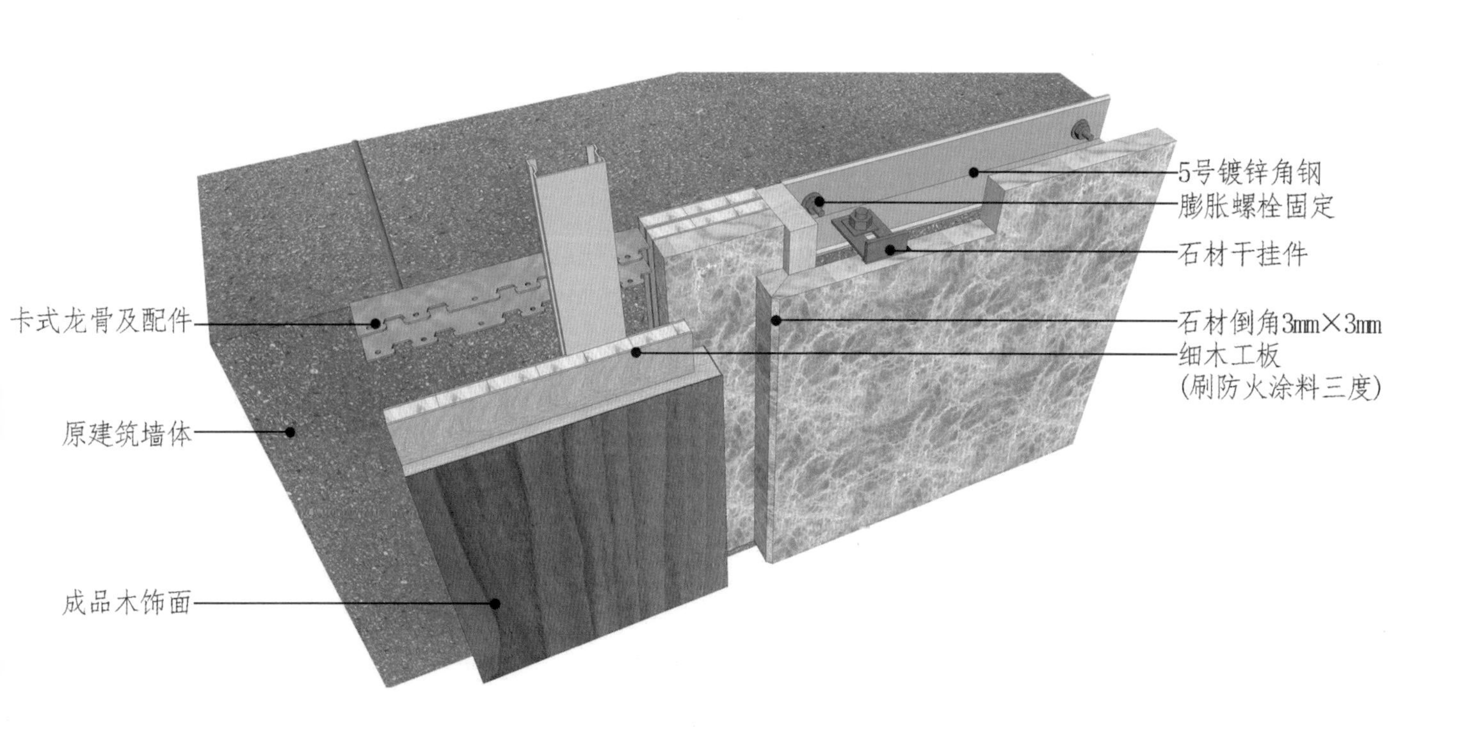
5号镀锌角钢
膨胀螺栓固定
石材干挂件
卡式龙骨及配件
石材倒角3mm×3mm
细木工板
(刷防火涂料三度)
原建筑墙体
成品木饰面

石材与木饰面相接(2)三维示意图

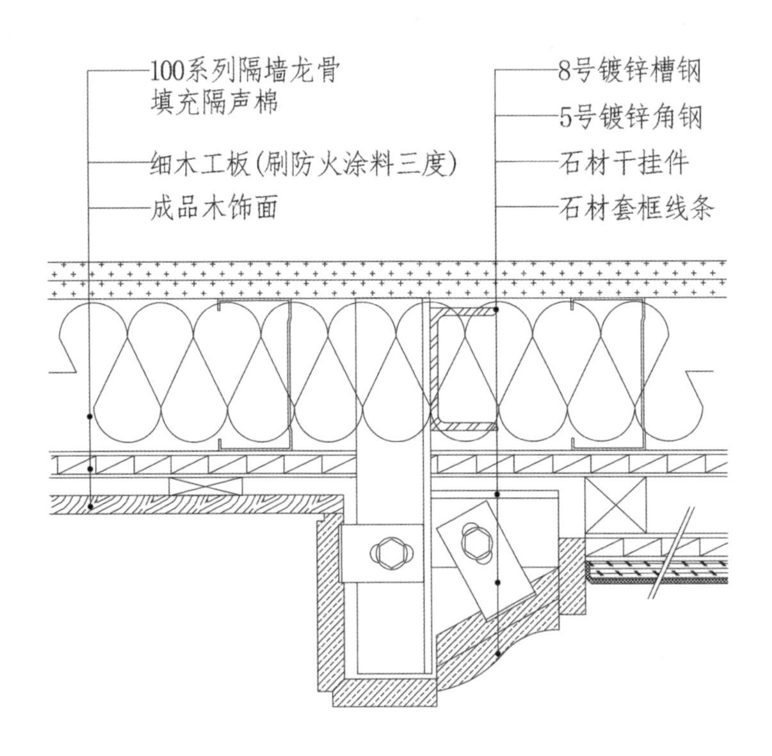
100系列隔墙龙骨
填充隔声棉
细木工板(刷防火涂料三度)
成品木饰面
8号镀锌槽钢
5号镀锌角钢
石材干挂件
石材套框线条

石材与木饰面相接(3)节点图

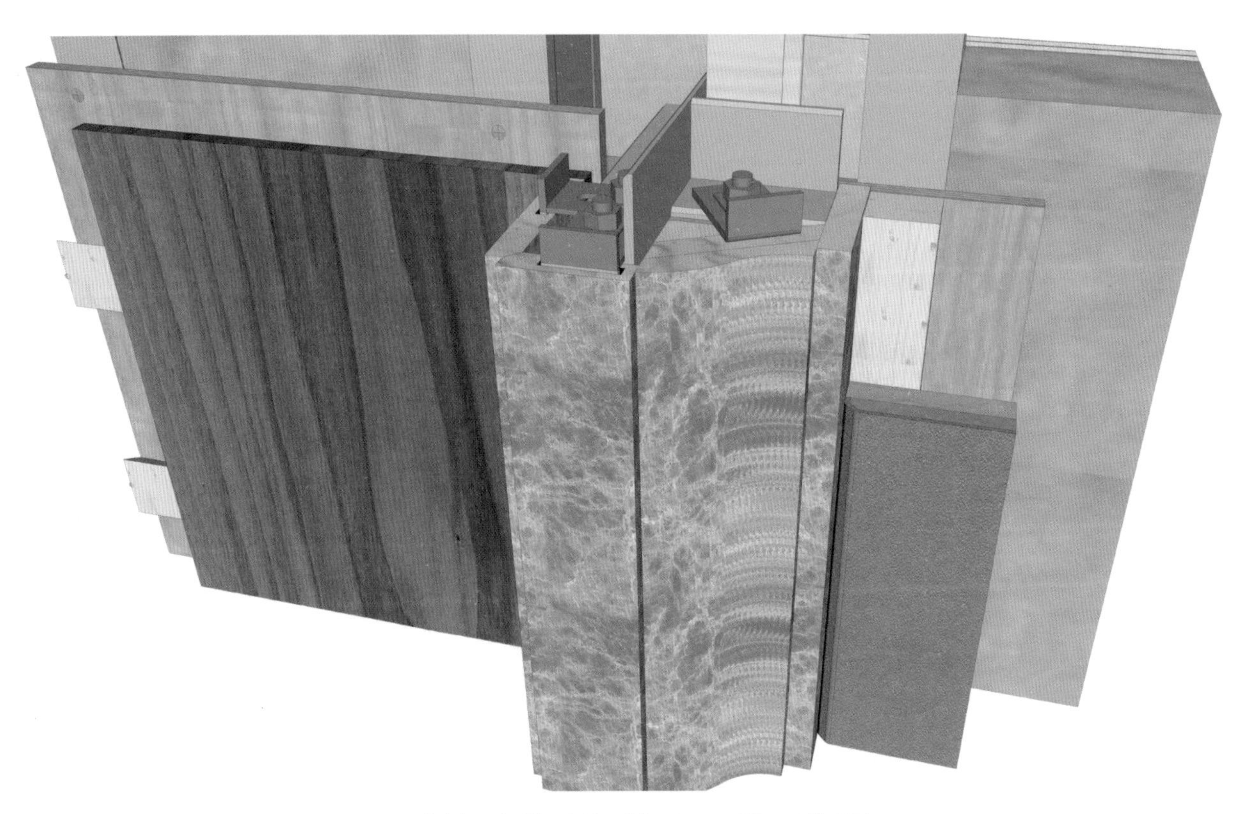

石材与木饰面相接(3)三维示意图

工艺说明： 1. 施工工序：准备工作→现场放线→材料加工→基层处理→轻钢龙骨隔墙制作→石材干挂结构框架固定→木饰面基础固定→石材专用AB胶→干挂石材→成品木饰面安装→完成面处理。

2. 用料分析：

a. 轻钢龙骨隔墙填充隔声棉；

b. 选用指定20mm厚石材，加工10mm×10mm倒角；

c. 定制成品木饰面、基础材料细木工板(刷防火涂料三度)；

d. 用石材专用AB胶干挂；

e. 木饰面基础需做三防处理。

3. 完成面处理：

用专用保护膜做成品保护。

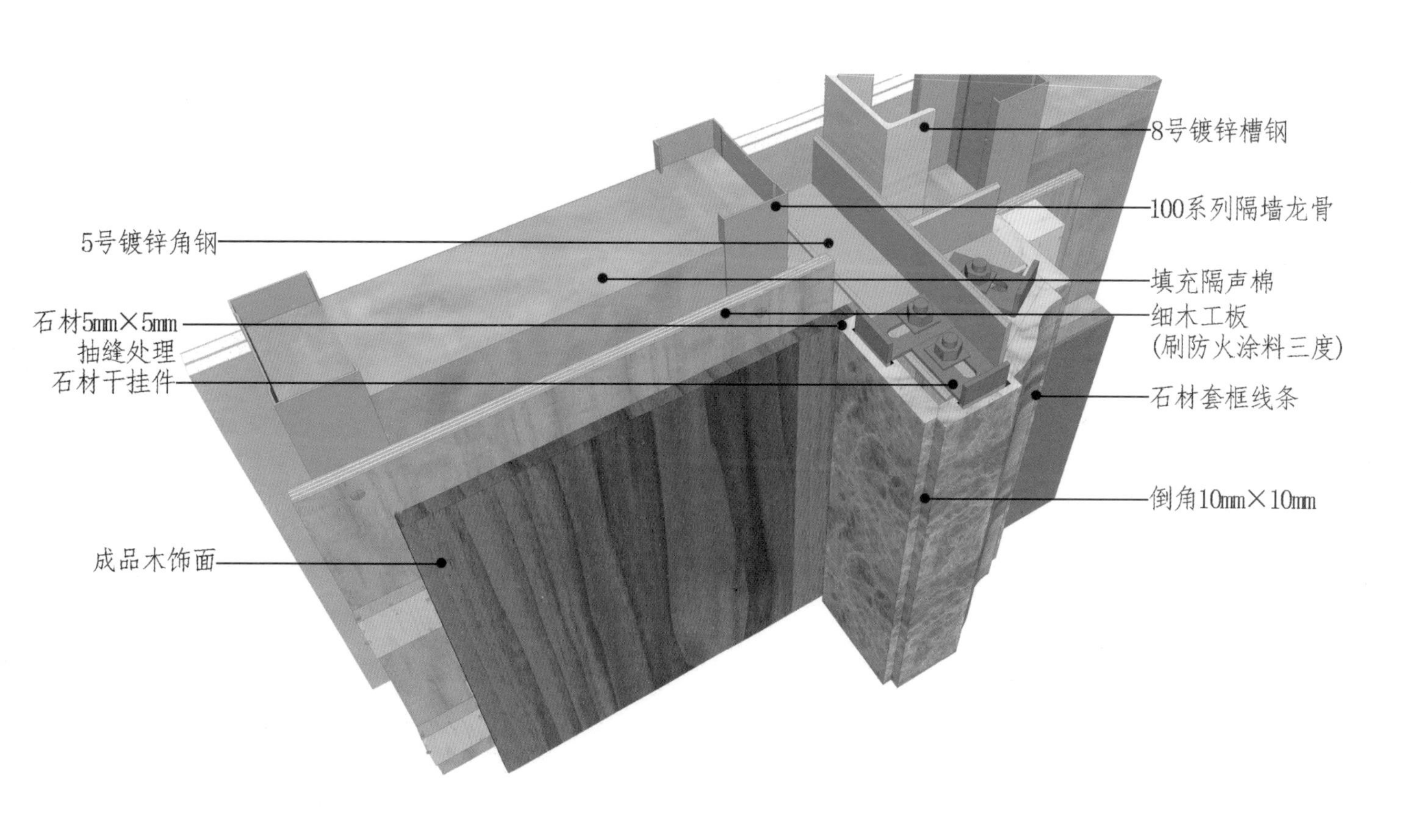
8号镀锌槽钢
100系列隔墙龙骨
5号镀锌角钢
填充隔声棉
细木工板
(刷防火涂料三度)
石材5mm×5mm
抽缝处理
石材干挂件
石材套框线条
倒角10mm×10mm
成品木饰面

石材与木饰面相接(3)三维示意图

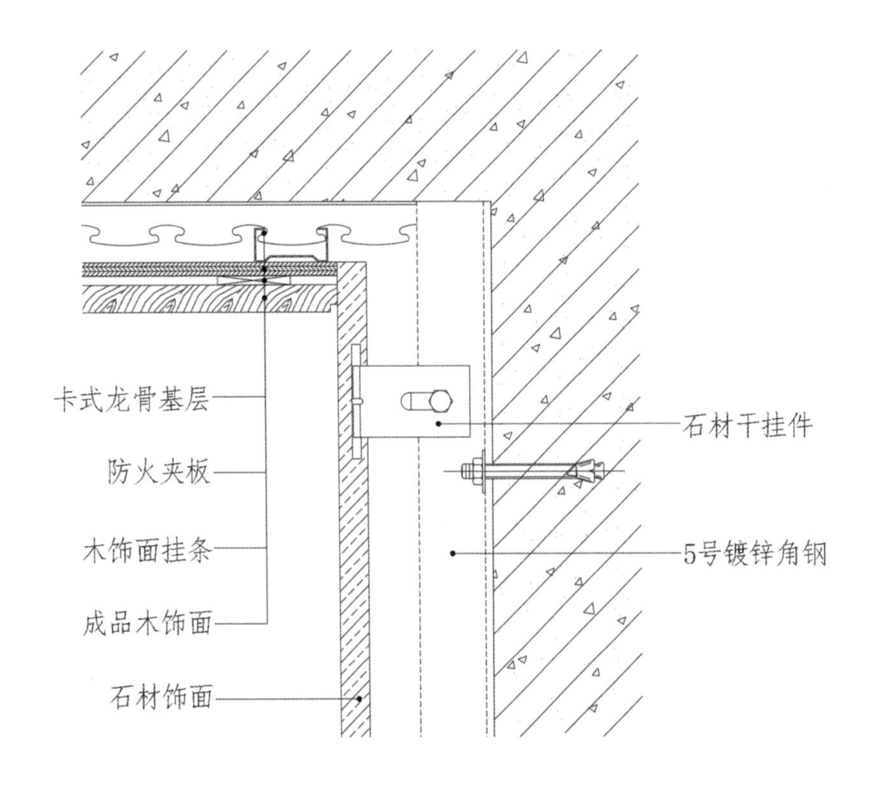
卡式龙骨基层
防火夹板
木饰面挂条
成品木饰面
石材饰面
石材干挂件
5号镀锌角钢

石材与木饰面相接(4)节点图

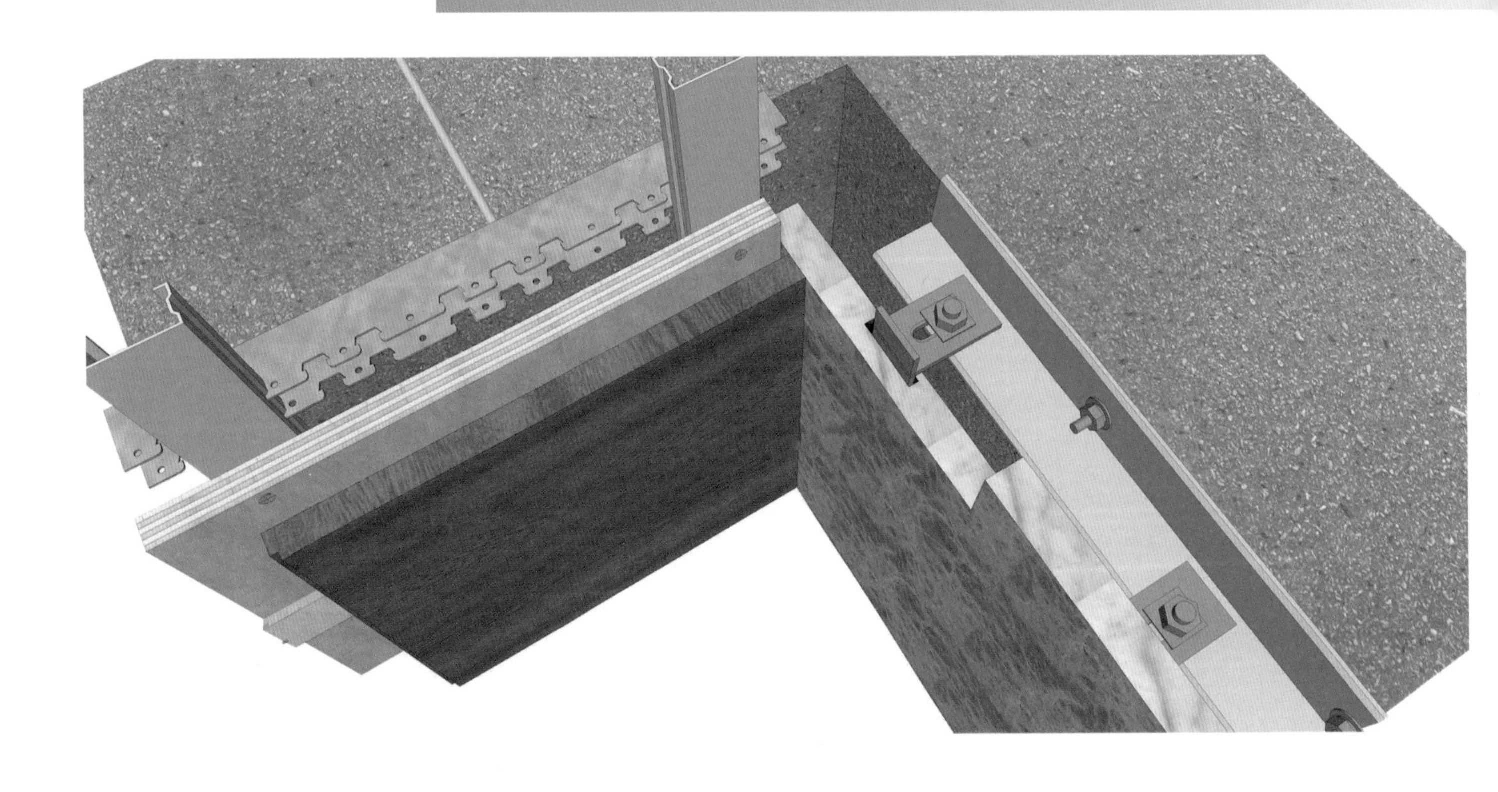

石材与木饰面相接(4)三维示意图

工艺说明： 1. 施工工序：准备工作→现场放线→材料加工→基层处理→木饰面基础固定→石材干挂结构框架固定→干挂石材→成品木饰面安装→完成面处理。

2. 用料分析：

a. 选用指定加工20mm厚石材；

b. 定制成品木饰面、基础材料防火板、龙骨，木饰面加工5mm×5mm工艺缝；

c. 用石材专用AB胶干挂。

3. 完成面处理：

a. 保证石材与木饰面拼接缝完整，石材做抛光处理；

b. 用专用保护膜做成品保护。

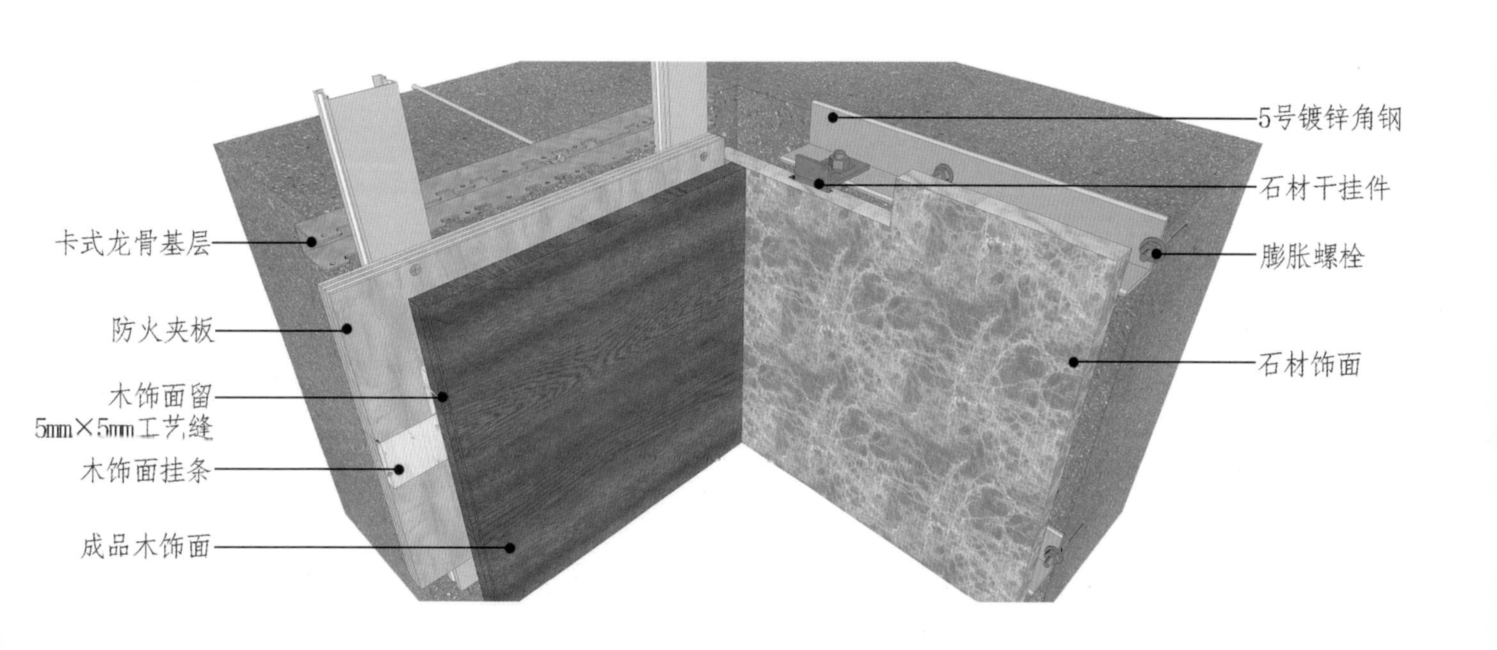

5号镀锌角钢
石材干挂件
膨胀螺栓
石材饰面
卡式龙骨基层
防火夹板
木饰面留
5mm×5mm工艺缝
木饰面挂条
成品木饰面

石材与木饰面相接(4)三维示意图

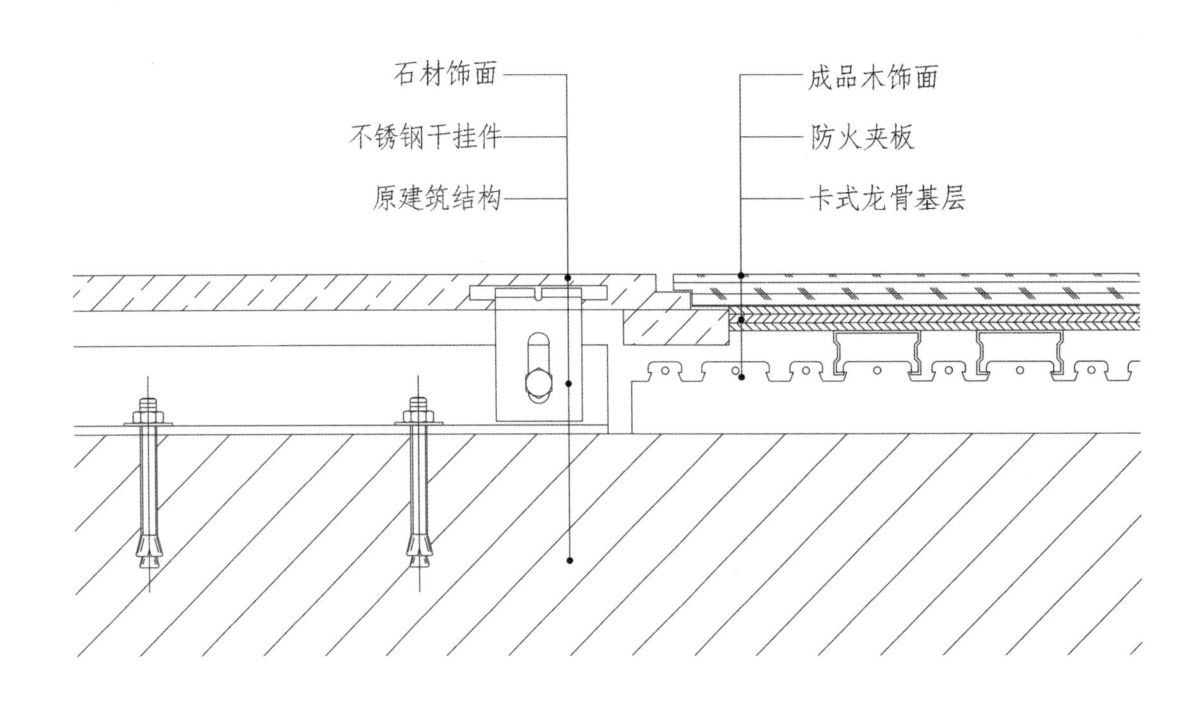
石材饰面
不锈钢干挂件
原建筑结构
成品木饰面
防火夹板
卡式龙骨基层

石材与木饰面相接(5)节点图

石材与木饰面相接(5)三维示意图

工艺说明： 1. 施工工序：准备工作→现场放线→材料加工→基层处理→木饰面基础固定→石材干挂结构框架固定→干挂石材→成品木饰面安装→完成面处理。

2. 用料分析：

a. 选用指定加工20mm厚石材；

b. 定制成品木饰面、基础材料防火夹板、龙骨，石材与木饰面切口拼接；

c. 石材专用AB胶干挂。

3. 完成面处理：

a. 保证石材与木饰面拼接缝完整，石材做抛光处理；

b. 用专用保护膜做成品保护。

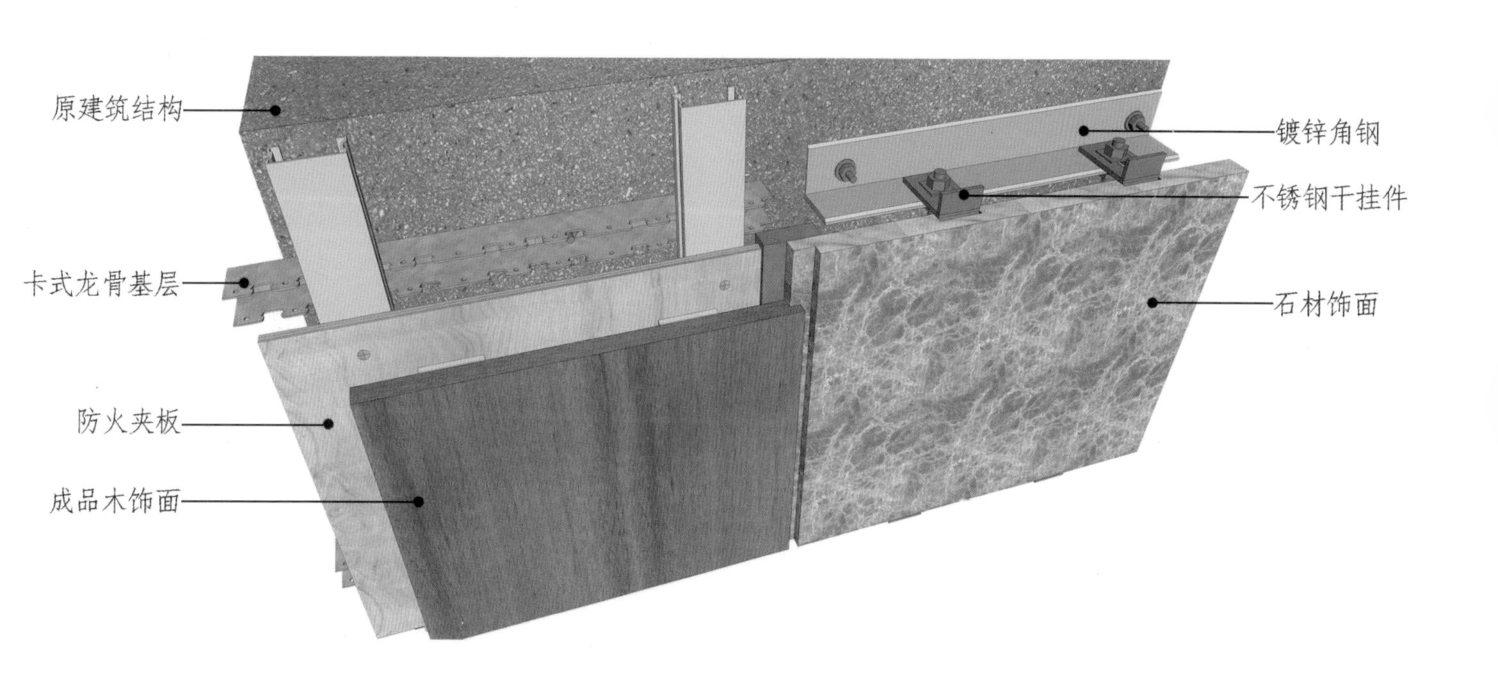
原建筑结构
卡式龙骨基层
防火夹板
成品木饰面
镀锌角钢
不锈钢干挂件
石材饰面

石材与木饰面相接(5)三维示意图

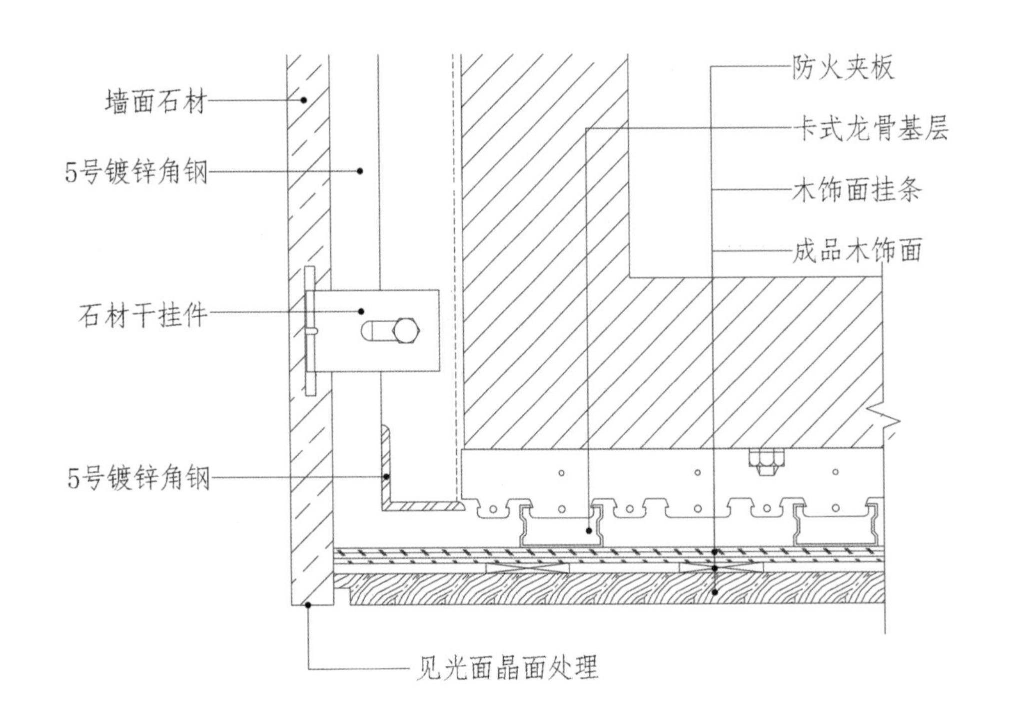
墙面石材
5号镀锌角钢
石材干挂件
5号镀锌角钢
见光面晶面处理
防火夹板
卡式龙骨基层
木饰面挂条
成品木饰面

石材与木饰面相接(6)节点图

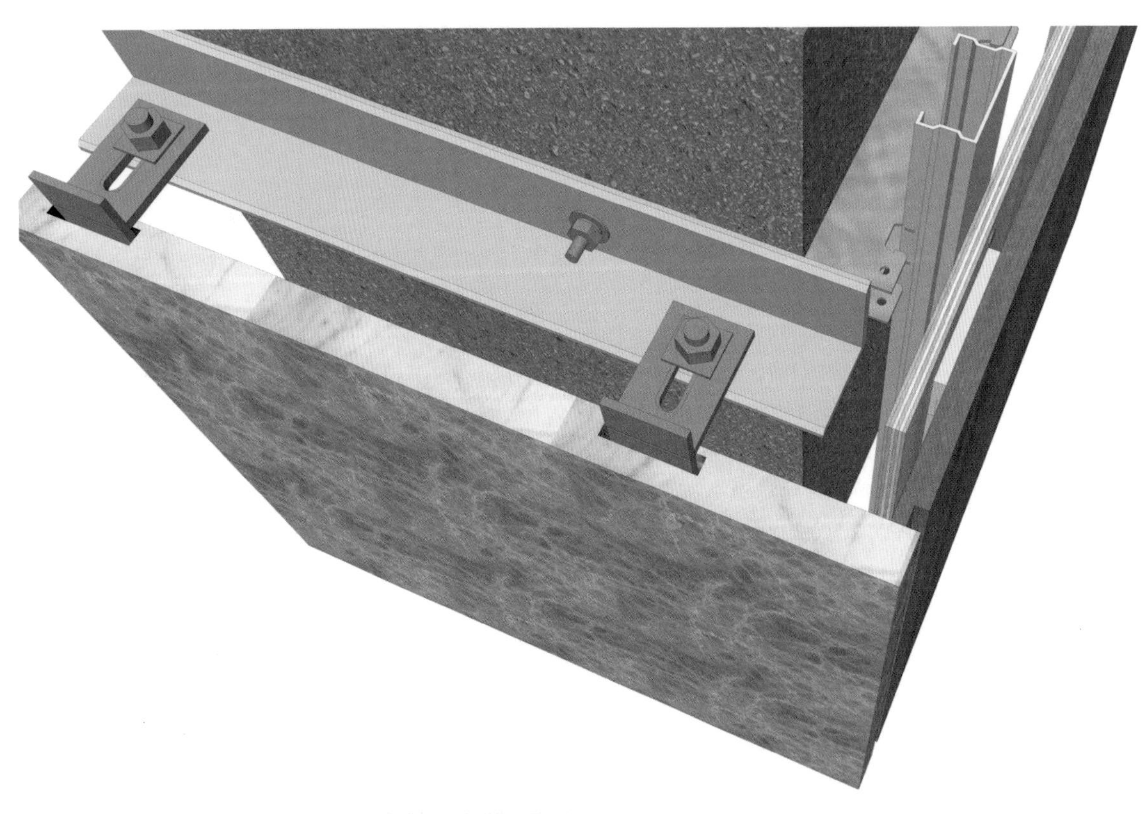

石材与木饰面相接(6)三维示意图

工艺说明：1. 施工工序：准备工作→现场放线→材料加工→基层处理→轻钢龙骨隔墙制作→石材干挂结构框架固定→木饰面基础固定→石材专用黏结剂→干挂石材→成品木饰面安装→完成面处理。

2. 用料分析：

a. 轻钢龙骨隔墙材料安装；

b. 选用指定石材加工；

c. 木饰面基层安装防火夹板；

d. 用石材专用AB胶干挂压收口条；

e. 木饰面基层需做三防处理。

3. 完成面处理：

用专用保护膜做成品保护。

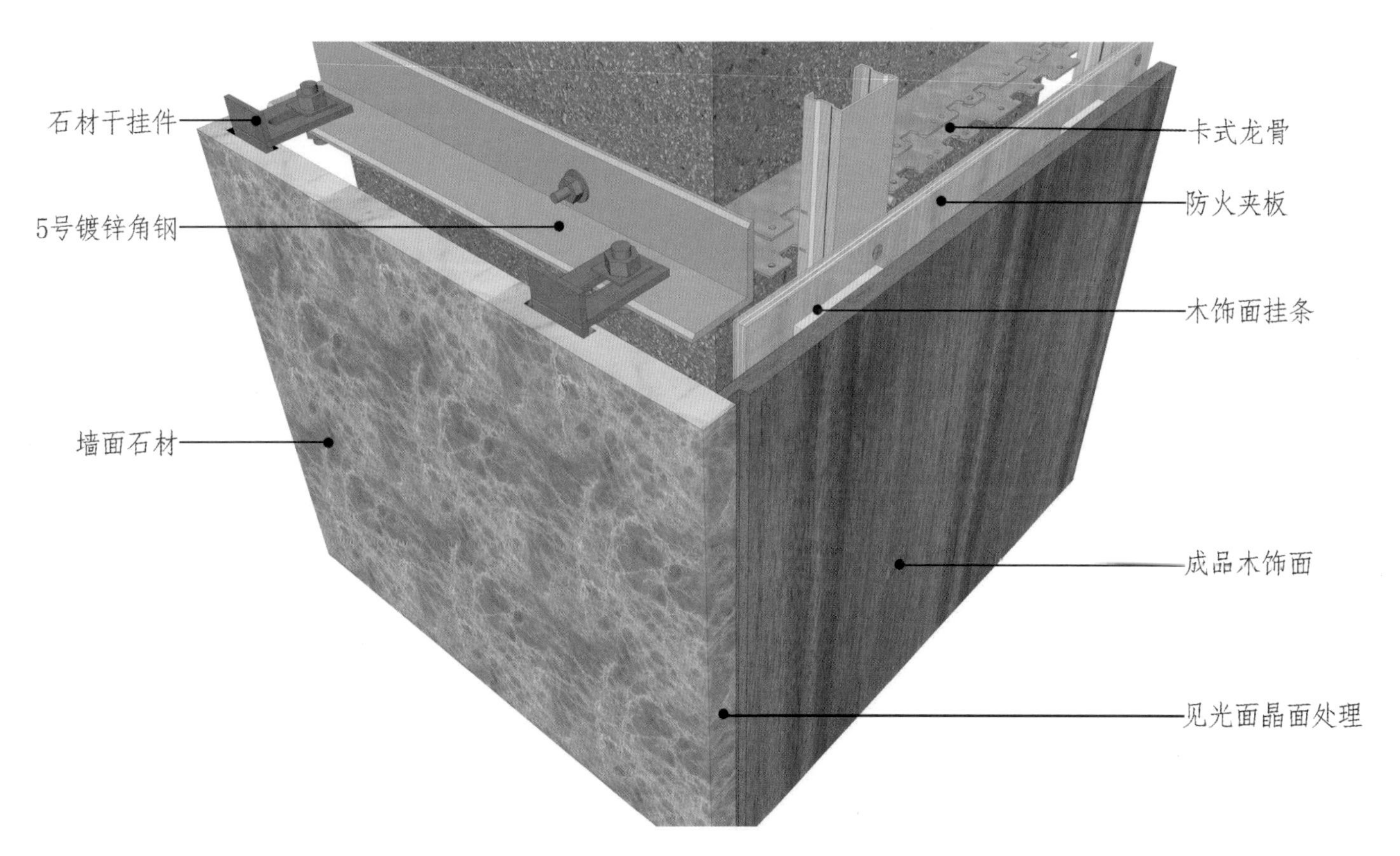
石材干挂件
5号镀锌角钢
墙面石材
卡式龙骨
防火夹板
木饰面挂条
成品木饰面
见光面晶面处理

石材与木饰面相接(6)三维示意图

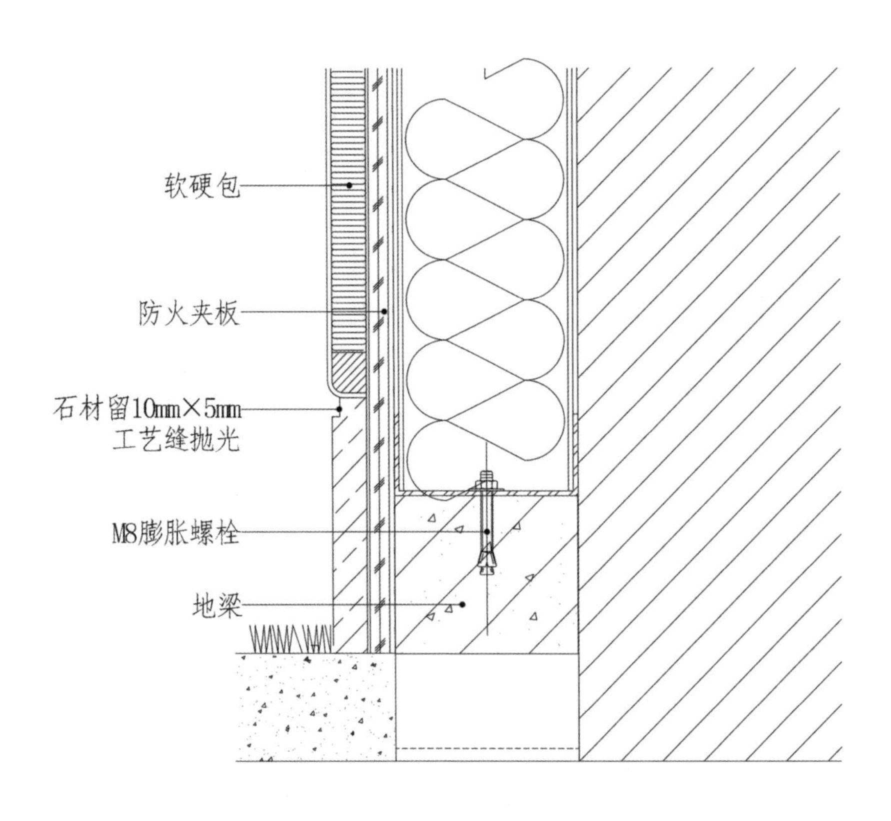
软硬包
防火夹板
石材留10mm×5mm
工艺缝抛光
M8膨胀螺栓
地梁

石材踢脚线与软包相接节点图

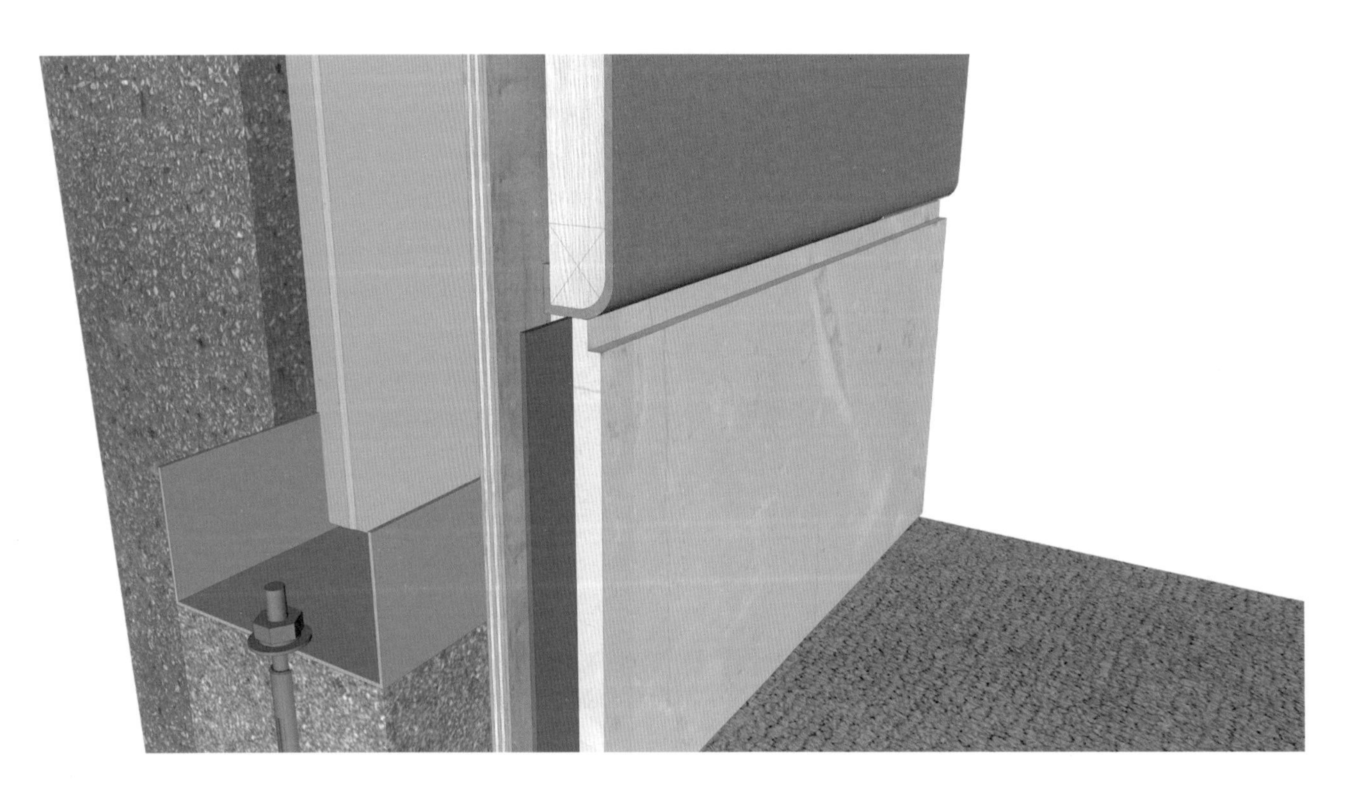

石材踢脚线与软包相接三维示意图

工艺说明： 1. 施工工序：准备工作→现场放线→材料加工→基层处理→轻钢龙骨隔墙制作→基层防火板固定→石材专用黏结剂→铺贴石材→成品软包安装→完成面处理。

2. 用料分析：

a. 轻钢龙骨隔墙材料；

b. 选用指定石材加工；

c. 软包基层固定防火夹板；

d. 用石材专用胶固定安装；

e. 软包基层需做三防处理。

3. 完成面处理：

用专用保护膜做成品保护。

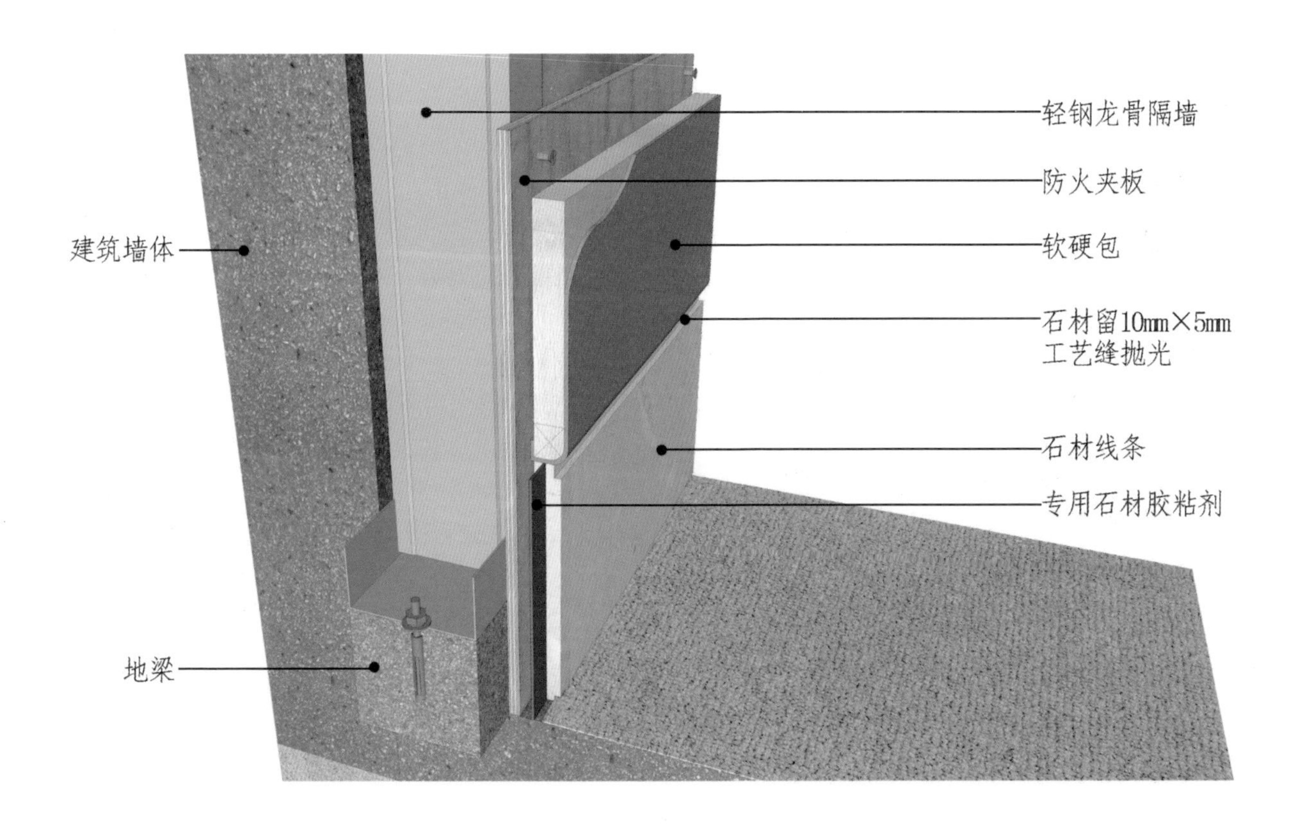
轻钢龙骨隔墙
防火夹板
软硬包
石材留10mm×5mm
工艺缝抛光
石材线条
专用石材胶粘剂
建筑墙体
地梁

石材踢脚线与软包相接三维示意图

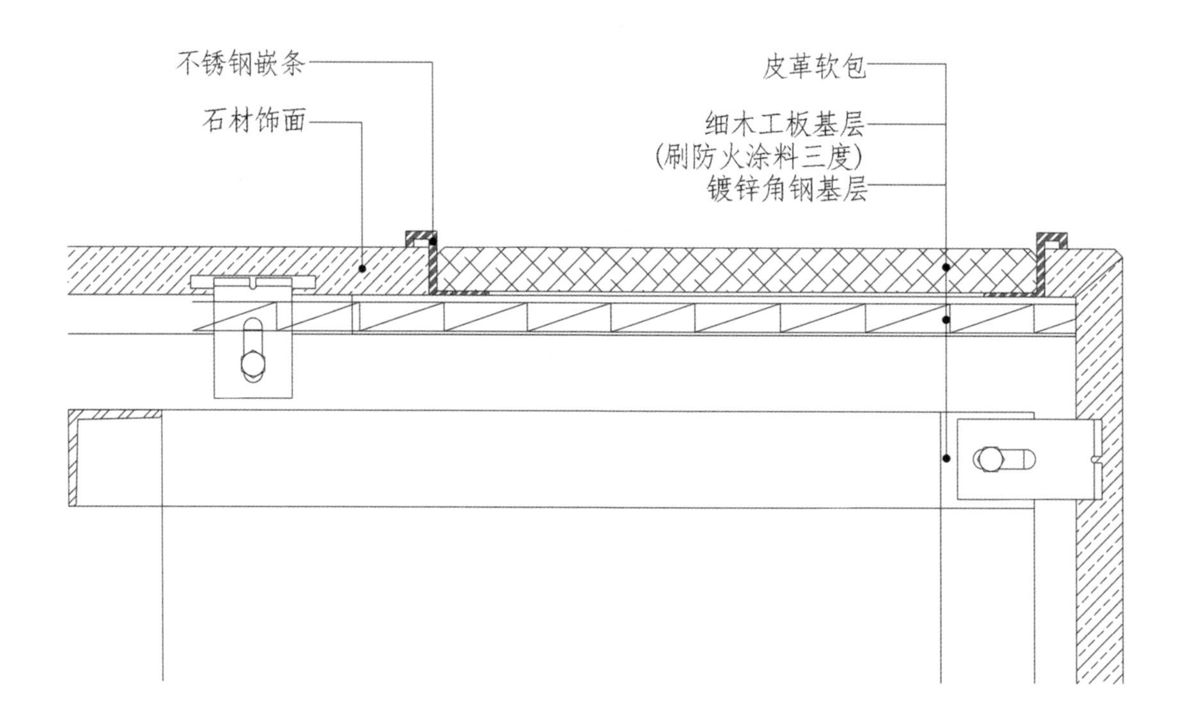
不锈钢嵌条
石材饰面
皮革软包
细木工板基层
(刷防火涂料三度)
镀锌角钢基层

石材与软包相接节点图

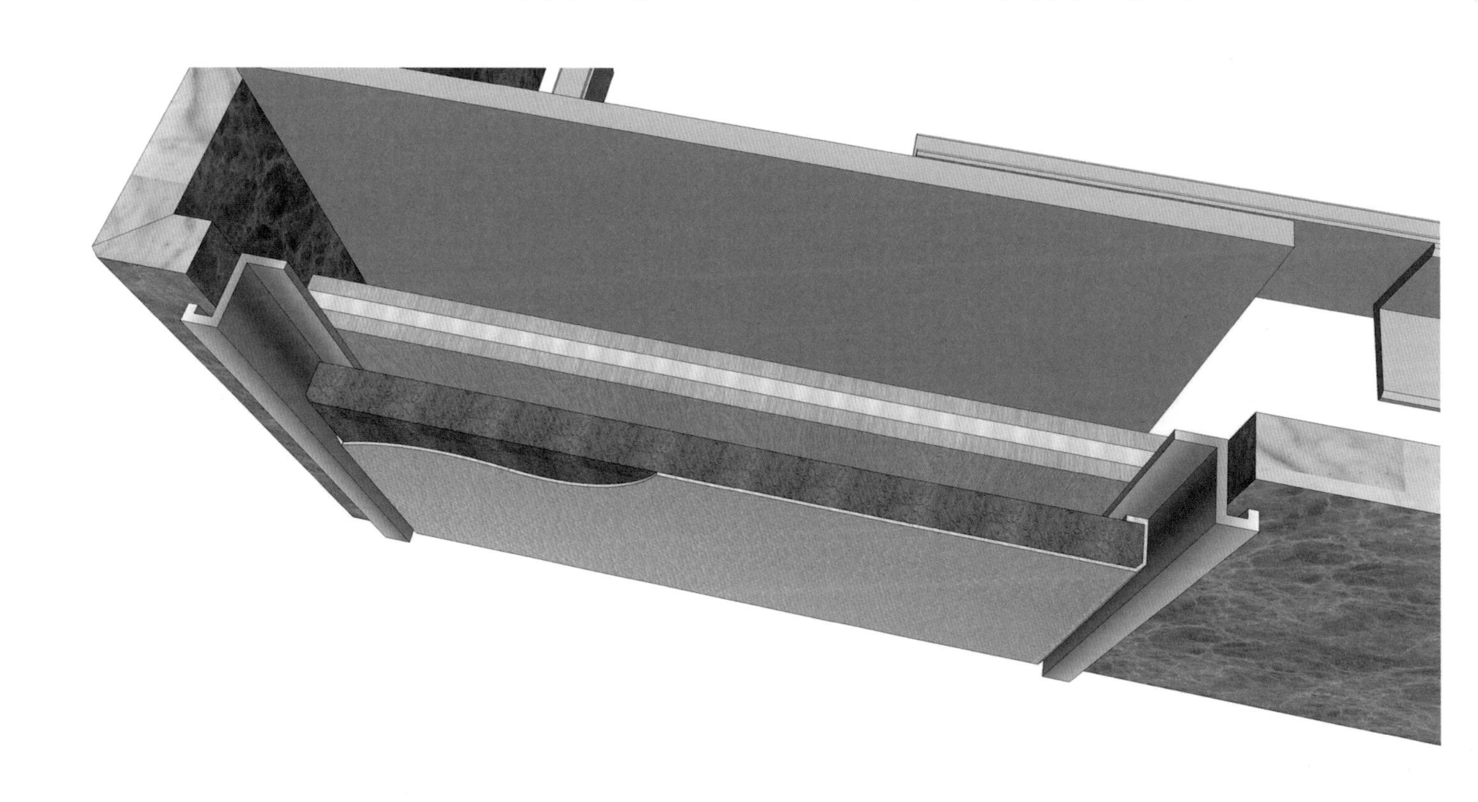

石材与软包相接三维示意图

工艺说明：1. 施工工序：准备工作→现场放线→材料加工→基层处理→轻钢龙骨隔墙制作→细木工板固定→石材专用黏结剂→铺贴石材→成品软包安装→完成面处理。

2. 用料分析：

a. 轻钢龙骨隔墙材料；

b. 选用指定石材加工；

c. 软包基层固定在细木工板上；

d. 用石材专用胶固定安装；

e. 软包基层需做三防处理。

3. 完成面处理：

用专用保护膜做成品保护。

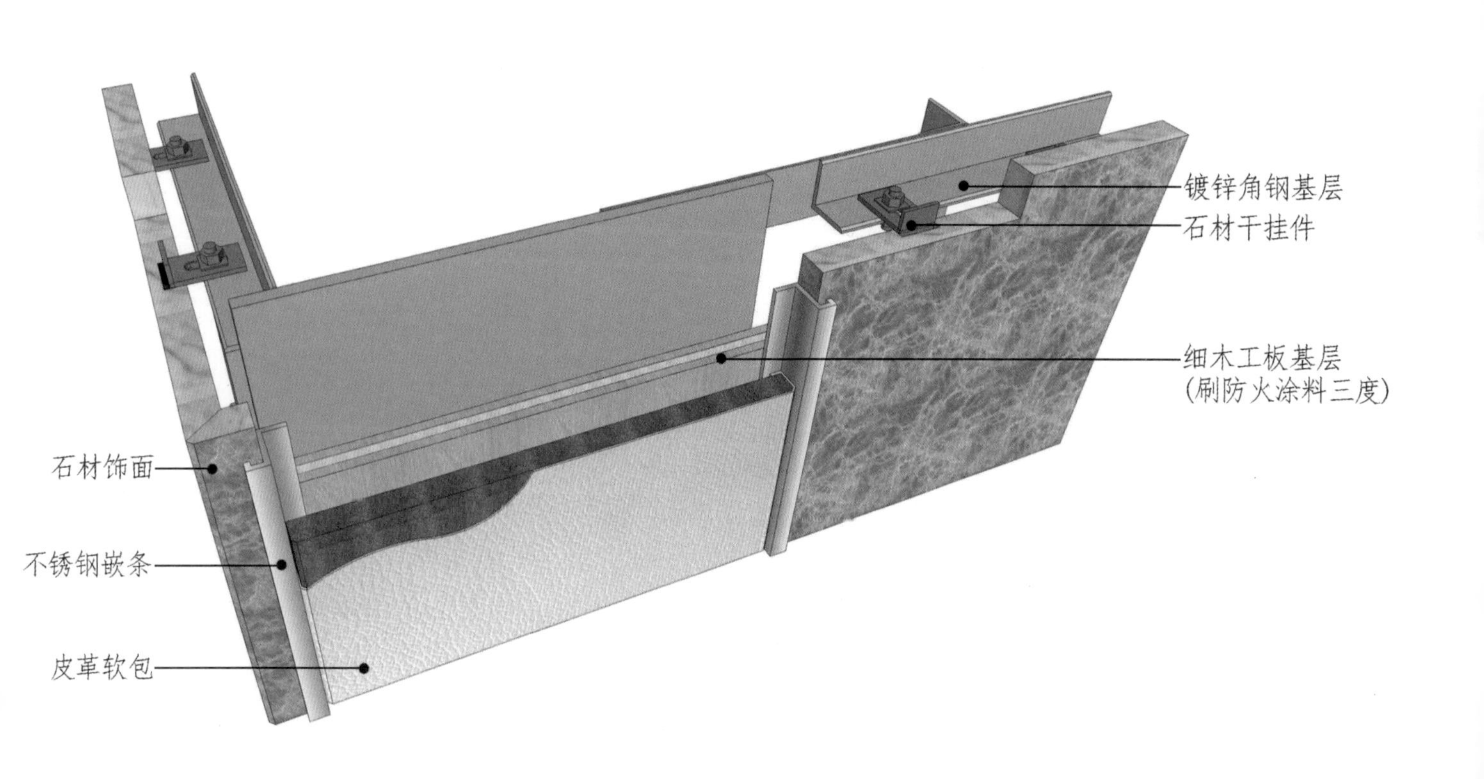
镀锌角钢基层
石材干挂件
细木工板基层
(刷防火涂料三度)
石材饰面
不锈钢嵌条
皮革软包

石材与软包相接三维示意图

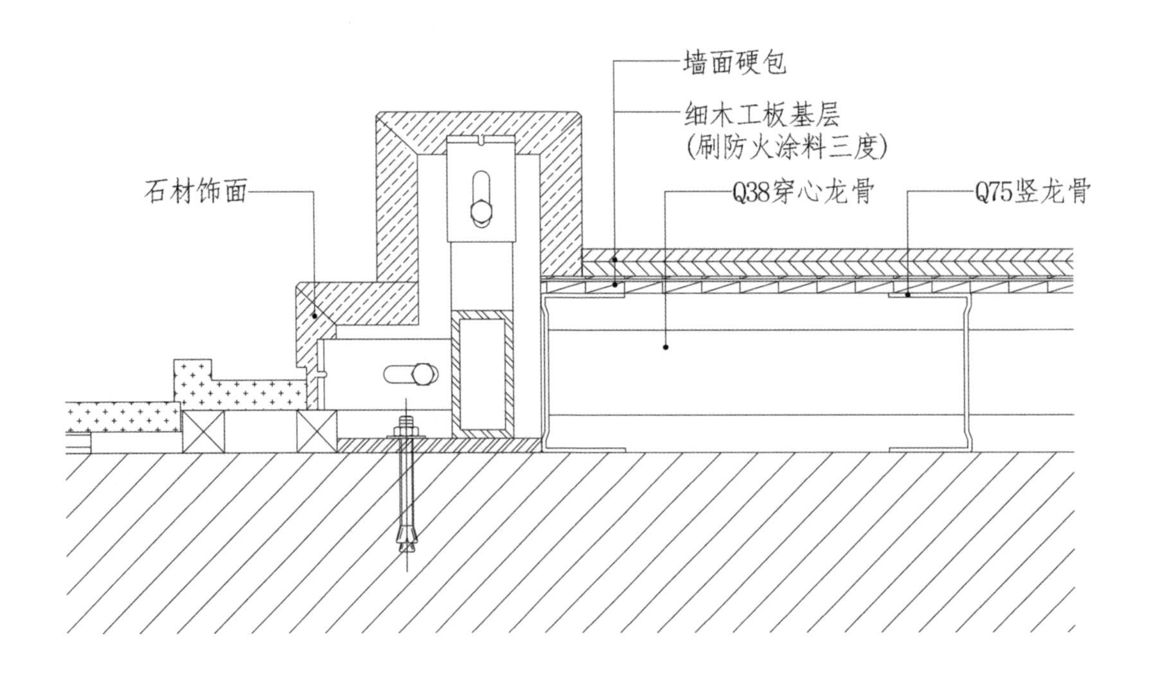
墙面硬包
细木工板基层
(刷防火涂料三度)
石材饰面
Q38穿心龙骨
Q75竖龙骨

石材与硬包相接节点图

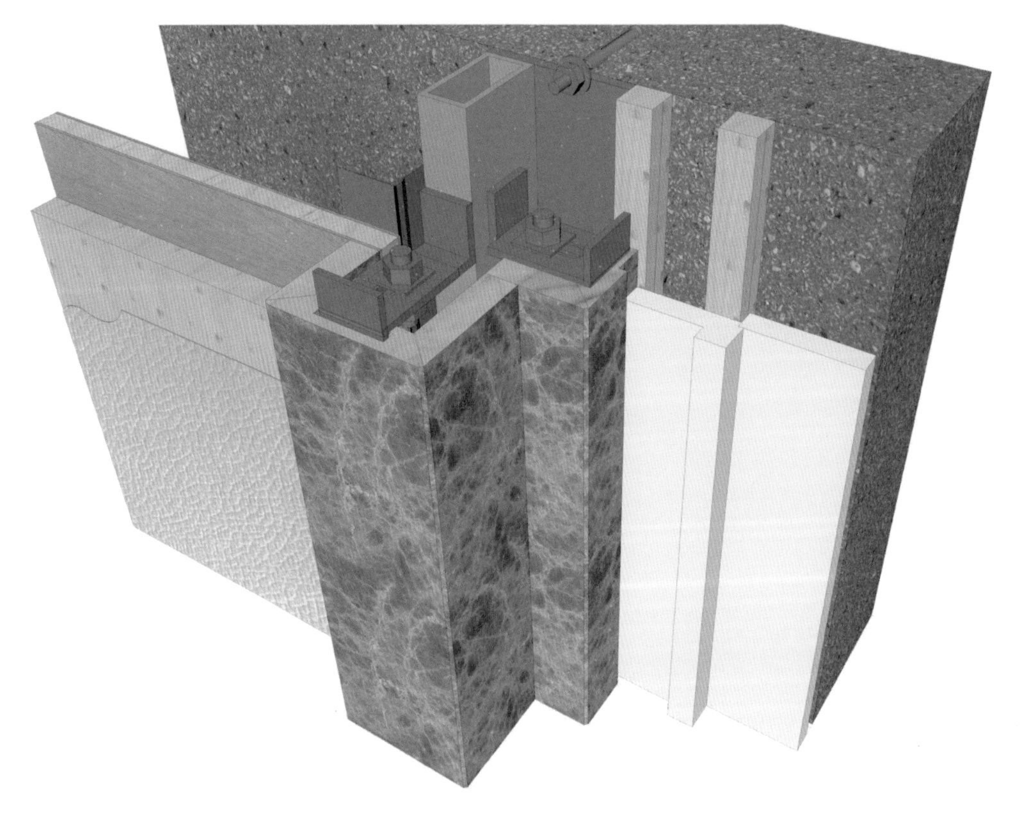

石材与硬包相接三维示意图

工艺说明： 1. 施工工序：准备工作→现场放线→材料加工→基层处理→轻钢龙骨隔墙制作→基层龙骨、细木工板基层固定→石材专用黏结剂→铺贴石材→硬包安装→完成面处理。

2. 用料分析：

a. 轻钢龙骨隔墙材料；

b. 选用指定石材加工；

c. 硬包基层固定于轻钢龙骨；

d. 用石材专用胶固定安装；

e. 硬包基层需做三防处理。

3. 完成面处理：

用专用保护膜做成品保护。

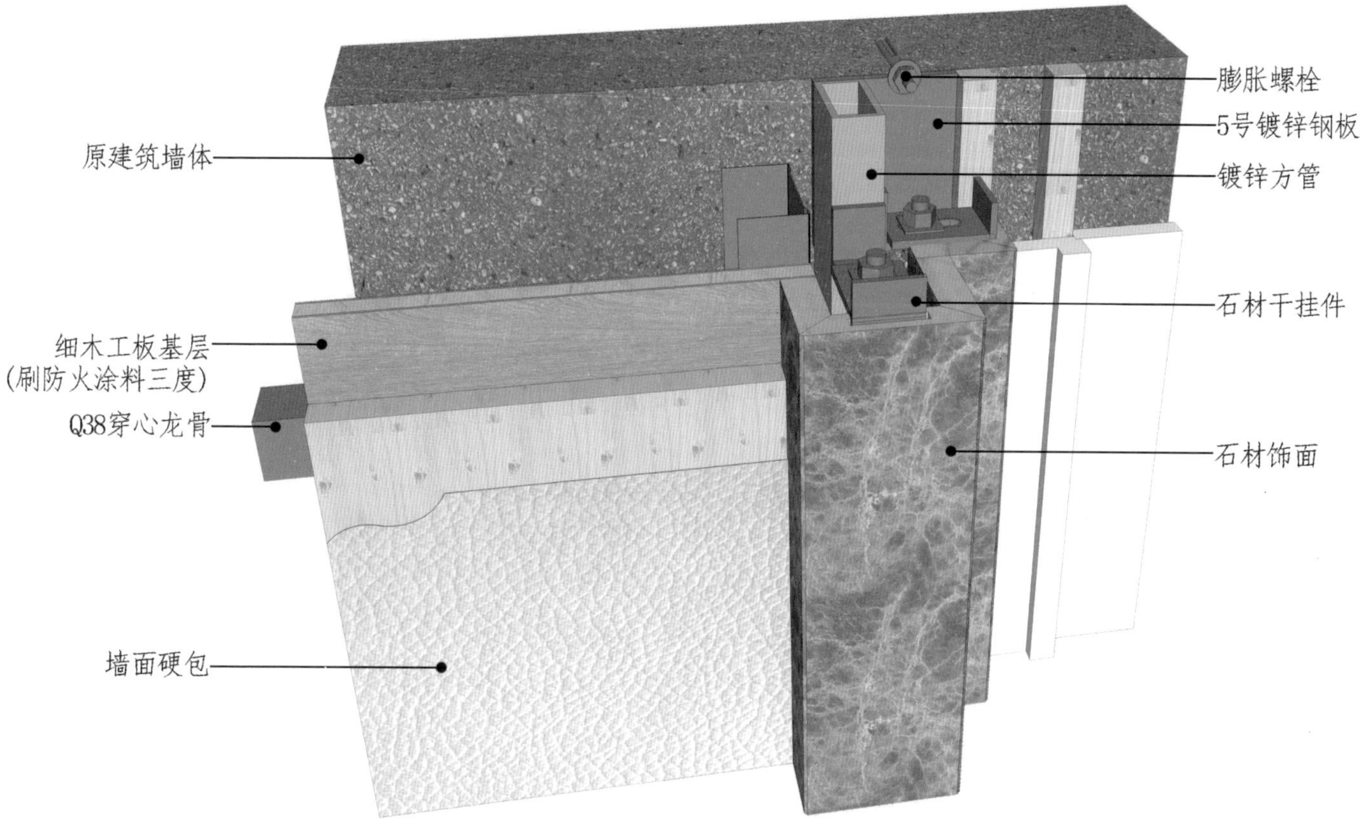

膨胀螺栓
5号镀锌钢板
镀锌方管
原建筑墙体
石材干挂件
细木工板基层
(刷防火涂料三度)
Q38穿心龙骨
石材饰面
墙面硬包

石材与硬包相接三维示意图

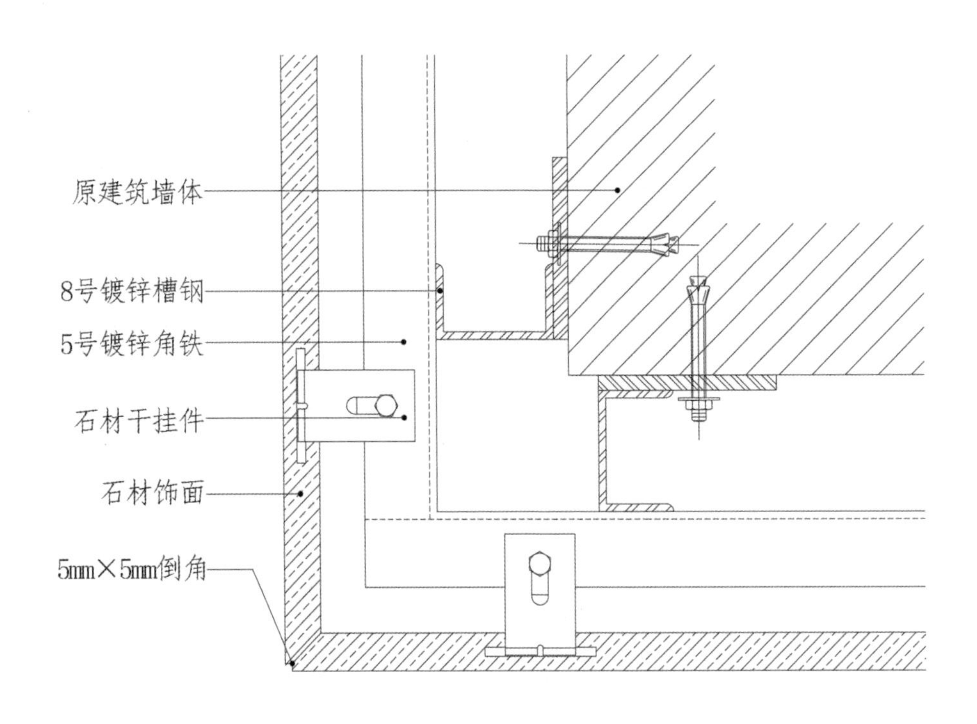
原建筑墙体
8号镀锌槽钢
5号镀锌角铁
石材干挂件
石材饰面
5mm×5mm倒角

石材与石材相接(1)节点图

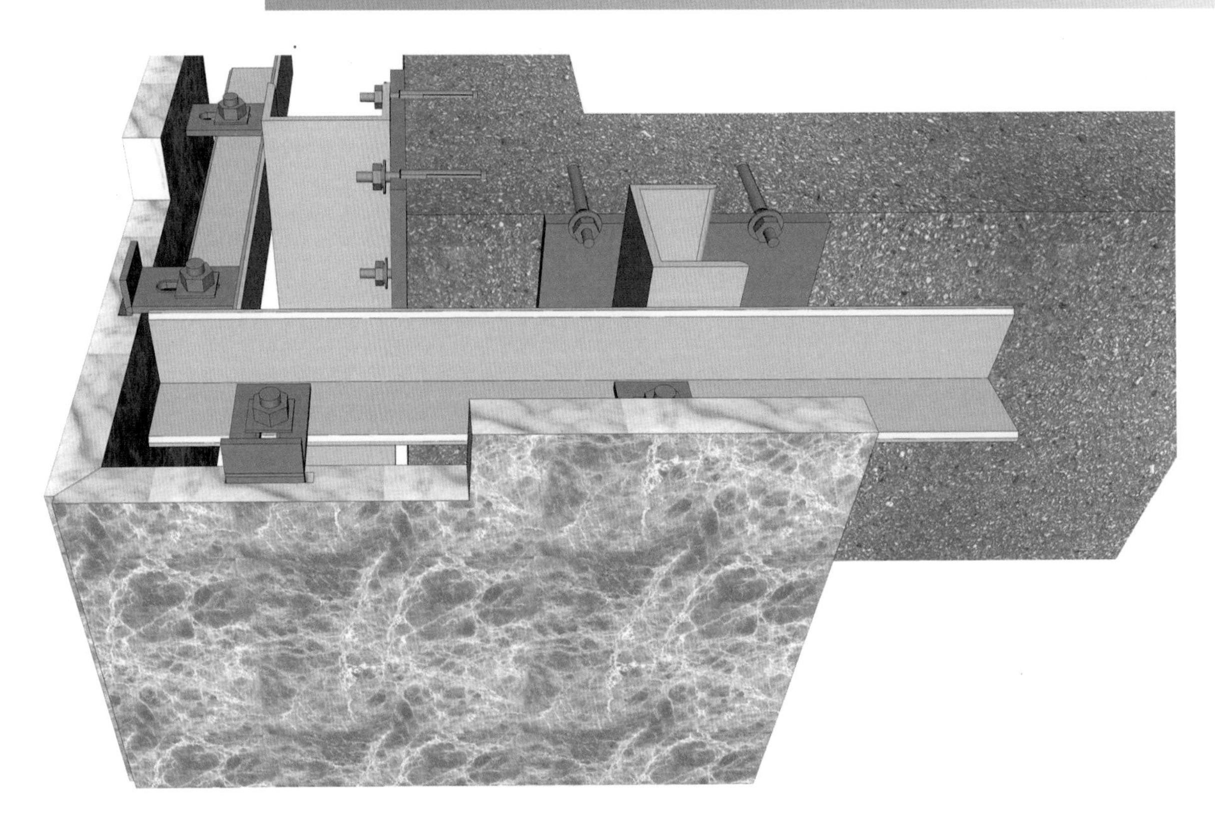

石材与石材相接(1)三维示意图

工艺说明： 1. 施工工序：准备工作→现场放线→材料加工→基层处理→石材干挂结构框架固定→石材专用AB胶粘贴→铺贴石材→完成面处理。

2. 用料分析：

a. 石材专用干挂配件；

b. 选用指定石材加工、固定框架；

c. 用石材专用AB胶固定安装。

3. 完成面处理：

a. 用专用填缝剂擦缝、保洁；

b. 用专用保护膜做成品保护。

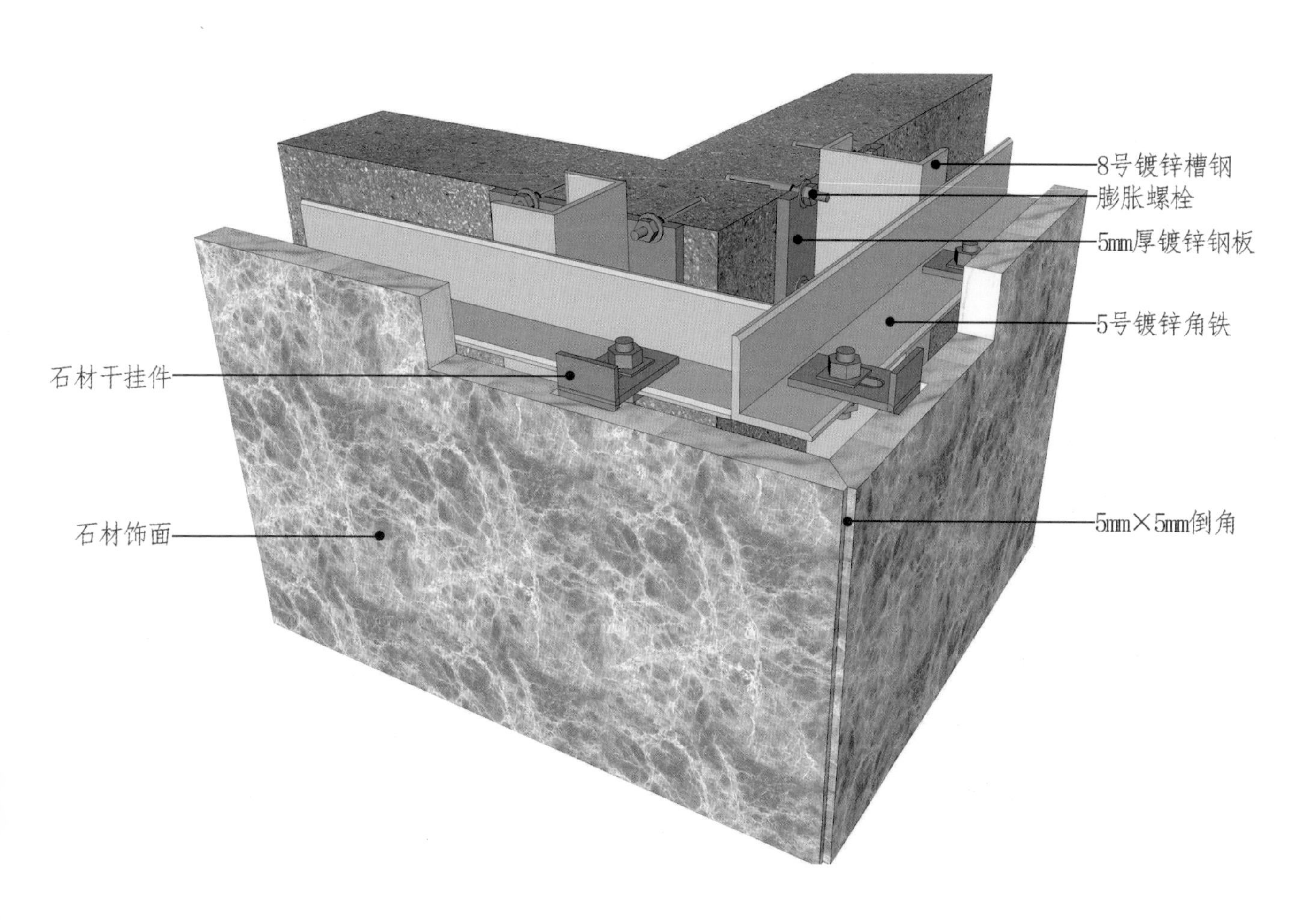
8号镀锌槽钢
膨胀螺栓
5mm厚镀锌钢板
5号镀锌角铁
石材干挂件
石材饰面
5mm×5mm倒角

石材与石材相接(1)三维示意图

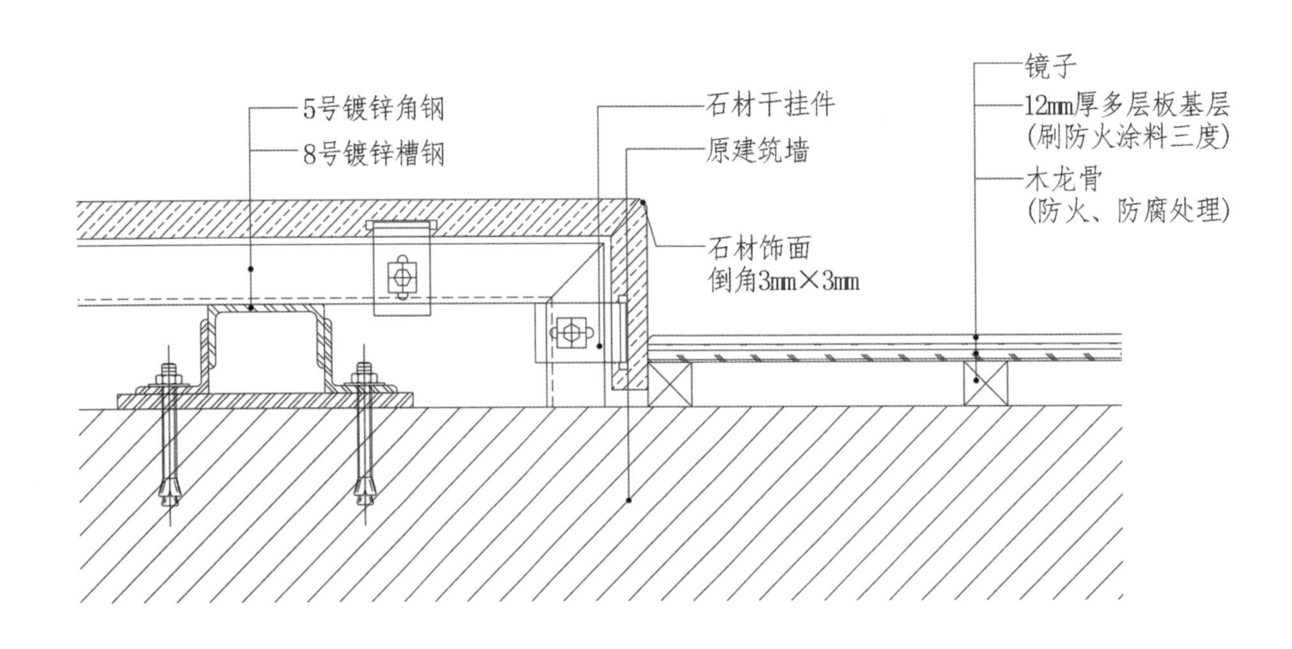
5号镀锌角钢
8号镀锌槽钢
石材干挂件
原建筑墙
石材饰面
倒角3mm×3mm
镜子
12mm厚多层板基层
(刷防火涂料三度)
木龙骨
(防火、防腐处理)

石材与石材相接(2)节点图

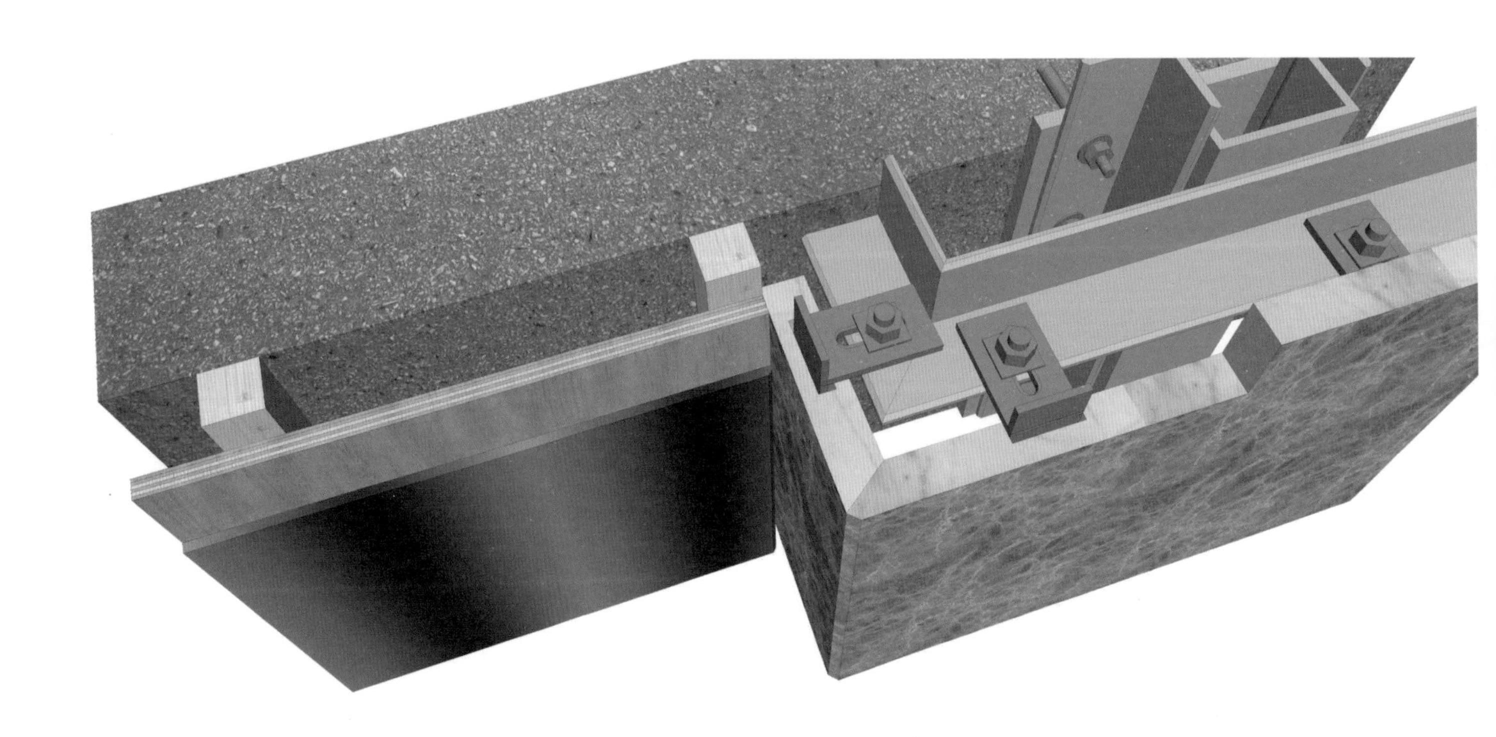

石材与石材相接(2)三维示意图

工艺说明： 1. 施工工序：准备工作→现场放线→材料加工→基层处理→石材干挂结构框架固定→石材专用AB胶→铺贴石材→完成面处理。

2. 用料分析：

a. 石材专用干挂配件；

b. 选用指定石材加工、固定框架；

c. 用石材专用AB胶固定安装。

3. 完成面处理：

a. 用专用填缝剂擦缝、保洁；

b. 用专用保护膜做成品保护。

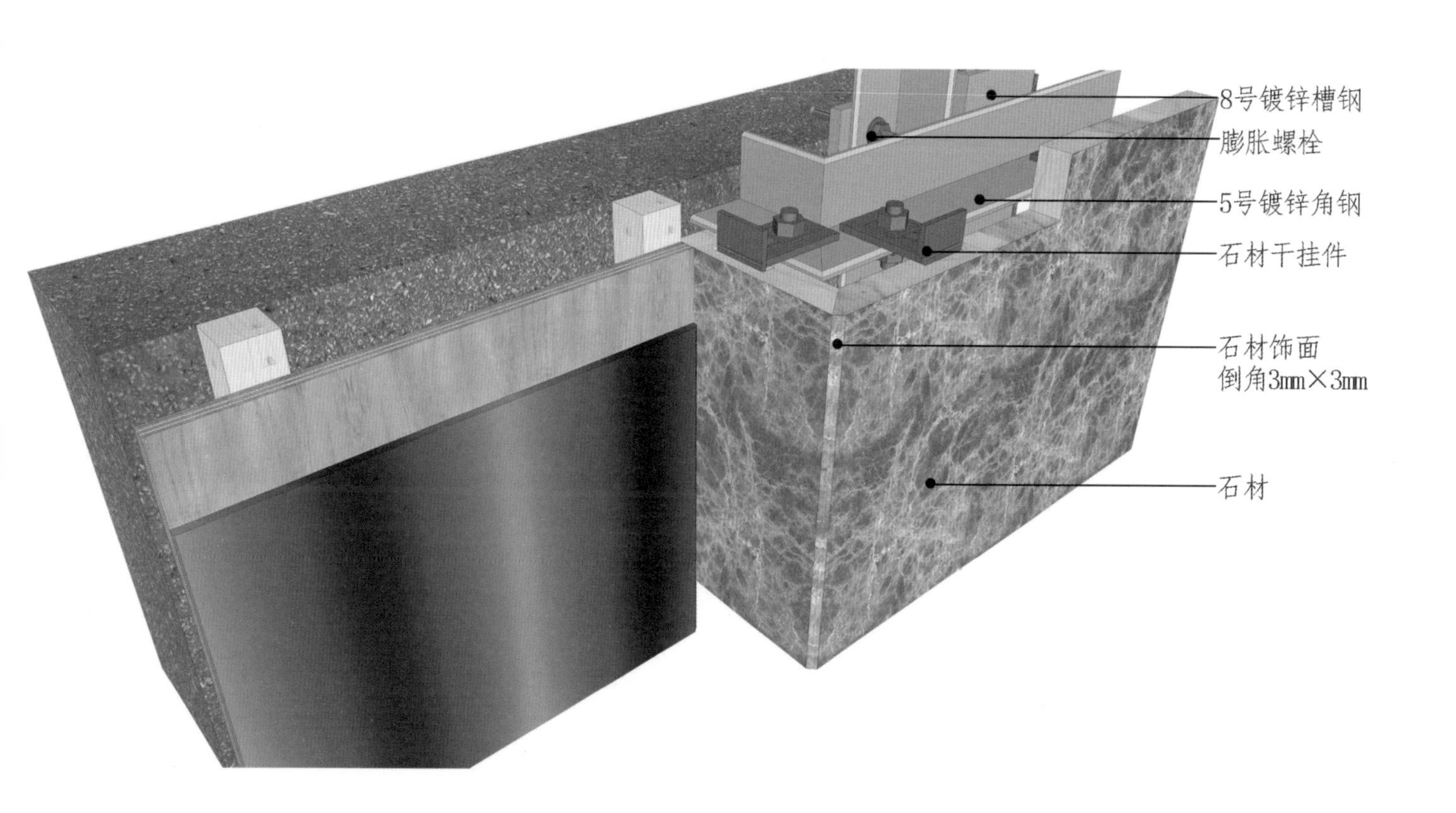
8号镀锌槽钢
膨胀螺栓
5号镀锌角钢
石材干挂件
石材饰面
倒角3mm×3mm
石材

石材与石材相接(2)三维示意图

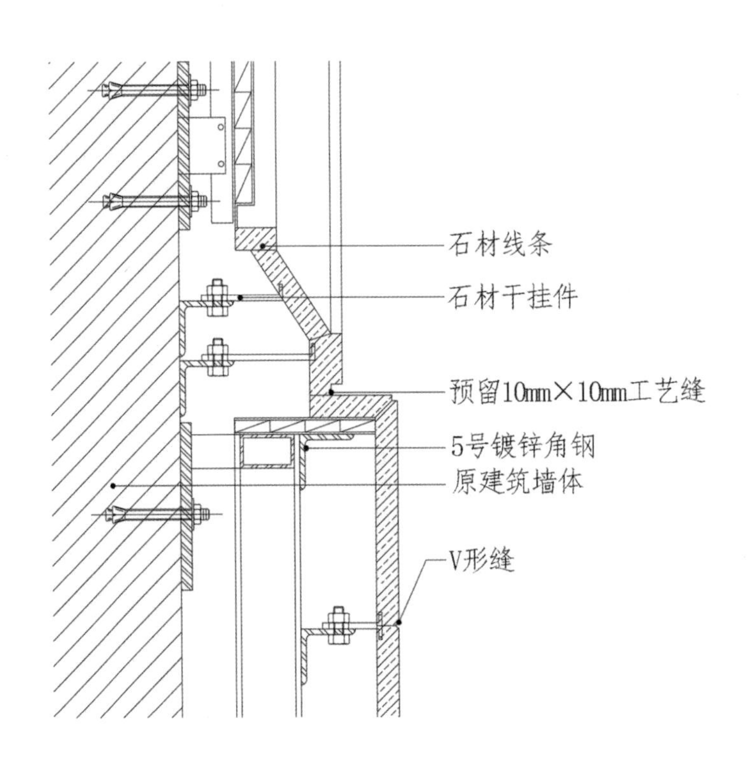
石材线条
石材干挂件
预留10mm×10mm工艺缝
5号镀锌角钢
原建筑墙体
V形缝

石材与石材相接(3)节点图

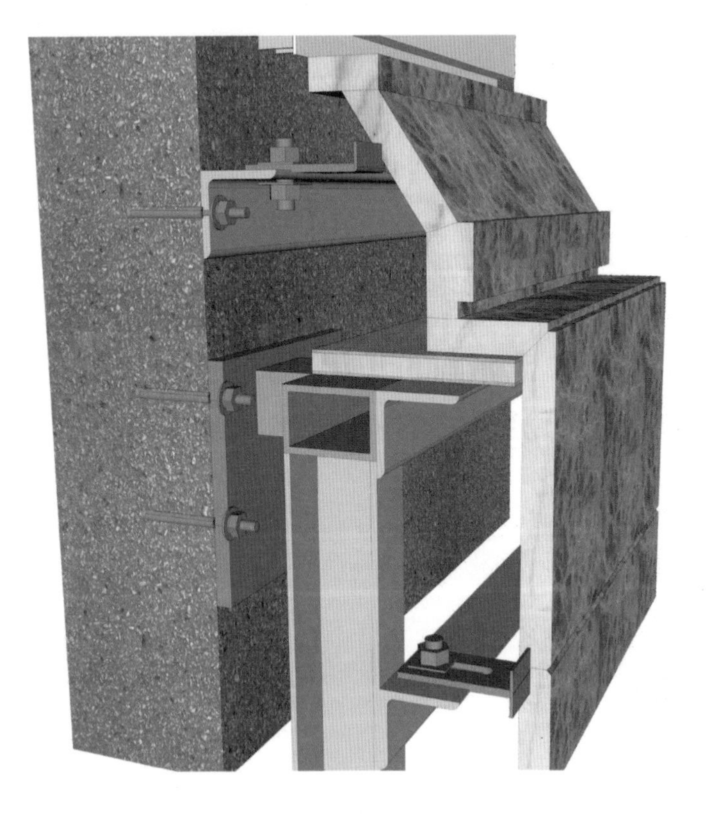

石材与石材相接(3)三维示意图

工艺说明： 1. 施工工序：准备工作→现场放线→材料加工→基层处理→石材干挂结构框架固定→石材专用AB胶→铺贴石材→完成面处理。

2. 用料分析：

a. 石材专用干挂配件；

b. 选用指定石材加工、固定框架；

c. 用石材专用AB胶固定安装。

3. 完成面处理：

a. 用专用填缝剂擦缝、保洁；

b. 用专用保护膜做成品保护。

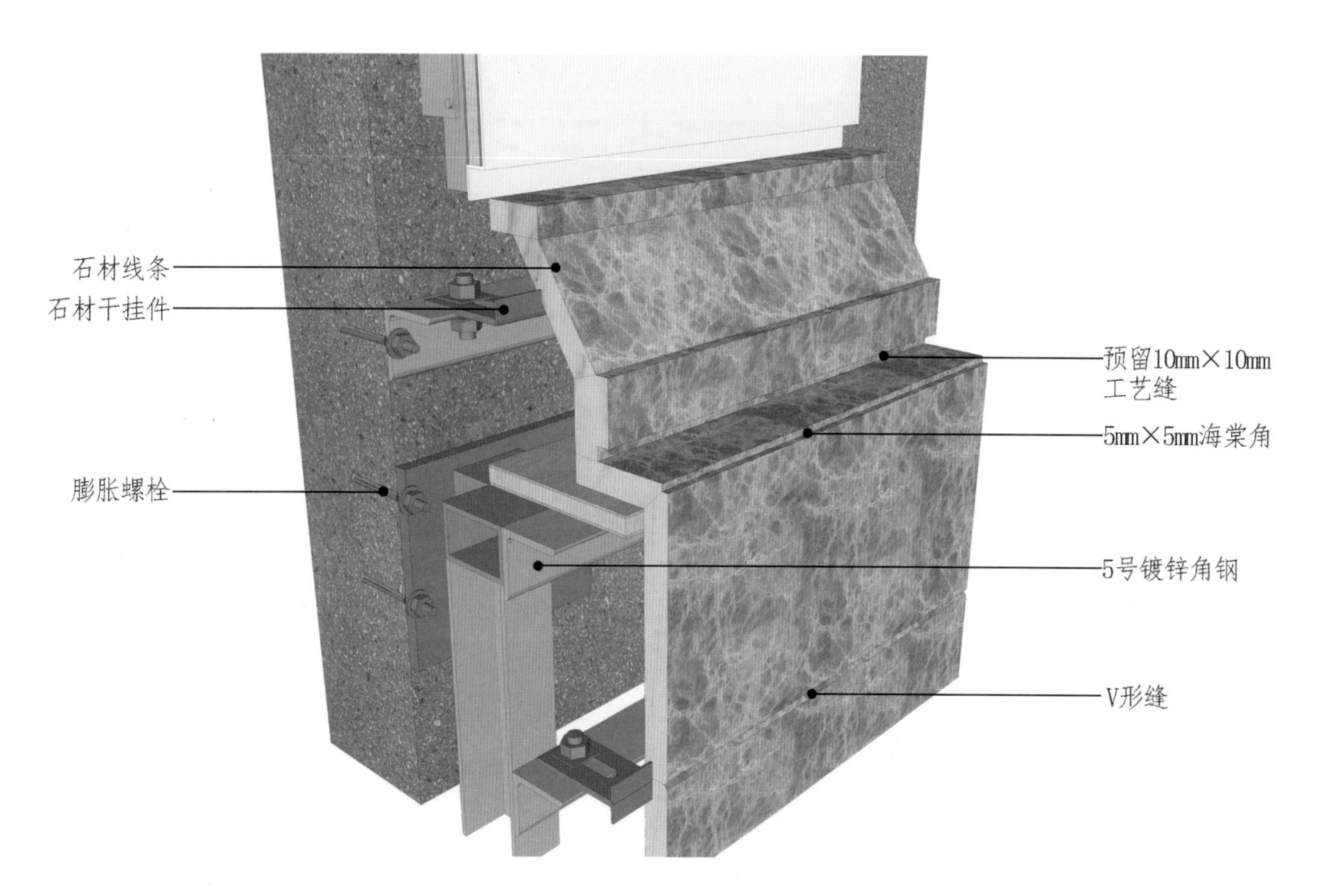
石材线条
石材干挂件
膨胀螺栓
预留10mm×10mm
工艺缝
5mm×5mm海棠角
5号镀锌角钢
V形缝

石材与石材相接(3)三维示意图

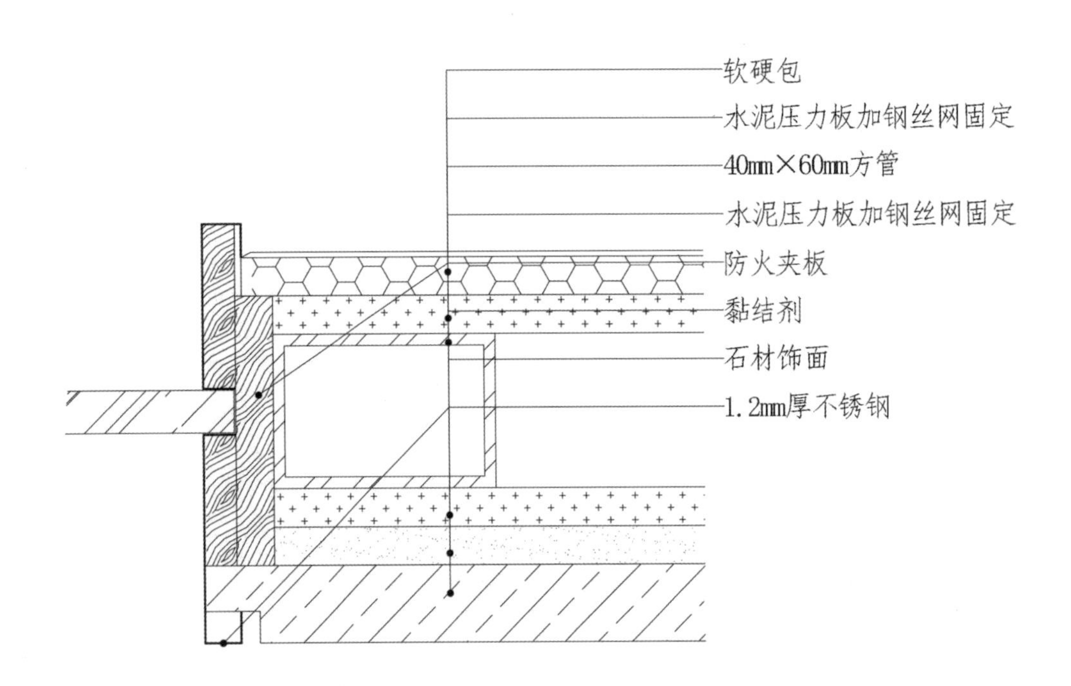

软硬包
水泥压力板加钢丝网固定
40mm×60mm方管
水泥压力板加钢丝网固定
防火夹板
黏结剂
石材饰面
1.2mm厚不锈钢

石材与不锈钢相接(1)节点图

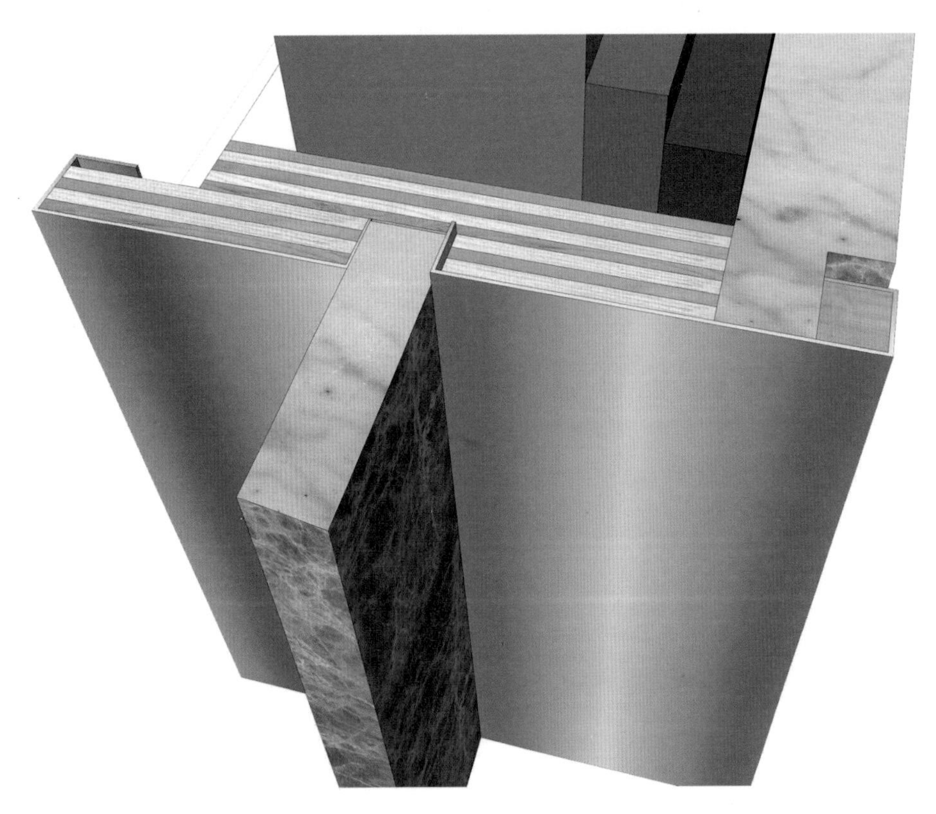

石材与不锈钢相接(1)三维示意图

工艺说明：1. 施工工序：准备工作→现场放线→材料加工→隔墙结构框架固定→基层处理→封水泥压力板及防火夹板→不锈钢定制→铺贴石材→安装不锈钢→完成面处理。

2. 用料分析：

a. 方管制作隔墙；

b. 封水泥压力板，对要处理的基层加固处理；

c. 选用定制石材加工；

d. 加工不锈钢与石材收口；

e. 石材用专用胶固定，需做六面防护。

3. 完成面处理：

a. 用专用填缝剂擦缝、保洁；

b. 用专用保护膜做成品保护。

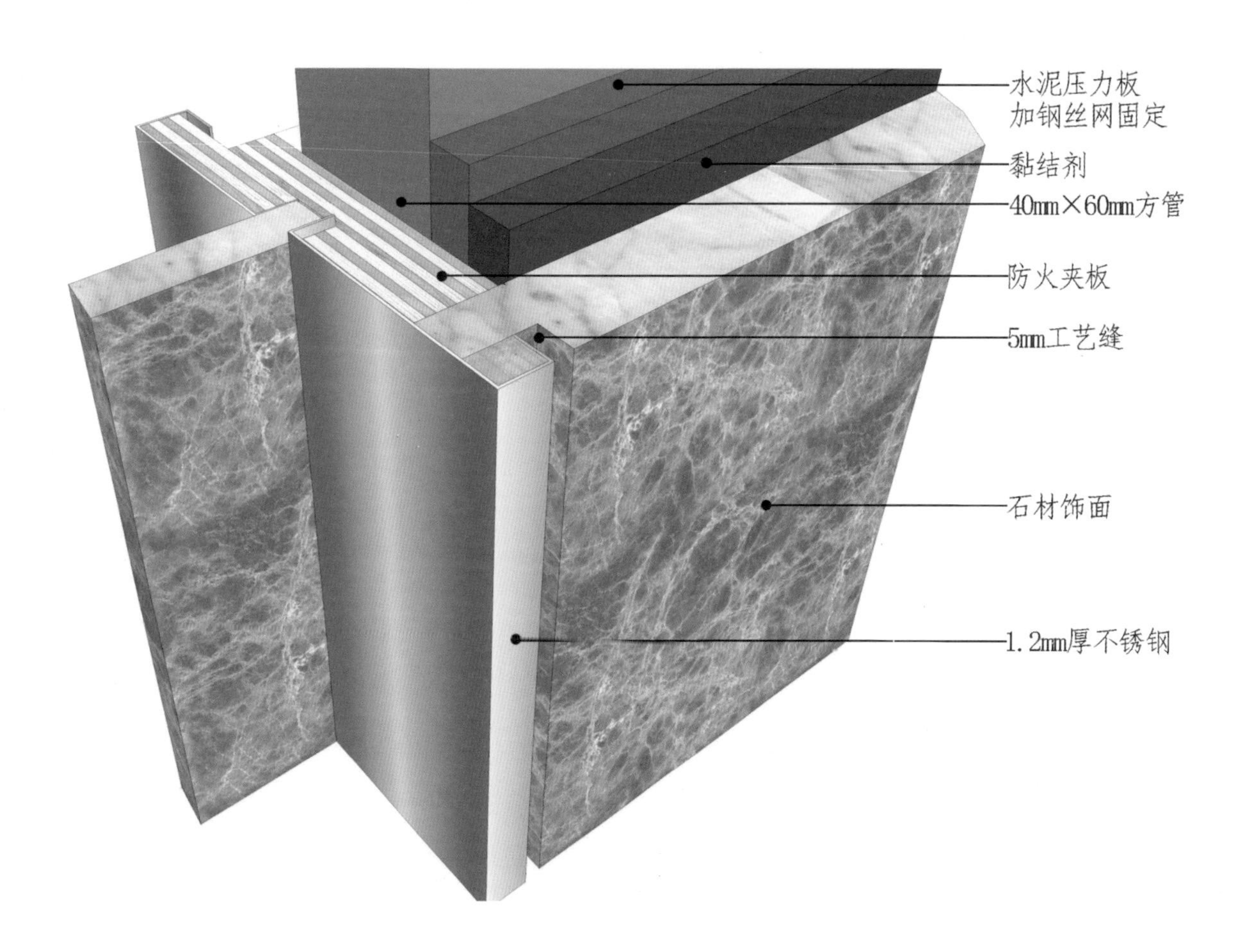

水泥压力板
加钢丝网固定
黏结剂
40mm×60mm方管
防火夹板
5mm工艺缝
石材饰面
1.2mm厚不锈钢

石材与不锈钢相接(1)三维示意图

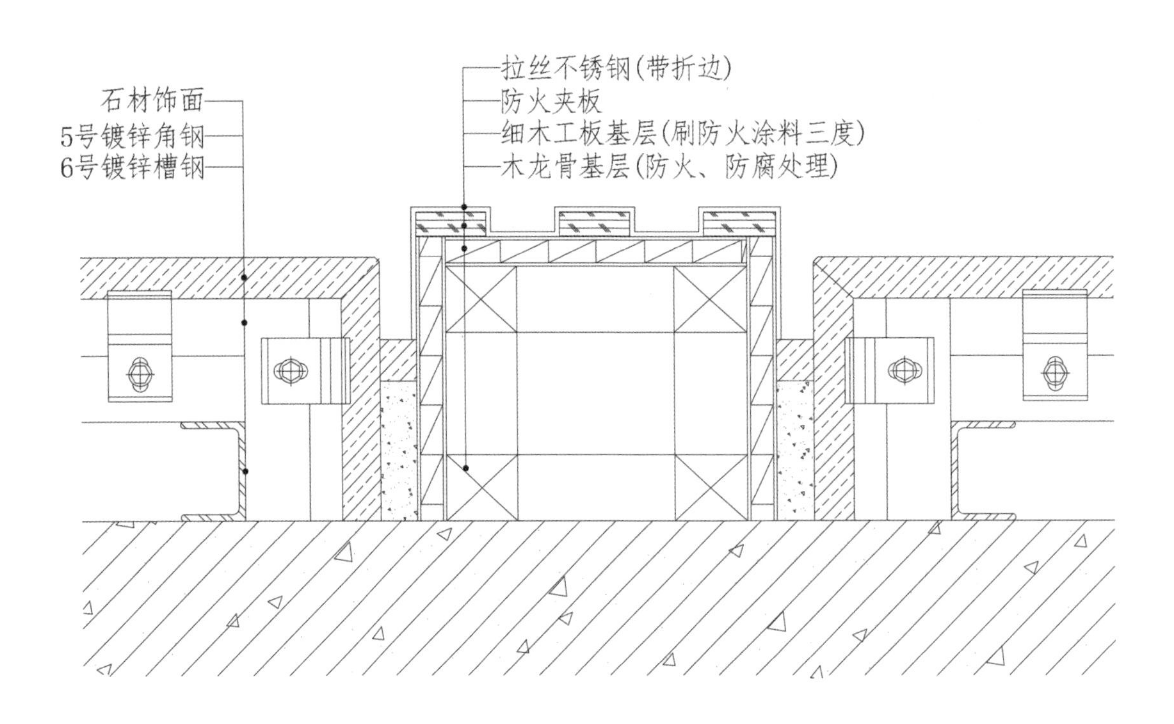
拉丝不锈钢(带折边)
防火夹板
细木工板基层(刷防火涂料三度)
木龙骨基层(防火、防腐处理)
石材饰面
5号镀锌角钢
6号镀锌槽钢

石材与不锈钢相接(2)节点图

石材与不锈钢相接(2)三维示意图

工艺说明： 1. 施工工序：准备工作→现场放线→材料加工→干挂石材结构框架固定→基层处理→用木龙骨、基层板制作基础→不锈钢定制→干挂石材→安装不锈钢→完成面处理。

2. 用料分析：

a. 槽钢、镀锌角钢制作石材结构框架；

b. 选用定制石材安装；

c. 木龙骨(防火、防腐处理)、基层板制作不锈钢基层；

d. 不锈钢安装；

e. 石材用专用胶固定，需做六面防护。

3. 完成面处理：

a. 用专用填缝剂擦缝、保洁；

b. 用专用保护膜做成品保护。

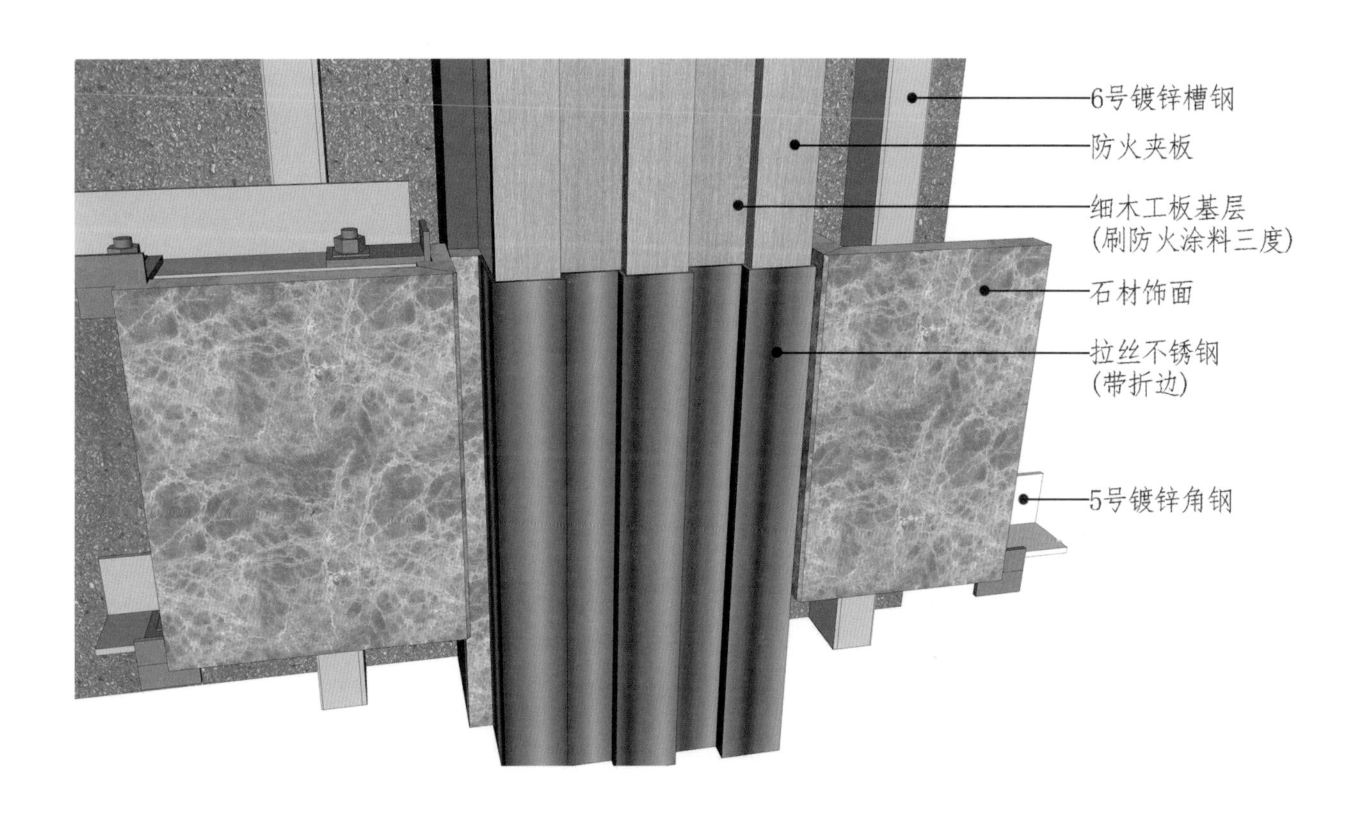
6号镀锌槽钢
防火夹板
细木工板基层
(刷防火涂料三度)
石材饰面
拉丝不锈钢
(带折边)
5号镀锌角钢

石材与不锈钢相接(2)三维示意图

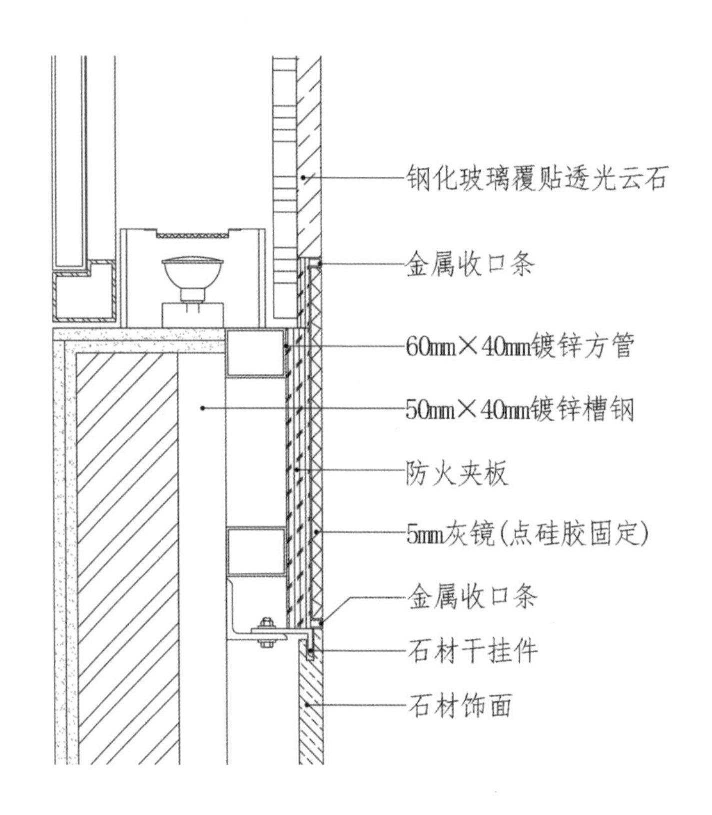
钢化玻璃覆贴透光云石
金属收口条
60mm×40mm镀锌方管
50mm×40mm镀锌槽钢
防火夹板
5mm灰镜(点硅胶固定)
金属收口条
石材干挂件
石材饰面

石材与玻璃相接(1)节点图

石材与玻璃相接(1)三维示意图

工艺说明： 1. 施工工序：准备工作→现场放线→材料加工→隔墙结构框架固定→基层处理→干挂石材框架制作→玻璃基础制作→干挂石材→安装玻璃→完成面处理。

2. 用料分析：

   a. 定制石材；

   b. 60mm×40mm镀锌方管、50mm×40mm镀锌槽钢、镀锌干挂件、防火板基层；

   c. 定制镜子、不锈钢等；

   d. 玻璃注意与石材收口；

   e. 石材用专用胶固定，需做六面防护。

3. 完成面处理：

   a. 用专用填缝剂擦缝、保洁；

   b. 用专用保护膜做成品保护。

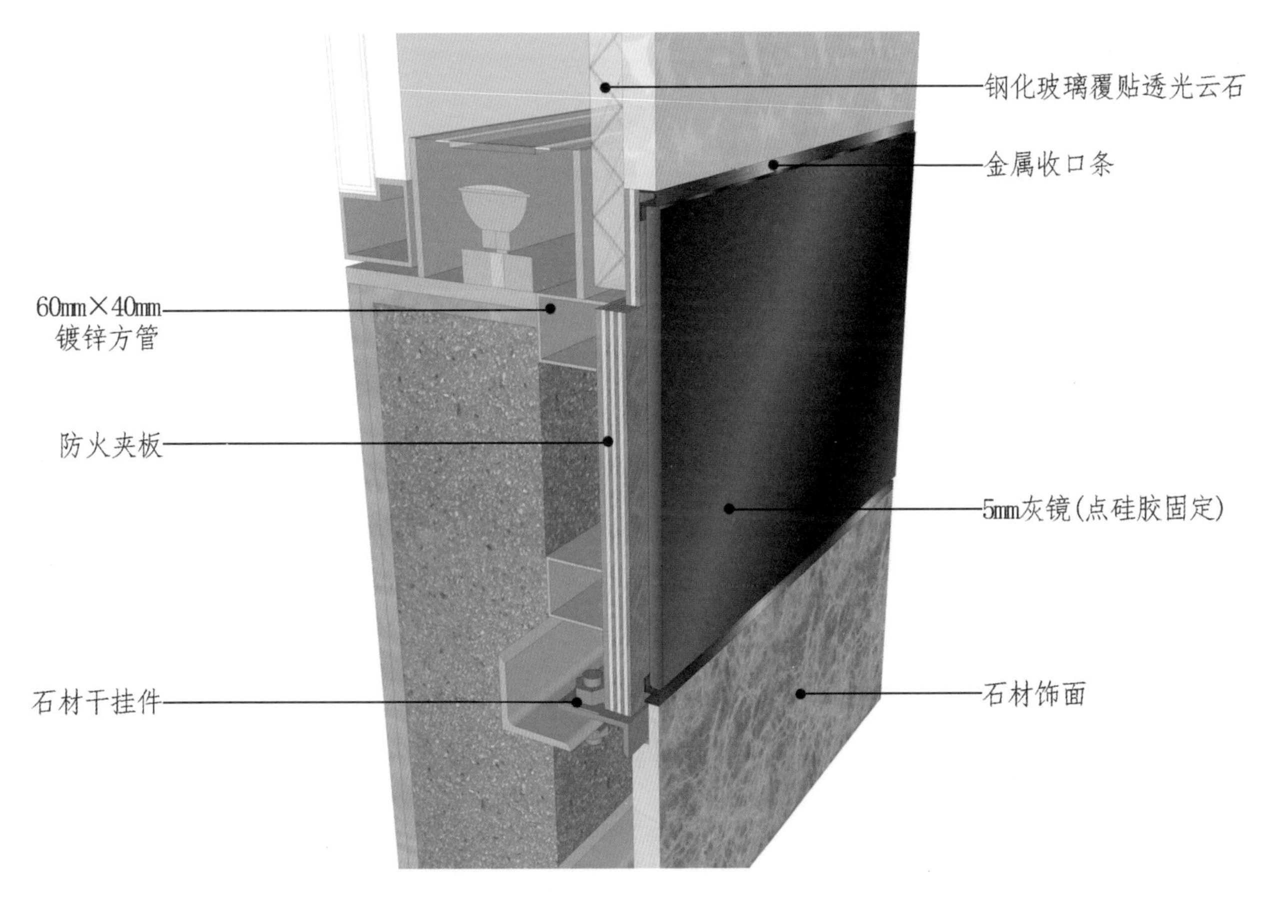
钢化玻璃覆贴透光云石
金属收口条
60mm×40mm
镀锌方管
防火夹板
5mm灰镜(点硅胶固定)
石材干挂件
石材饰面

石材与玻璃相接(1)三维示意图

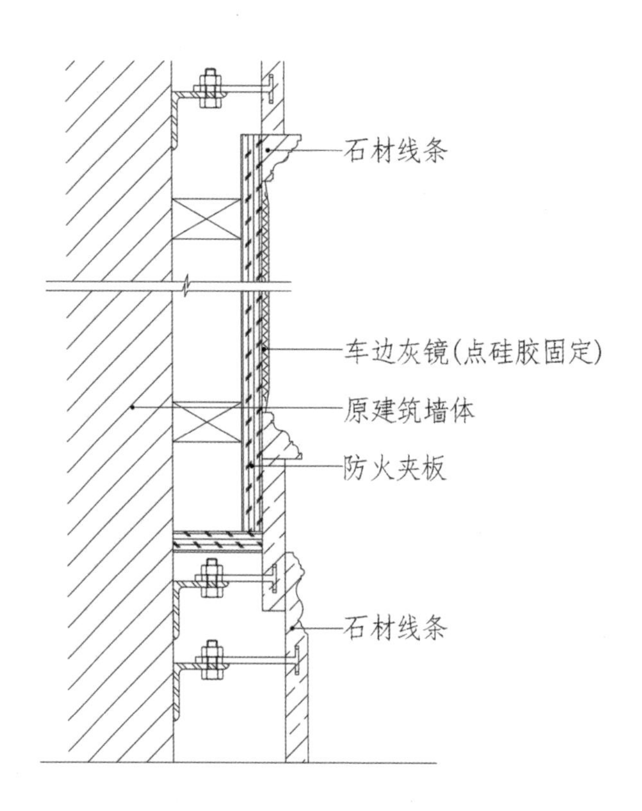
石材线条
车边灰镜(点硅胶固定)
原建筑墙体
防火夹板
石材线条

石材与玻璃相接(2)节点图

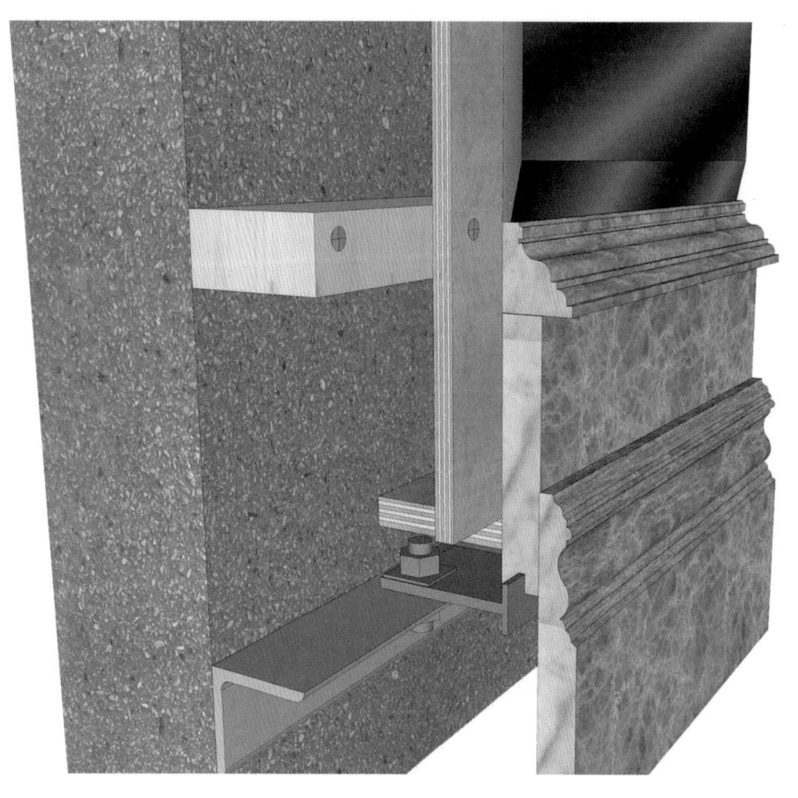

石材与玻璃相接(2)三维示意图

工艺说明： 1. 施工工序：准备工作→现场放线→材料加工→基层处理→镜面、结构框架制作→玻璃基础制作→水泥砂浆结合层→铺贴石材→安装玻璃→成面处理。

2. 用料分析：

   a. 定制石材；

   b. 普通硅酸盐水泥配细砂或粗砂；

   c. 木龙骨(防火、防腐处理)、防火夹板基层；

   d. 定制镜子、不锈钢等；

   e. 玻璃注意与石材收口。

3. 完成面处理：

   a. 用专用填缝剂擦缝、保洁；

   b. 用专用保护膜做成品保护。

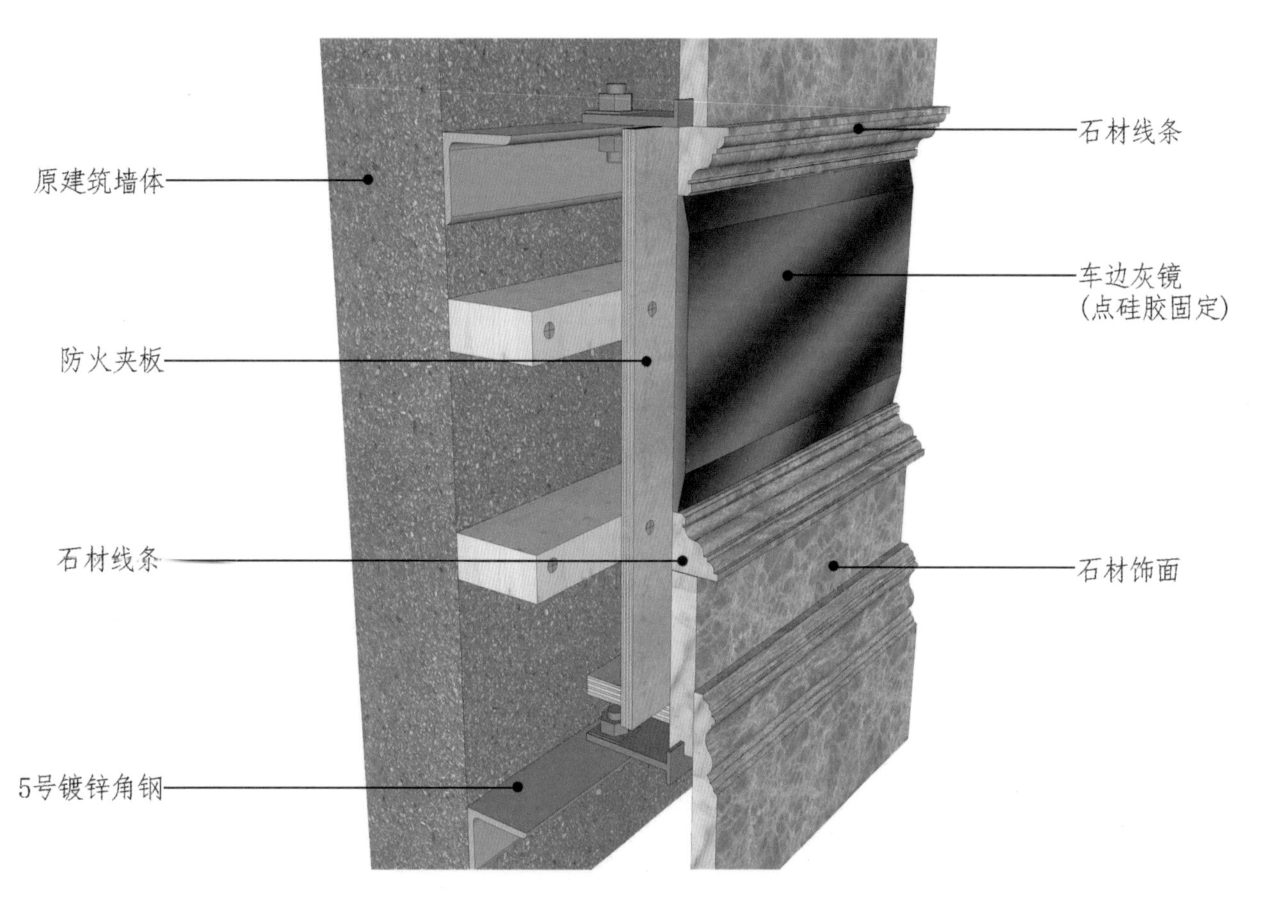
石材线条
原建筑墙体
车边灰镜
(点硅胶固定)
防火夹板
石材线条
石材饰面
5号镀锌角钢

石材与玻璃相接(2)三维示意图

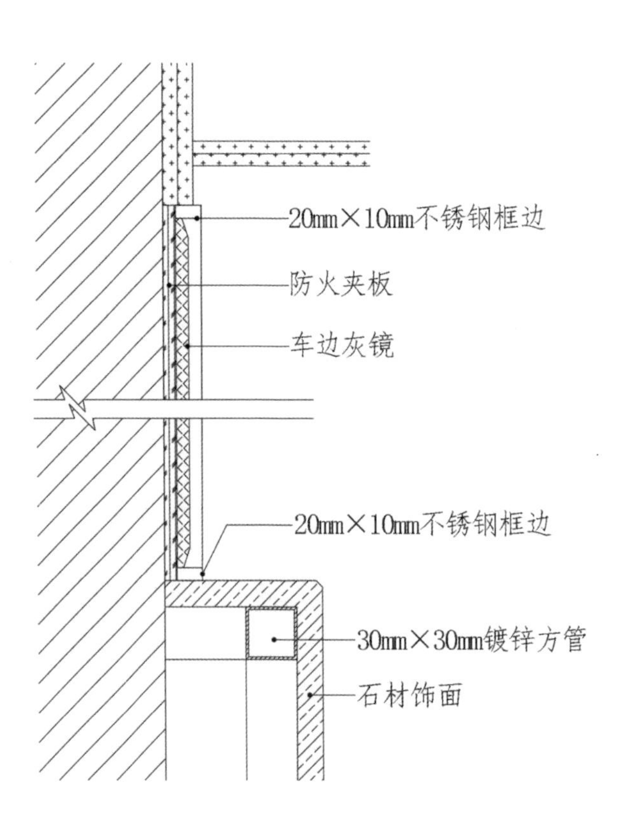
20mm×10mm不锈钢框边
防火夹板
车边灰镜
20mm×10mm不锈钢框边
30mm×30mm镀锌方管
石材饰面

石材与玻璃相接(3)节点图

石材与玻璃相接(3)三维示意图

工艺说明： 1. 施工工序：准备工作→现场放线→材料加工→石材干挂结构框架固定→基层处理→镜框骨架制作→干挂石材→不锈钢下料→不锈钢安装→镜面安装→完成面处理。

2. 用料分析：

a. 定制石材、不锈钢、镜子；

b. 镀锌角钢、木龙骨(防火、防腐处理)、防火夹板；

c. 石材用专用AB胶固定，需做六面防护；

d. 不锈钢折边成框架状。

3. 完成面处理：

a. 用专用填缝剂擦缝、保洁；

b. 用专用保护膜做成品保护。

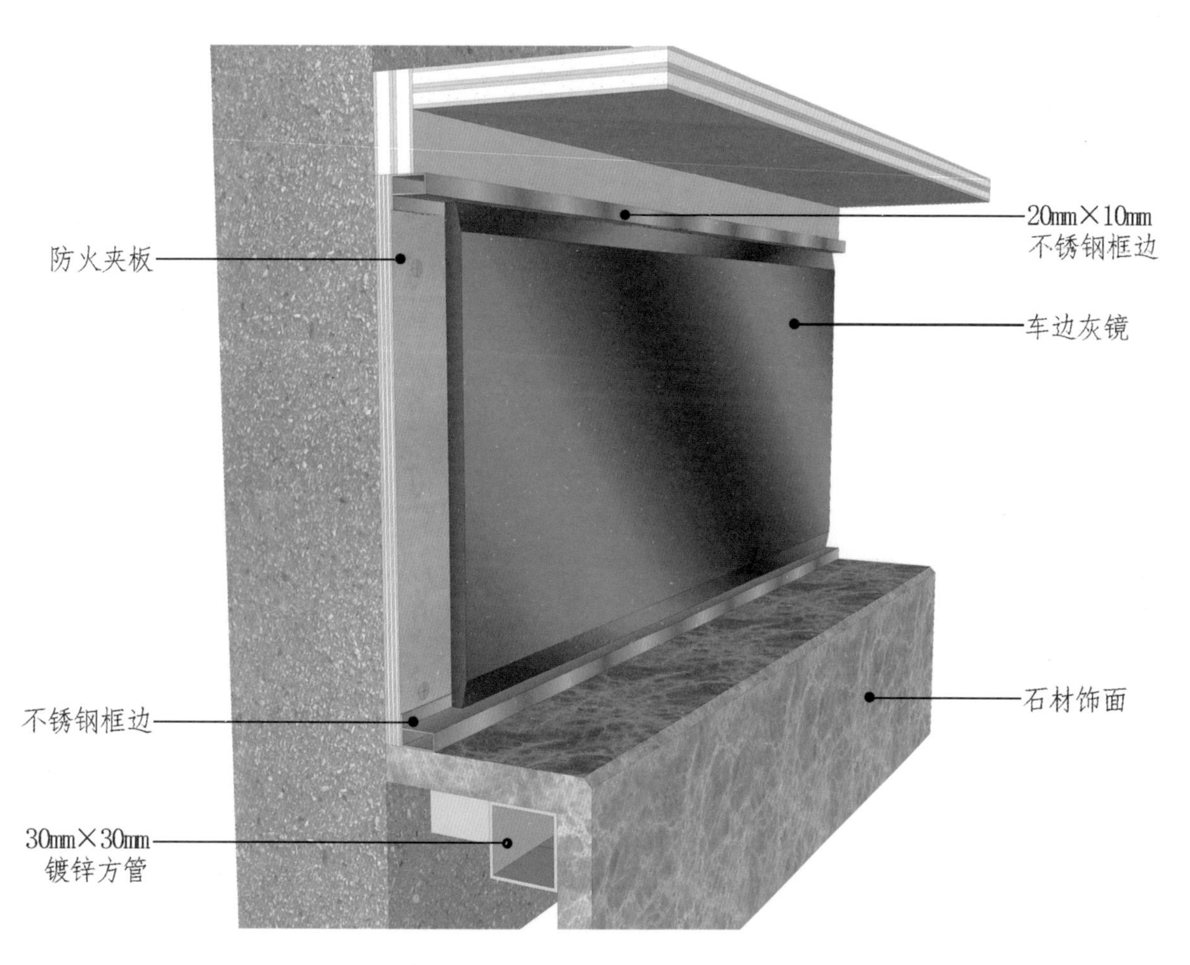

20mm×10mm
不锈钢框边
防火夹板
车边灰镜
石材饰面
不锈钢框边
30mm×30mm
镀锌方管

石材与玻璃相接(3)三维示意图

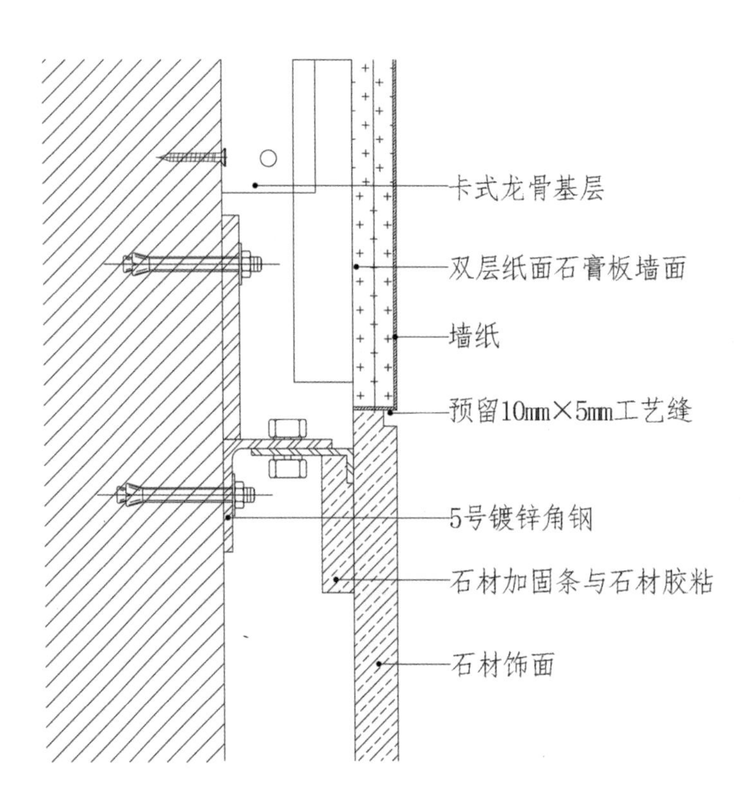

卡式龙骨基层
双层纸面石膏板墙面
墙纸
预留10mm×5mm工艺缝
5号镀锌角钢
石材加固条与石材胶粘
石材饰面

石材与墙纸相接节点图

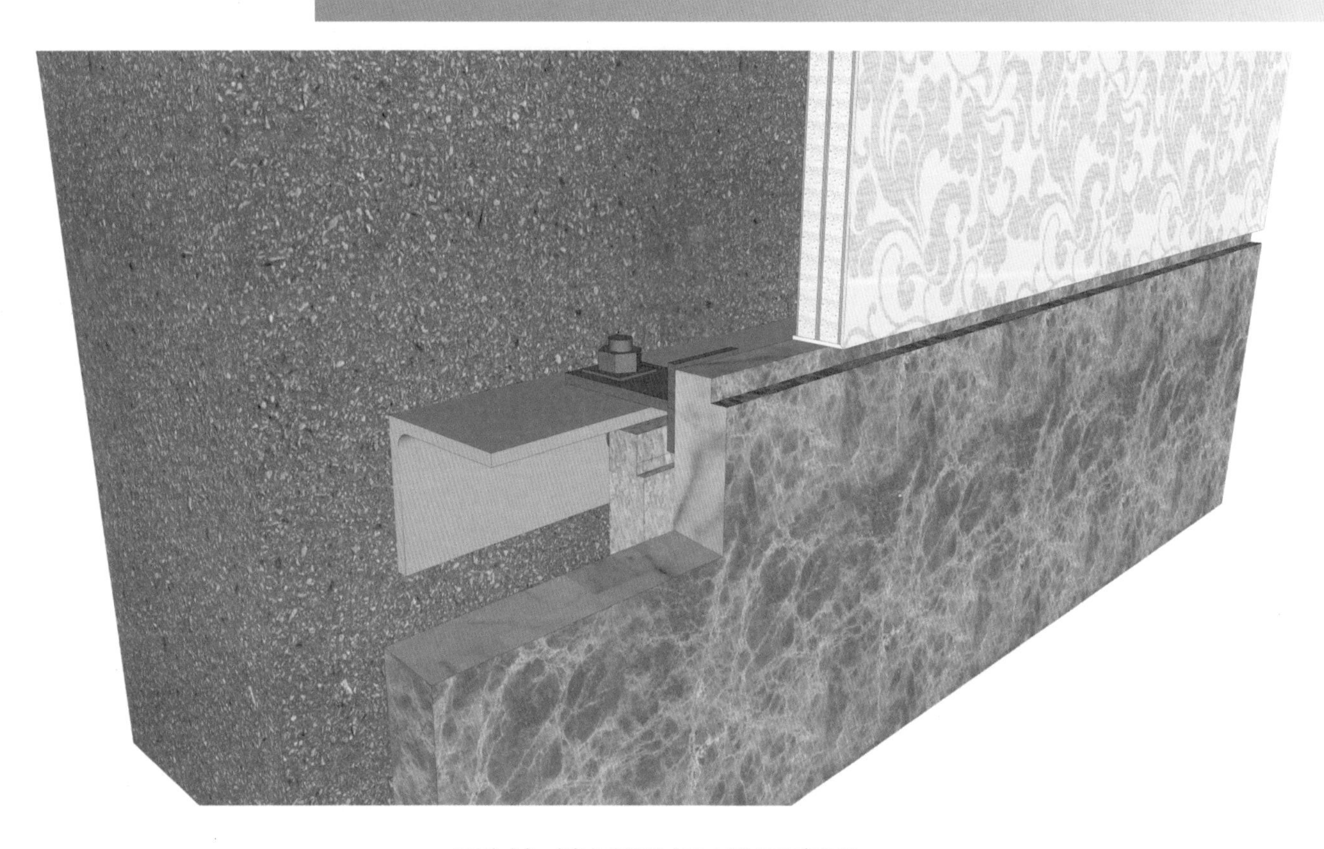

石材与墙纸相接三维示意图

工艺说明： 1. 施工工序：准备工作→现场放线→材料加工→石材干挂结构框架固定→基层处理→墙纸基层制作→干挂石材→前面处理→贴墙纸→完成面处理。

2. 用料分析：

   a. 定制石材、墙纸；

   b. 镀锌角钢、镀锌石材干挂配件、50号角码；

   c. 石材用专用AB胶固定，需做六面防护；

   d. 石材切10mm×5mm工艺缝与墙纸接口。

3. 完成面处理：

   a. 用专用填缝剂擦缝、保洁；

   b. 用专用保护膜做成品保护。

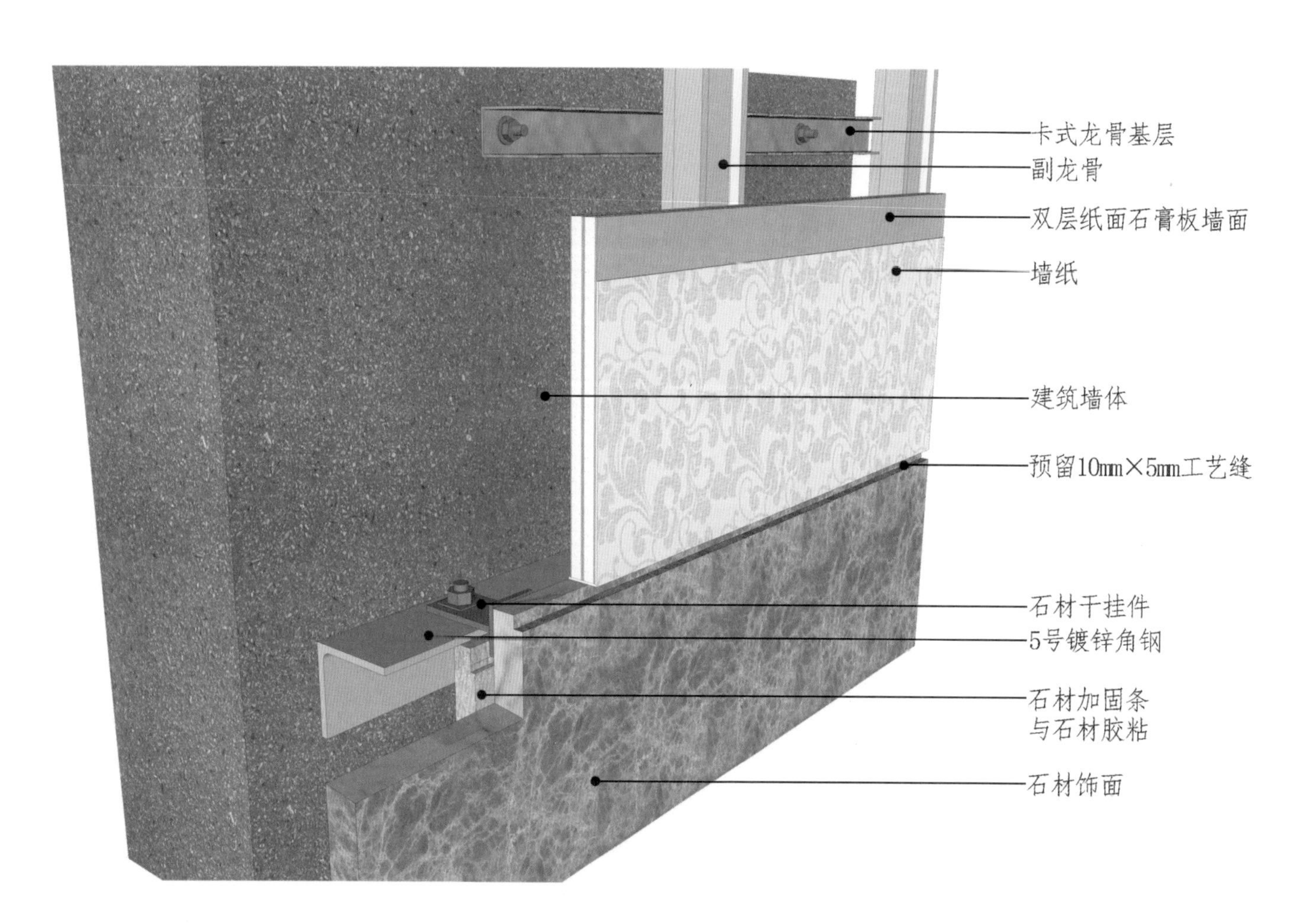

卡式龙骨基层
副龙骨
双层纸面石膏板墙面
墙纸
建筑墙体
预留10mm×5mm工艺缝
石材干挂件
5号镀锌角钢
石材加固条
与石材胶粘
石材饰面

石材与墙纸相接三维示意图

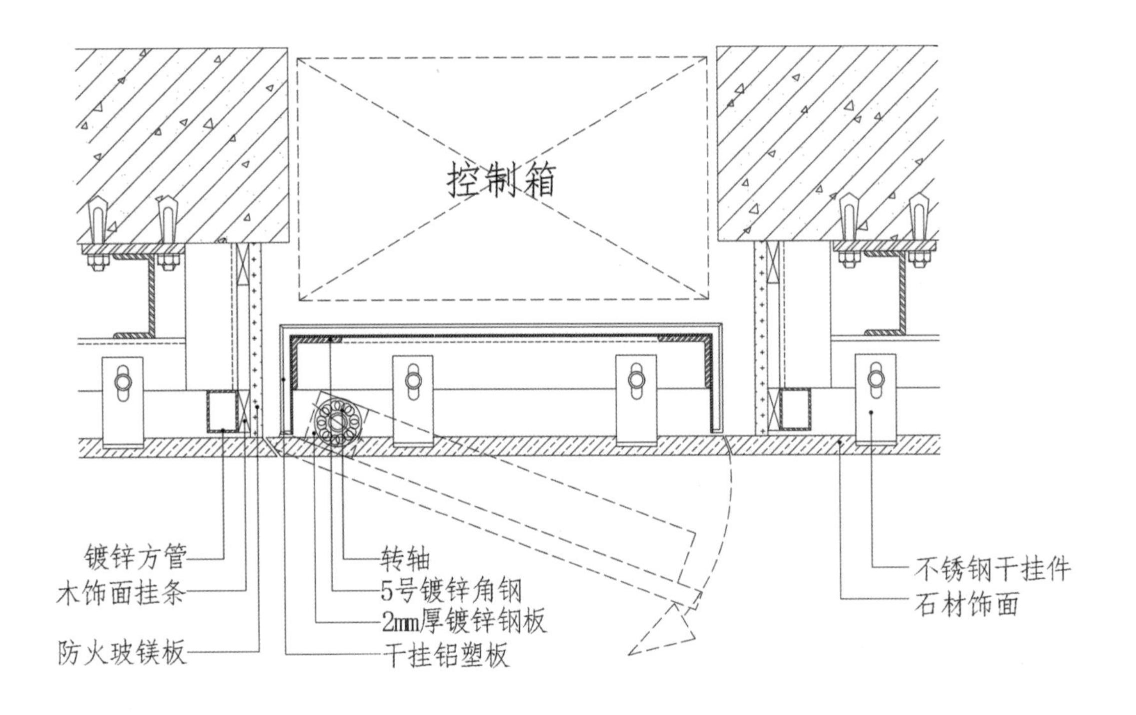
控制箱
镀锌方管
木饰面挂条
防火玻镁板
转轴
5号镀锌角钢
2mm厚镀锌钢板
干挂铝塑板
不锈钢干挂件
石材饰面

石材暗门工艺做法节点图

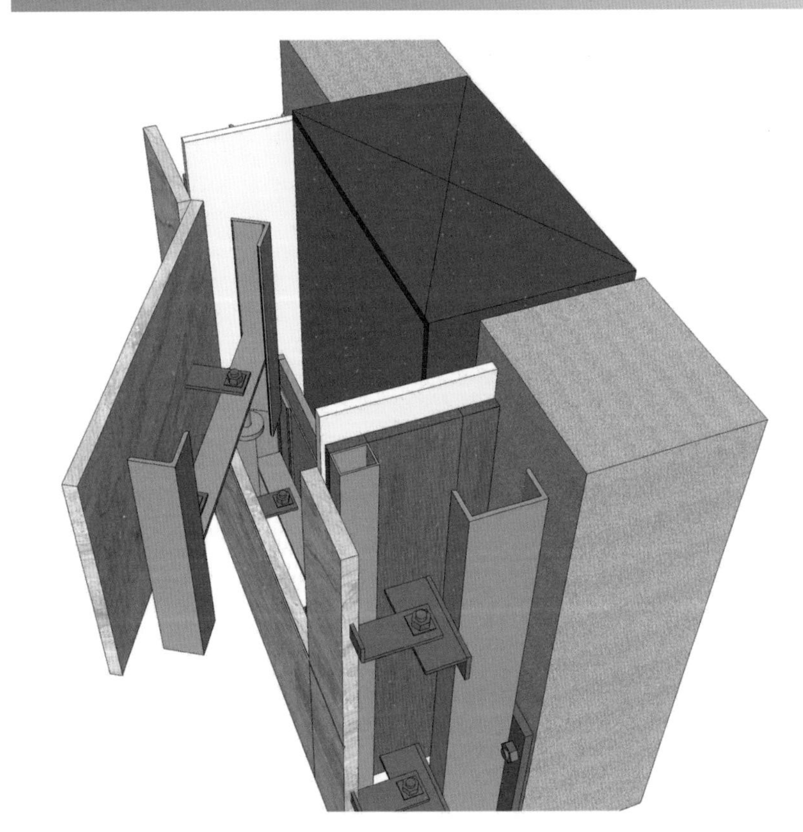

石材暗门工艺做法三维示意图

工艺说明： 1. 选用18mm厚石材，石材按照排版尺寸切割，表面做防护处理。

2. 安装转轴，做暗门钢架基层。

3. 固定不锈钢干挂件。

4. AB胶固定石材，安装完成。

5. 近色云石胶补缝，水抛晶面。

6. 2mm厚镀锌钢板封堵暗门钢架基层(内面)。

7. 门两侧与墙体钢架交界处做玻镁板，进行防火封堵。

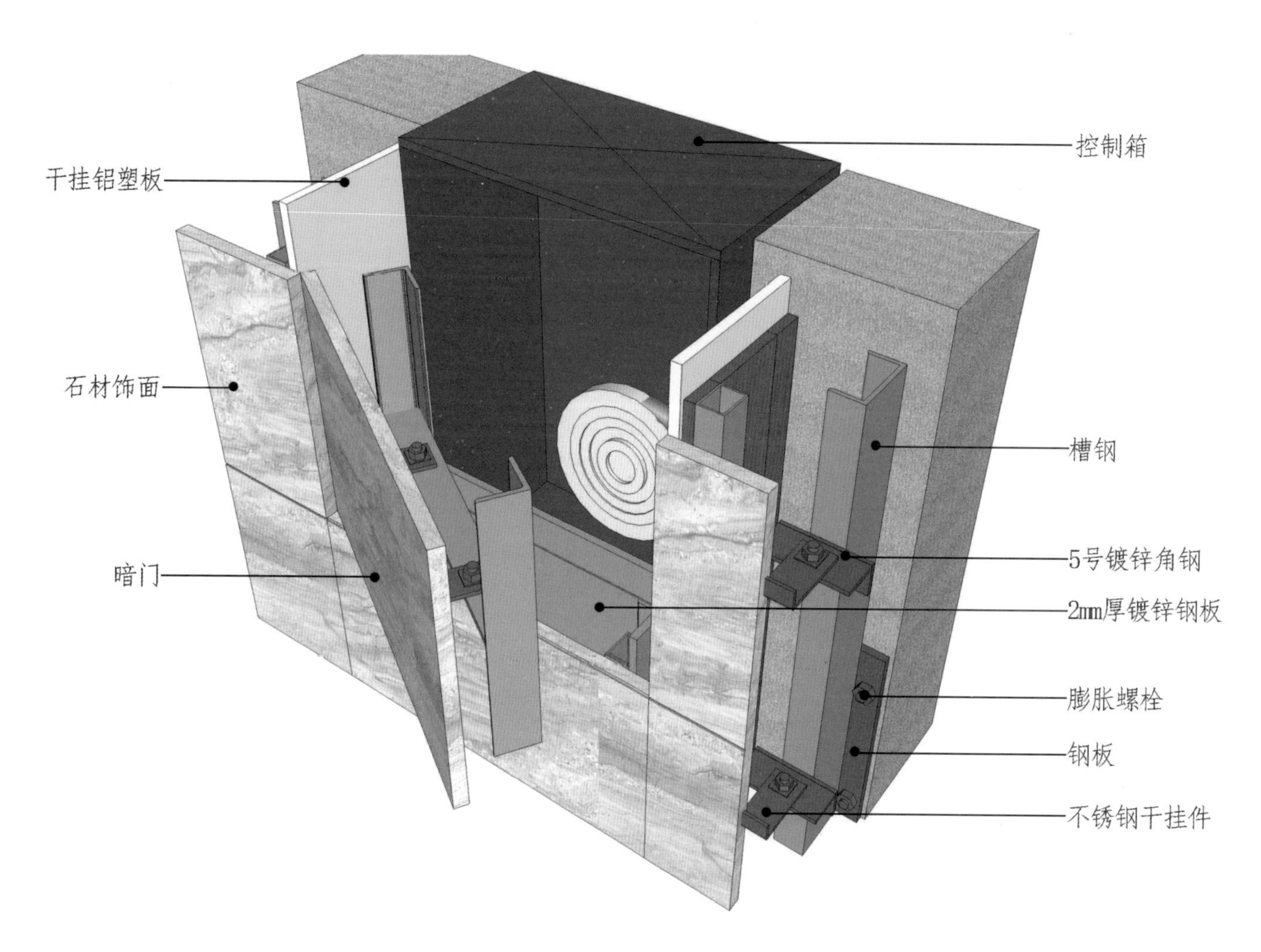

控制箱
干挂铝塑板
石材饰面
槽钢
5号镀锌角钢
暗门
2mm厚镀锌钢板
膨胀螺栓
钢板
不锈钢干挂件

石材暗门工艺做法三维示意图

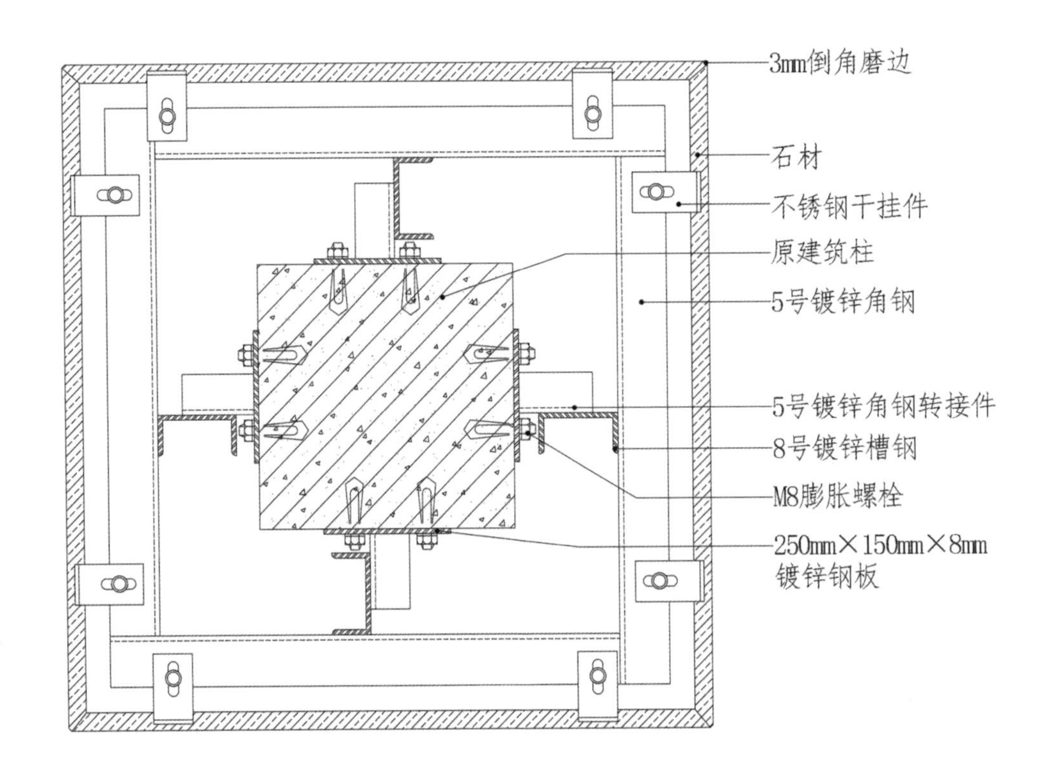
3mm倒角磨边
石材
不锈钢干挂件
原建筑柱
5号镀锌角钢
5号镀锌角钢转接件
8号镀锌槽钢
M8膨胀螺栓
250mm×150mm×8mm
镀锌钢板

混凝土柱石材干挂节点图

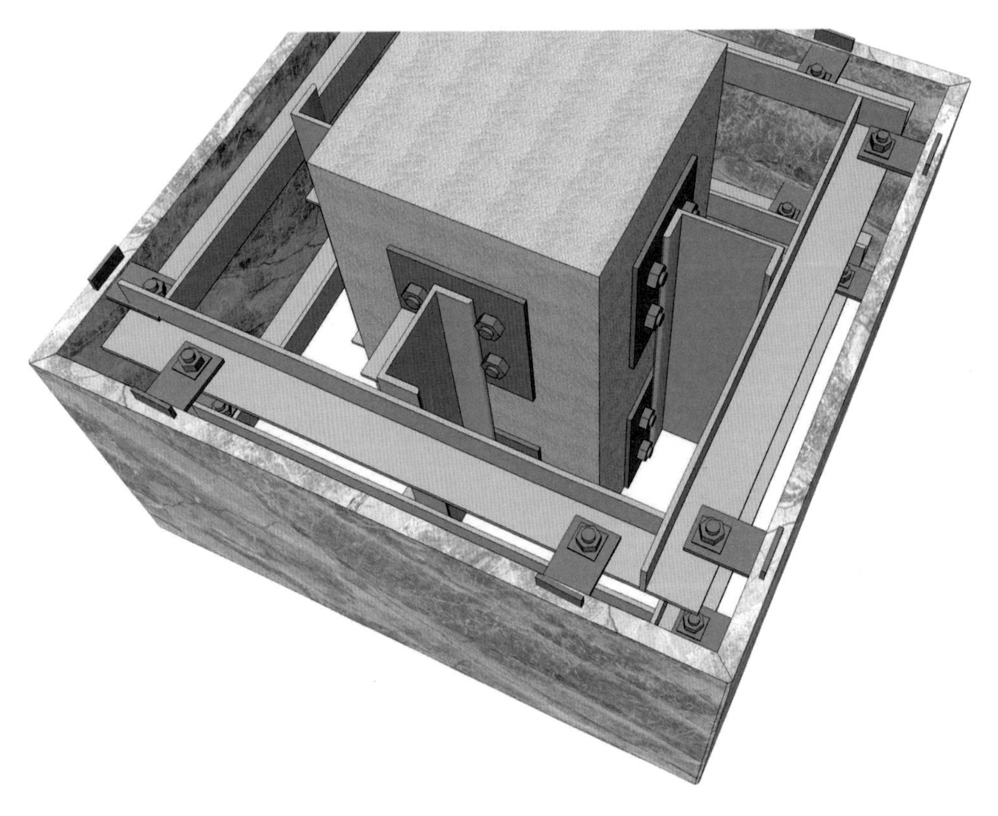

混凝土柱石材干挂三维示意图

工艺说明： 1. 选用18mm厚石材，石材按照排版尺寸切割，表面做防护处理。

2. 现场根据放线尺寸制作钢架基层。

3. 固定不锈钢干挂件。

4. AB胶固定石材，安装完成。

5. 近色云石胶补缝。

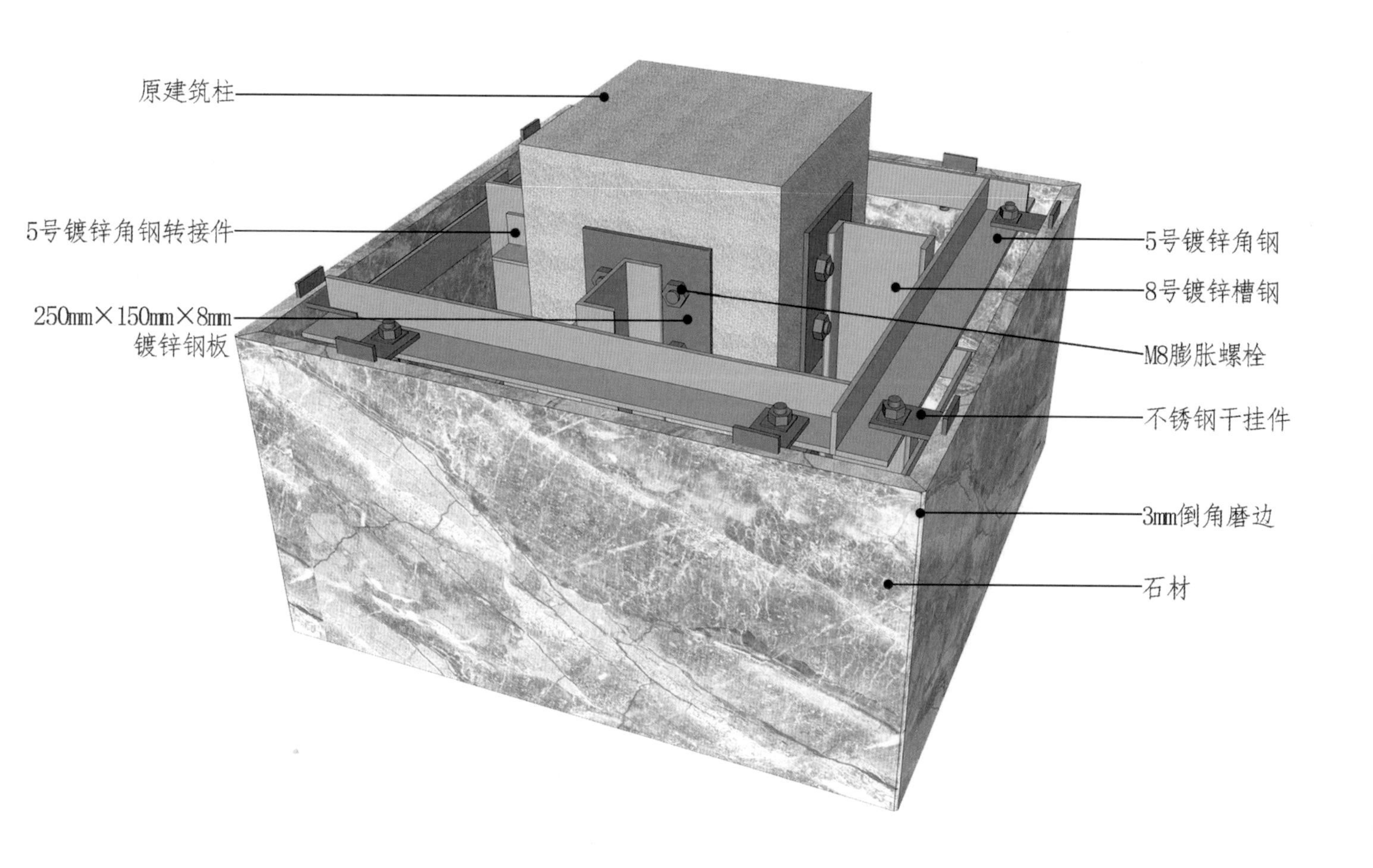
原建筑柱
5号镀锌角钢转接件
250mm×150mm×8mm
镀锌钢板
5号镀锌角钢
8号镀锌槽钢
M8膨胀螺栓
不锈钢干挂件
3mm倒角磨边
石材

混凝土柱石材干挂三维示意图

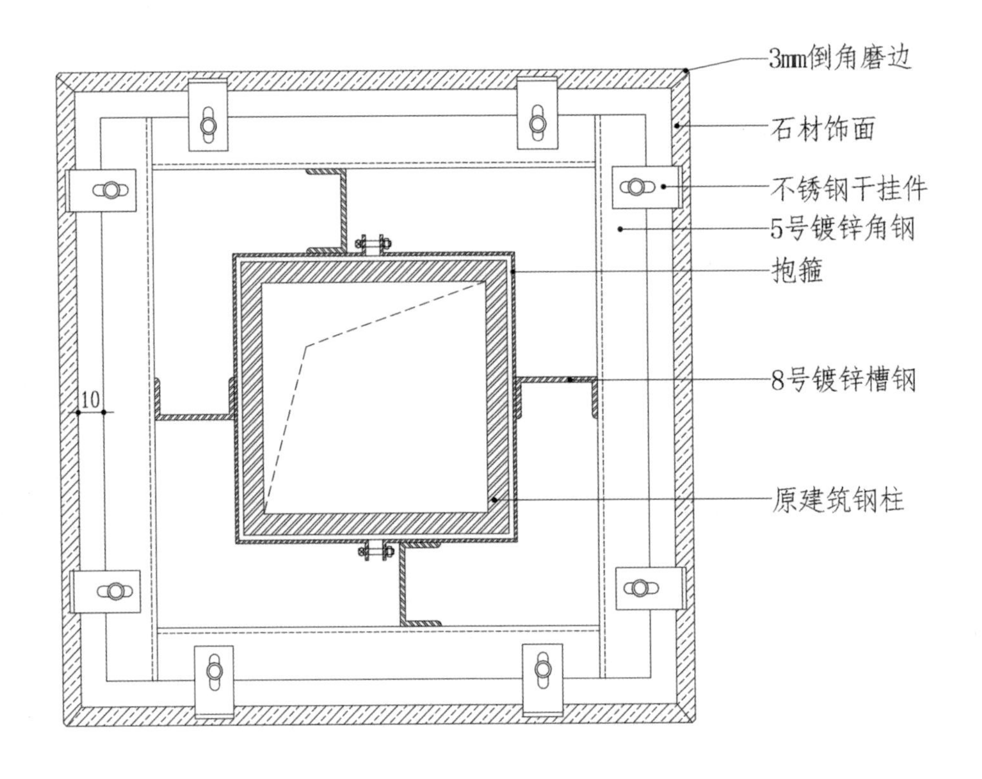
3mm倒角磨边
石材饰面
不锈钢干挂件
5号镀锌角钢
抱箍
8号镀锌槽钢
原建筑钢柱
10

建筑钢柱石材干挂节点图

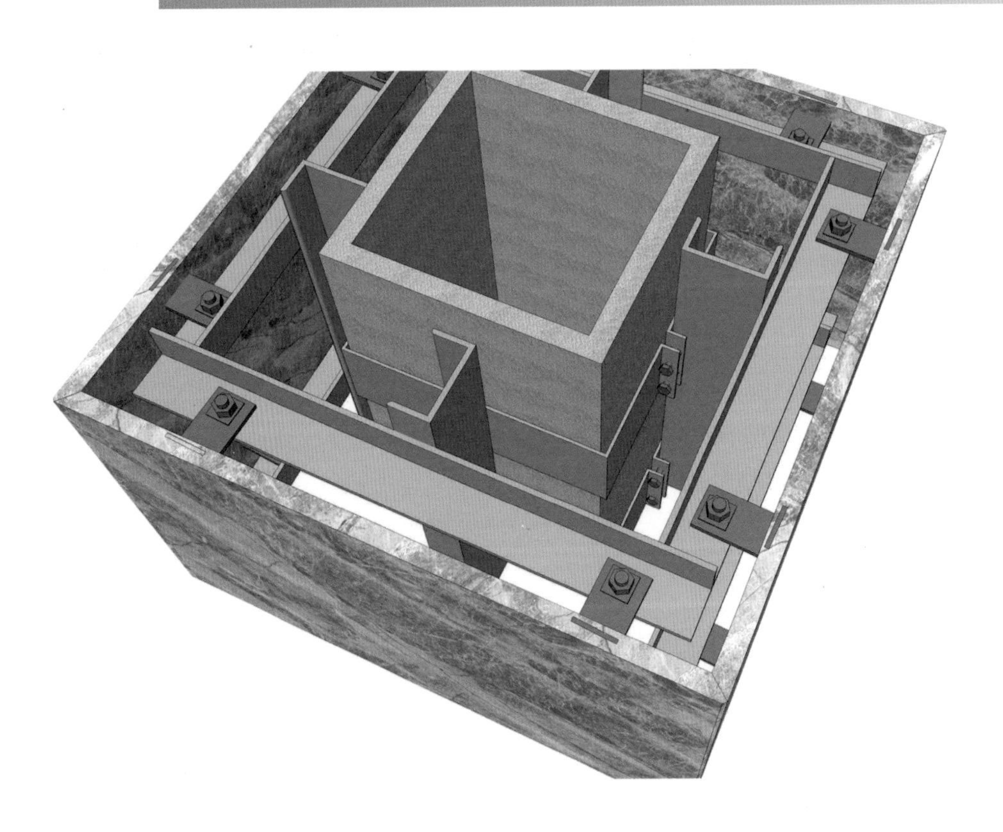

建筑钢柱石材干挂三维示意图

工艺说明： 1. 选用18mm厚石材，石材按照排版尺寸切割，表面做防护处理。

2. 现场根据放线尺寸制作钢架基层。

3. 固定不锈钢干挂件。

4. AB胶固定石材，安装完成。

5. 近色云石胶补缝。

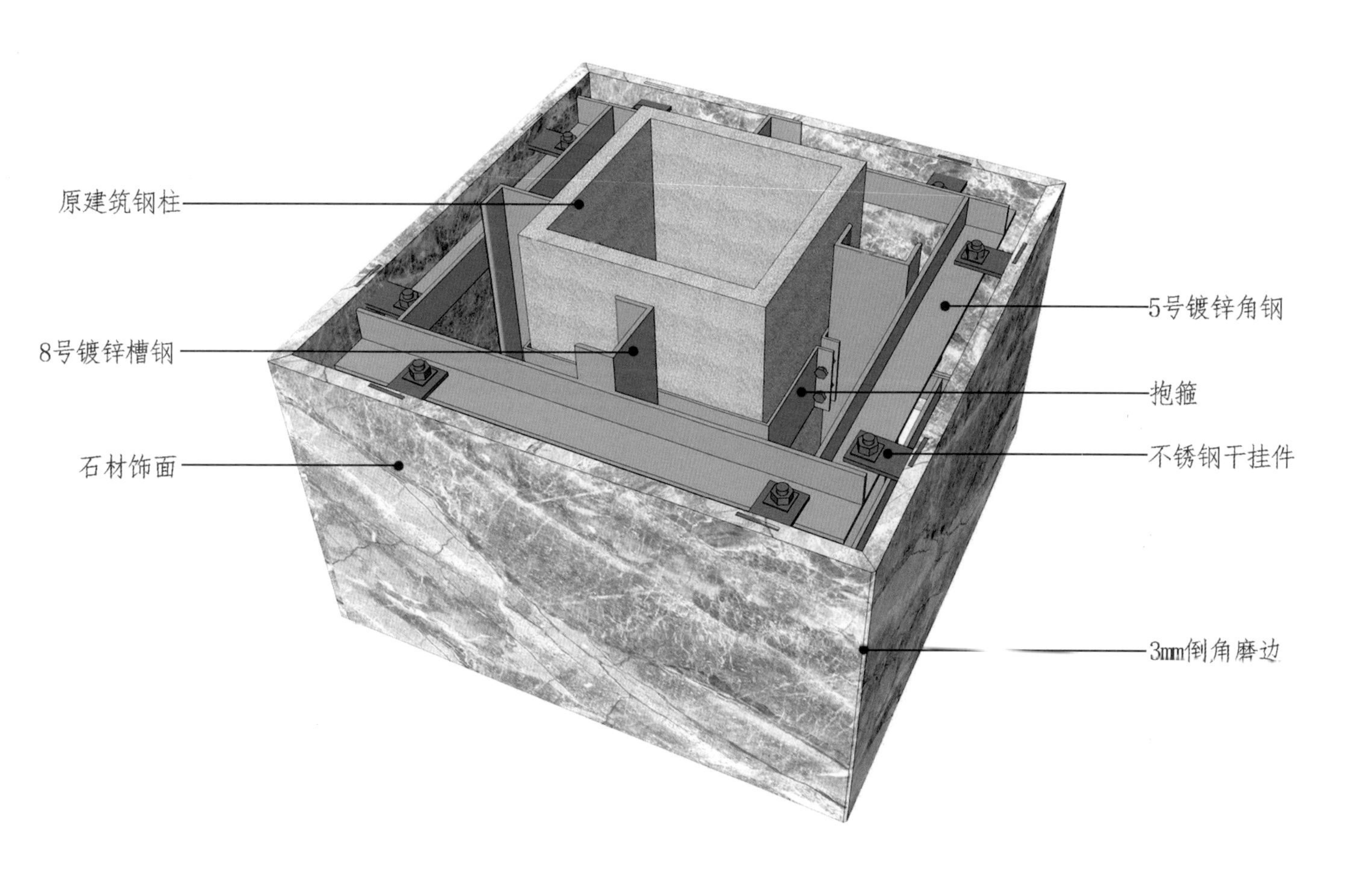

原建筑钢柱
8号镀锌槽钢
石材饰面
5号镀锌角钢
抱箍
不锈钢干挂件
3mm倒角磨边

建筑钢柱石材干挂三维示意图

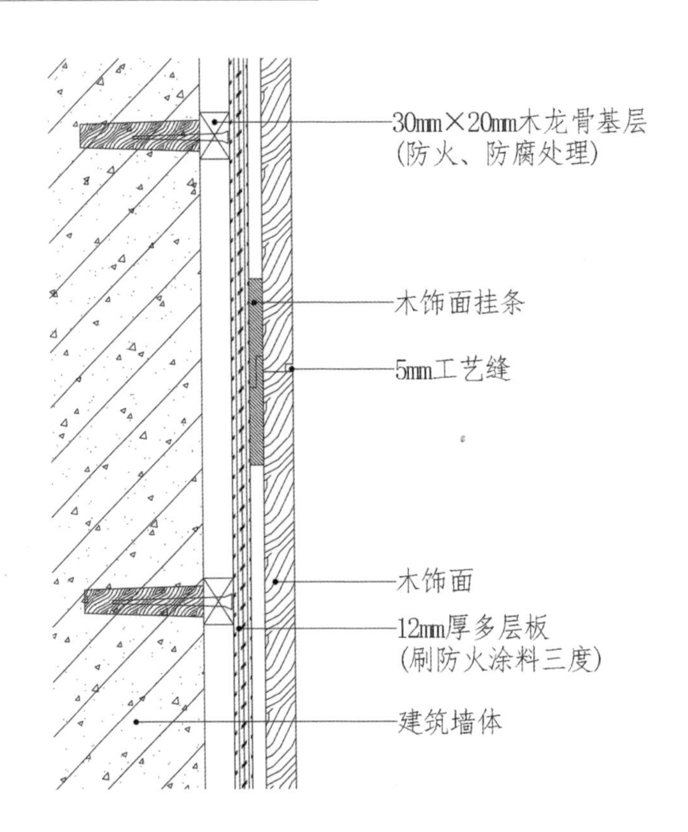
30mm×20mm木龙骨基层
(防火、防腐处理)
木饰面挂条
5mm工艺缝
木饰面
12mm厚多层板
(刷防火涂料三度)
建筑墙体

木龙骨干挂木饰面做法节点图

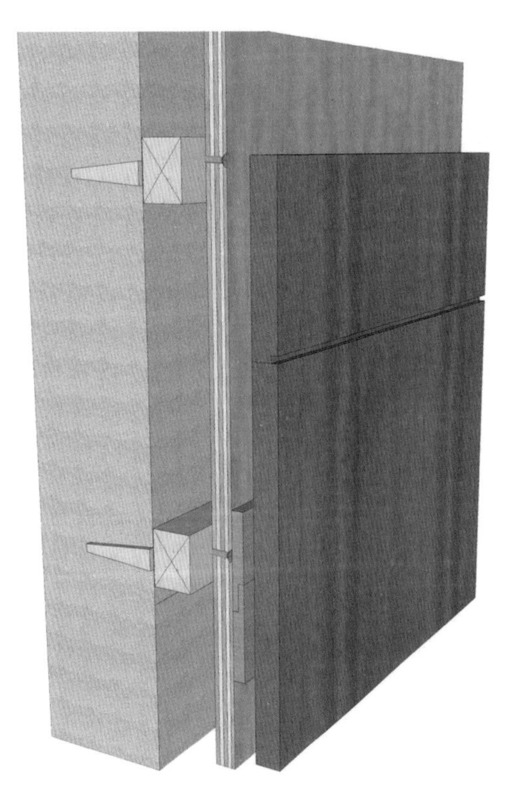

木龙骨干挂木饰面做法三维示意图

工艺说明： 1. 30mm×20mm木龙骨(防火、防腐处理)中距300mm，用钢钉与木楔固定，木楔固定在混凝土墙体内。

2. 12mm厚多层板基层(刷防火涂料三度)找平处理，用钢钉与木龙骨固定。

3. 木饰面挂条中距300mm，用枪钉与多层板固定，木饰面挂条背面刷胶。

4. 木饰面挂条背面刷胶与木饰面用枪钉固定。

5. 木饰面卡件安装，木饰面平整度调整。

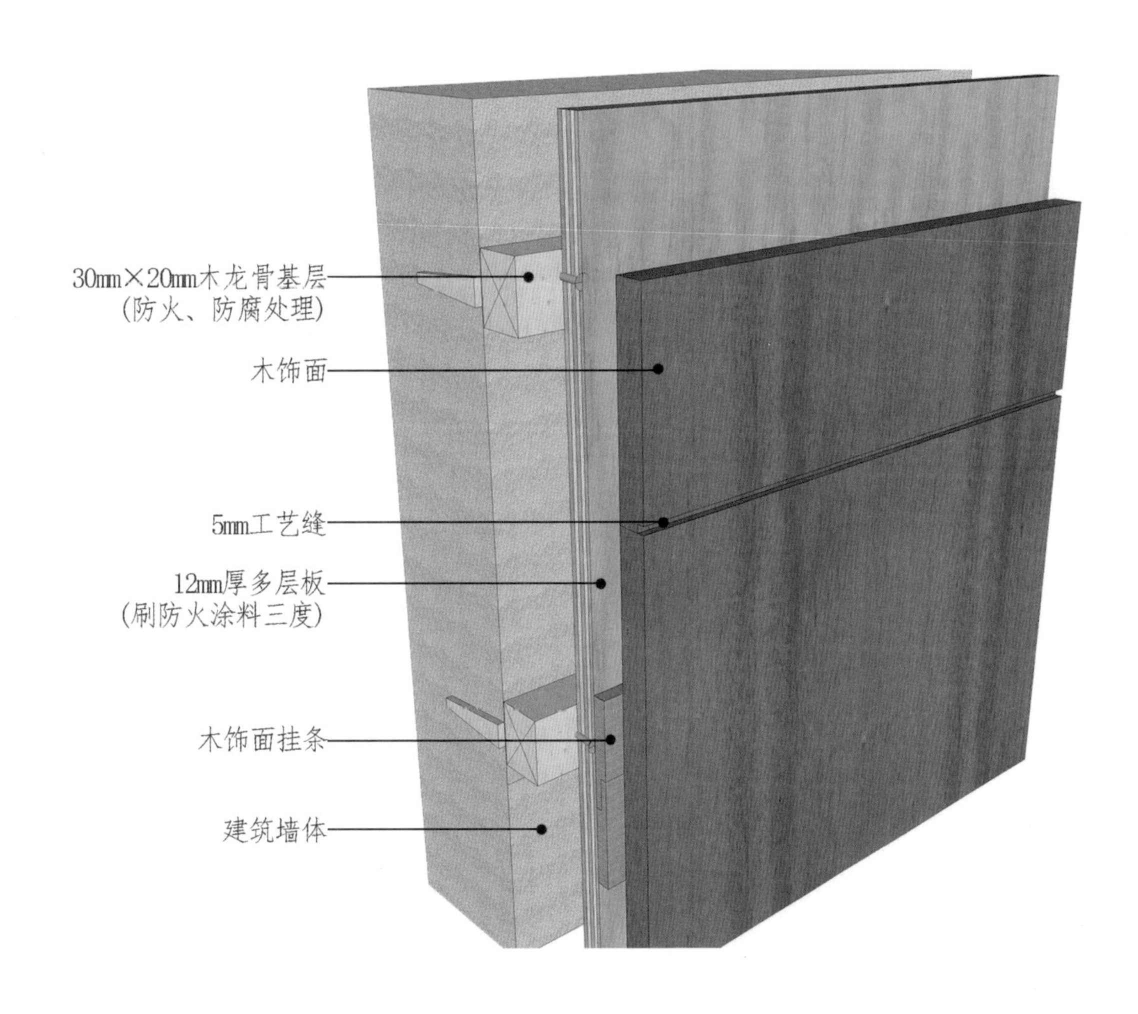
30mm×20mm木龙骨基层
(防火、防腐处理)
木饰面
5mm工艺缝
12mm厚多层板
(刷防火涂料三度)
木饰面挂条
建筑墙体

木龙骨干挂木饰面做法三维示意图

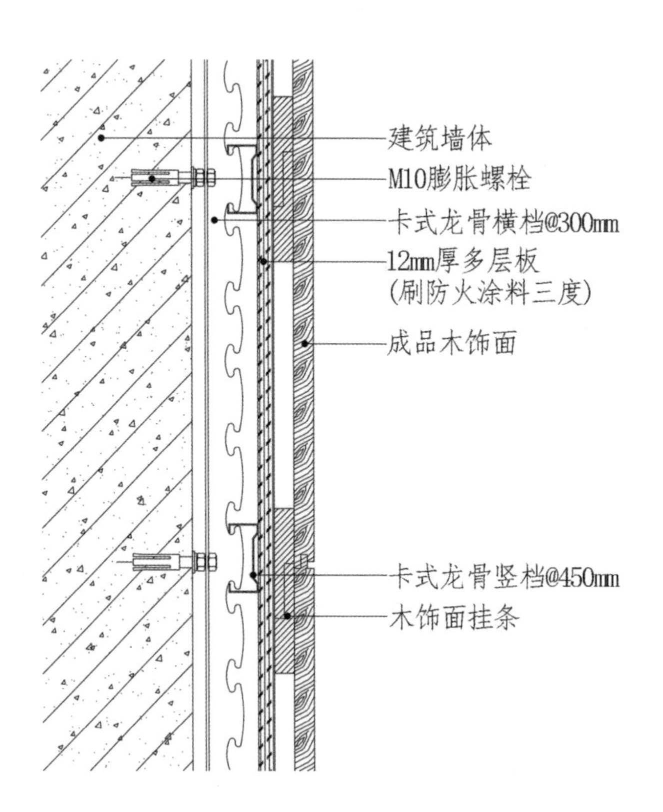
建筑墙体
M10膨胀螺栓
卡式龙骨横档@300mm
12mm厚多层板
(刷防火涂料三度)
成品木饰面
卡式龙骨竖档@450mm
木饰面挂条

卡式龙骨干挂木饰面做法节点图

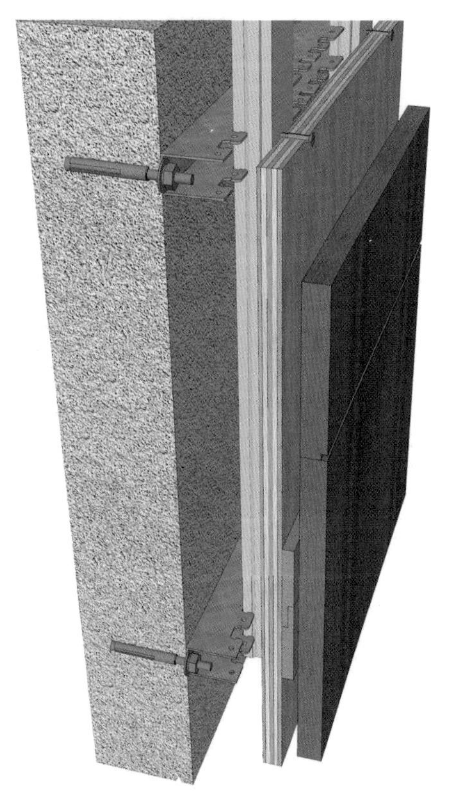

卡式龙骨干挂木饰面做法三维示意图

工艺说明： 1. 用膨胀螺栓将卡式龙骨固定在墙面上，将U形轻钢龙骨与卡式龙骨卡槽连接固定，中距300mm。

2. 用自攻螺钉固定12mm厚多层板基层(刷防火涂料三度)，与U形轻钢龙骨固定。

3. 用自攻螺钉固定木饰面挂条与多层板基层。

4. 木饰面卡件安装，木饰面平整度调整。

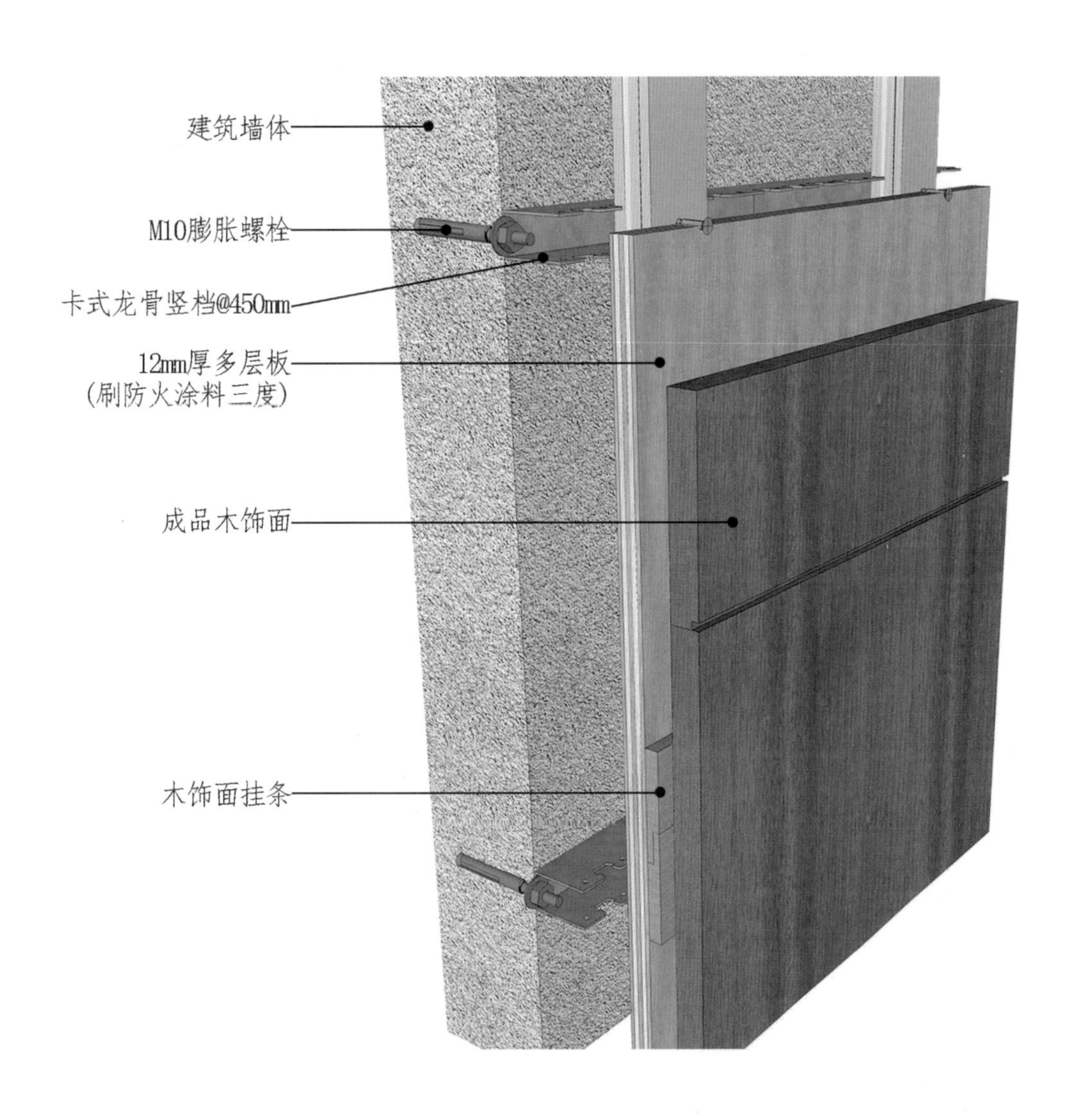

建筑墙体
M10膨胀螺栓
卡式龙骨竖档@450mm
12mm厚多层板
(刷防火涂料三度)
成品木饰面
木饰面挂条

卡式龙骨干挂木饰面做法三维示意图

36 混凝土基层木饰面干挂做法

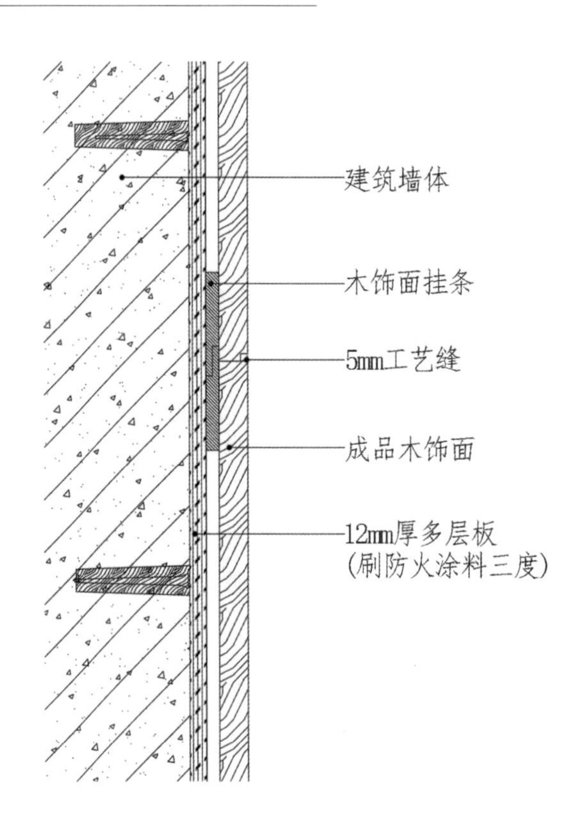

建筑墙体
木饰面挂条
5mm工艺缝
成品木饰面
12mm厚多层板
(刷防火涂料三度)

混凝土基层木饰面干挂做法节点图

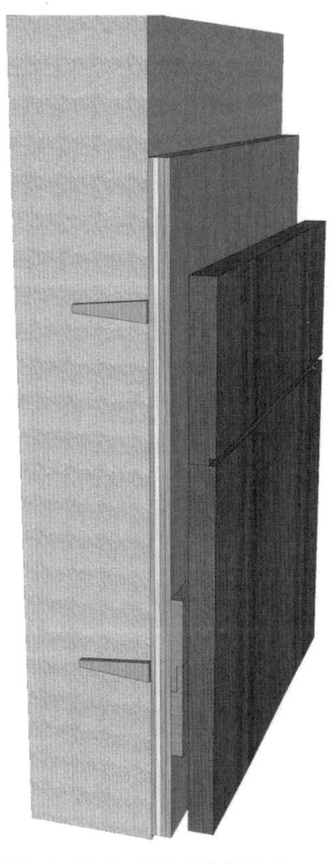

混凝土基层木饰面干挂做法三维示意图

工艺说明： 1. 12mm厚多层板基层(刷防火涂料三度)找平处理，用自攻螺钉与墙体固定。

2. 木饰面挂条中距600mm，用枪钉与多层板固定，木饰面挂条背面刷胶。

3. 木饰面挂条背面刷胶与木饰面用枪钉固定。

4. 木饰面卡件安装，木饰面平整度调整。

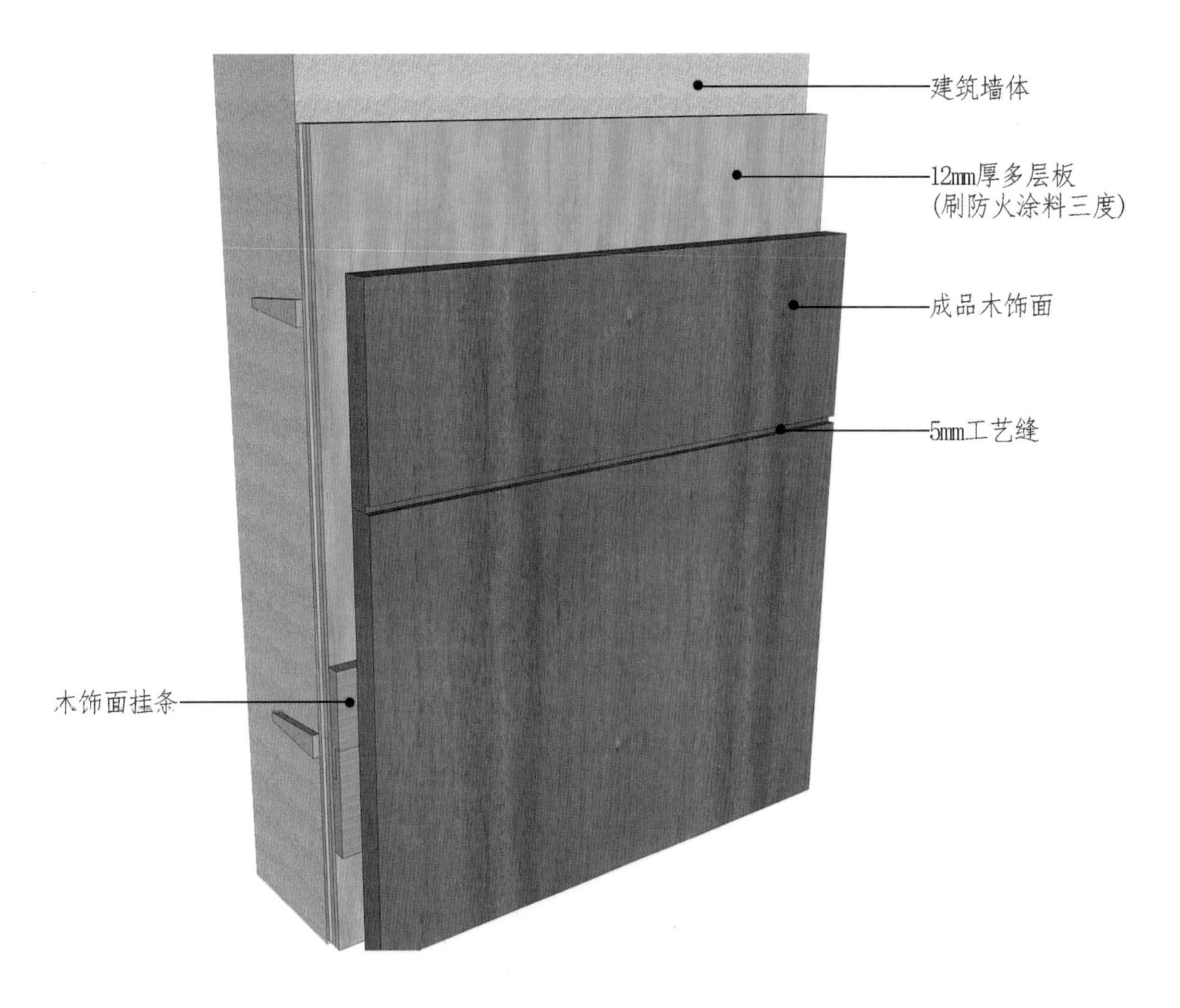

建筑墙体
12mm厚多层板
(刷防火涂料三度)
成品木饰面
5mm工艺缝
木饰面挂条

混凝土基层木饰面干挂做法三维示意图

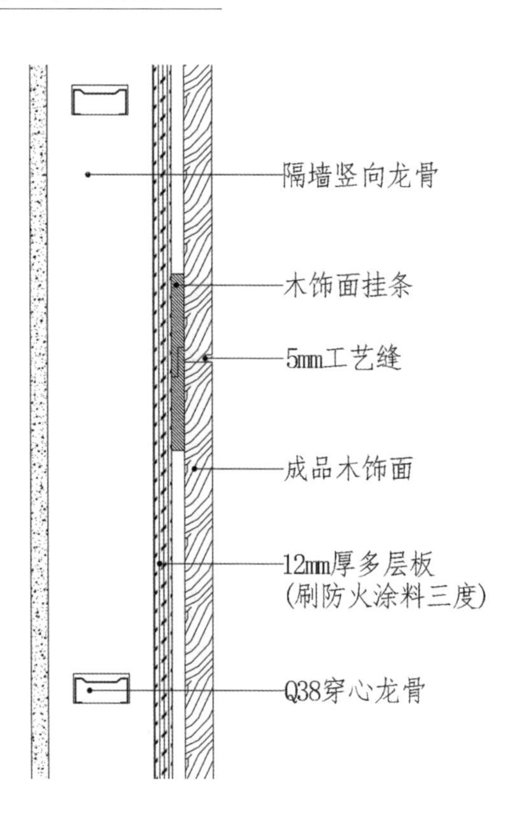
隔墙竖向龙骨
木饰面挂条
5mm工艺缝
成品木饰面
12mm厚多层板
(刷防火涂料三度)
Q38穿心龙骨

轻钢龙骨基层木饰面干挂做法节点图

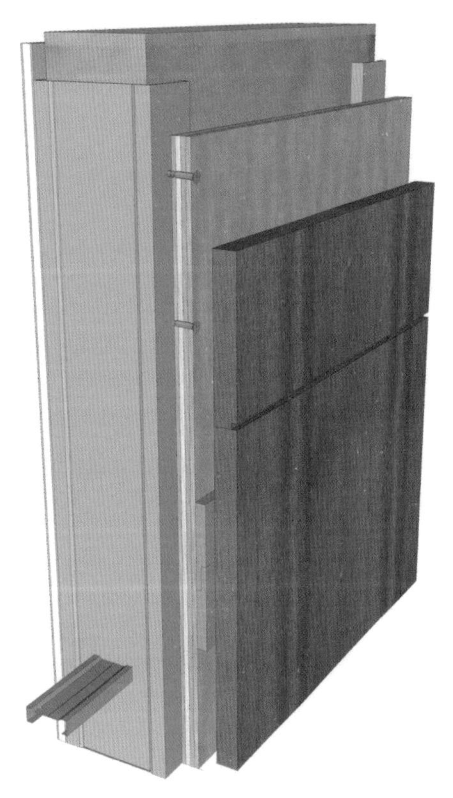

轻钢龙骨基层木饰面干挂做法三维示意图

工艺说明： 1. 12mm厚多层板基层(刷防火涂料三度)找平处理，用自攻螺钉与轻钢龙骨固定。

2. 木饰面挂条中距600mm，用枪钉与多层板固定，木饰面挂条背面刷胶。

3. 木饰面挂条背面刷胶与木饰面用枪钉固定。

4. 木饰面卡件安装，木饰面平整度调整。

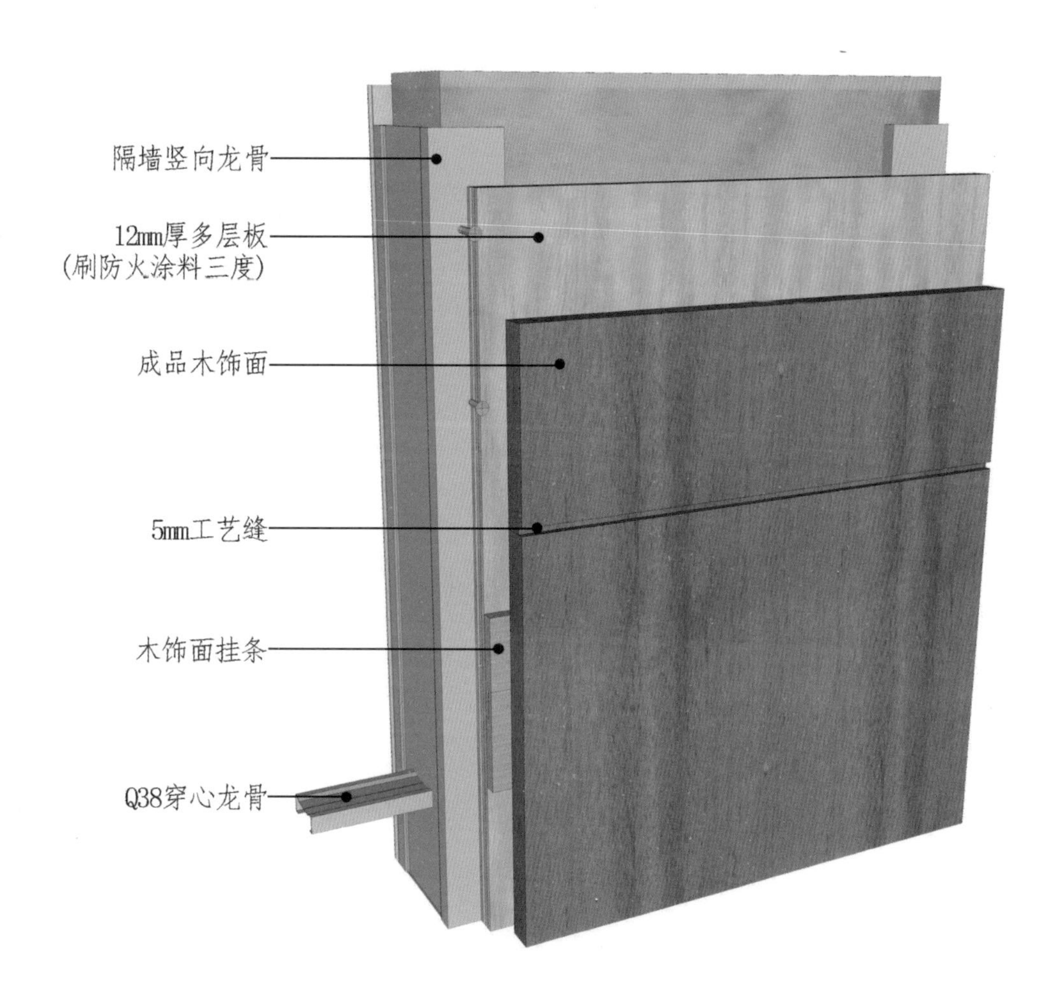

隔墙竖向龙骨
12mm厚多层板
(刷防火涂料三度)
成品木饰面
5mm工艺缝
木饰面挂条
Q38穿心龙骨

轻钢龙骨基层木饰面干挂做法三维示意图

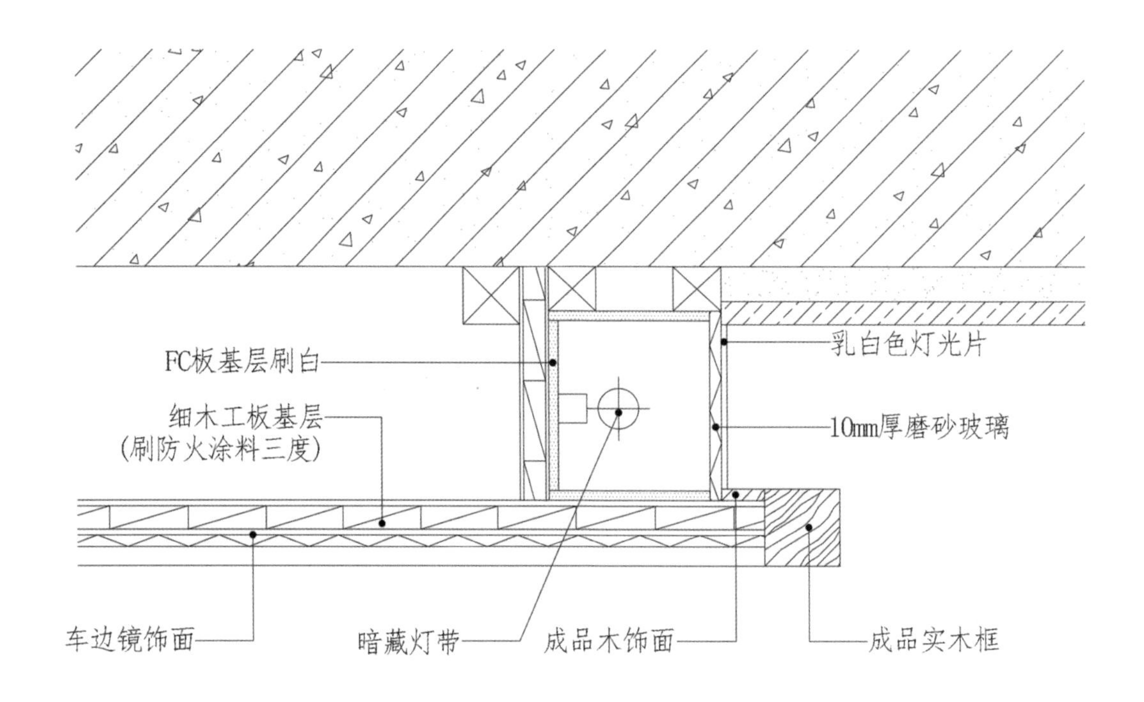
FC板基层刷白
细木工板基层
(刷防火涂料三度)
乳白色灯光片
10mm厚磨砂玻璃
车边镜饰面
暗藏灯带
成品木饰面
成品实木框

木饰面与玻璃相接(1)节点图

木饰面与玻璃相接(1)三维示意图

工艺说明： 1. 施工工序：准备工作→现场放线→材料加工→基层处理→龙骨调平→细木工板基层→粘贴玻璃→干挂木饰面→完成面处理。

2. 用料分析：

a. 选用10mm厚玻璃；

b. 选用12mm厚木饰面；

c. 银镜车边处理；

d. 自攻螺钉需做防锈处理。

3. 完成面处理：

a. 木饰面面层修补、保洁；

b. 用专用保护膜做成品保护。

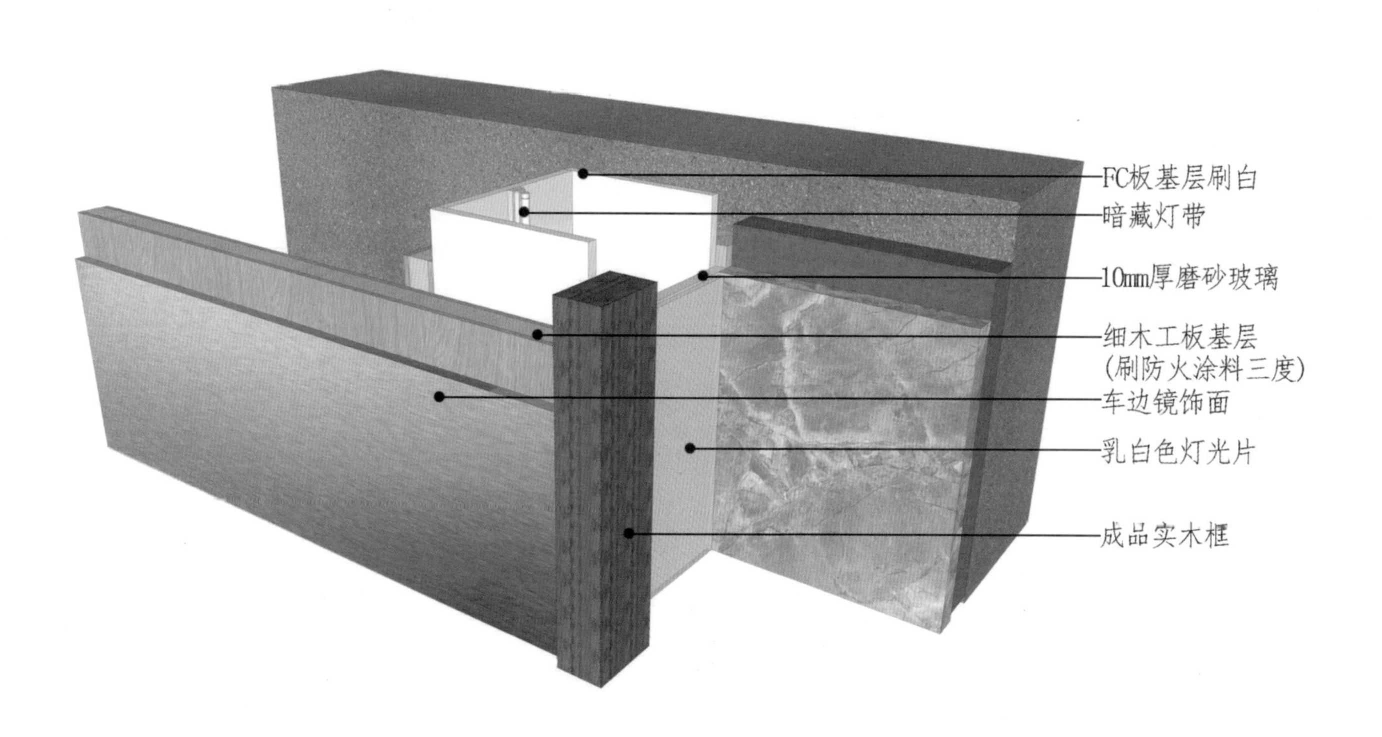
FC板基层刷白
暗藏灯带
10mm厚磨砂玻璃
细木工板基层
(刷防火涂料三度)
车边镜饰面
乳白色灯光片
成品实木框

木饰面与玻璃相接(1)三维示意图

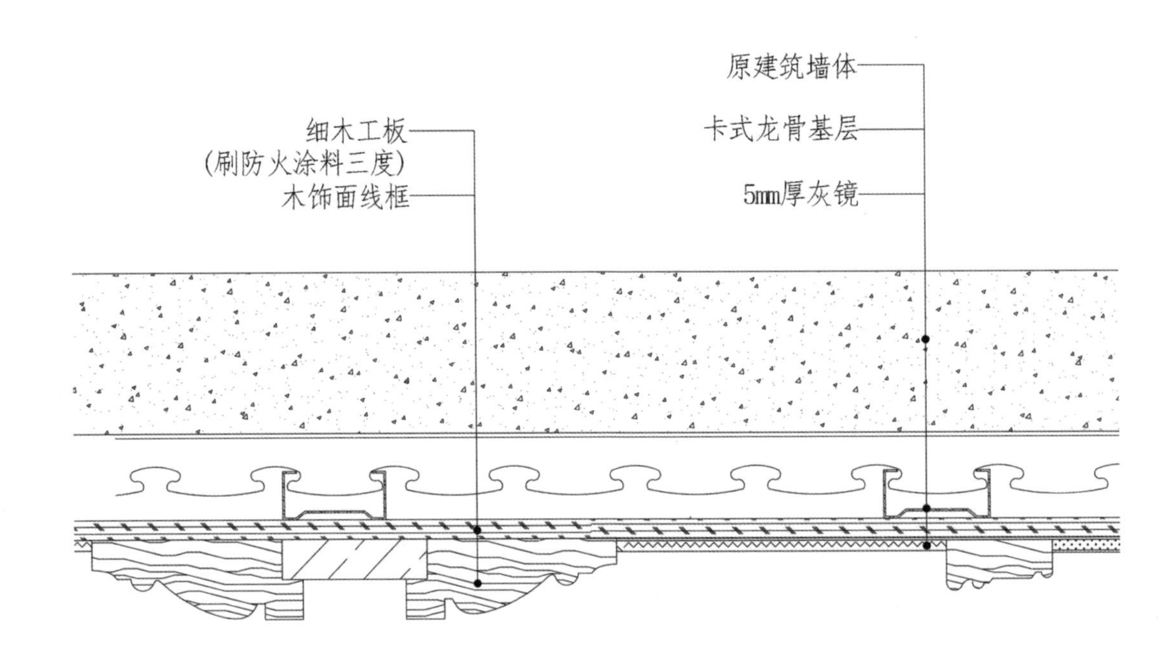
原建筑墙体
细木工板
(刷防火涂料三度)
木饰面线框
卡式龙骨基层
5mm厚灰镜

木饰面与玻璃相接(2)节点图

木饰面与玻璃相接(2)三维示意图

工艺说明： 1. 施工工序：准备工作→现场放线→材料加工→基层处理→卡式龙骨框架固定→细木工板基层→玻璃专用胶粘贴→完成面处理。

2. 用料分析：

a. 选用指定12mm厚木饰面及加工线条；

b. 选用5mm厚玻璃镜面；

c. 选用卡式龙骨做框架固定安装调平；

d. 自攻螺钉防锈处理；

e. 细木工板(刷防火涂料三度)。

3. 完成面处理：

a. 面层修补、保洁；

b. 用专用保护膜做成品保护。

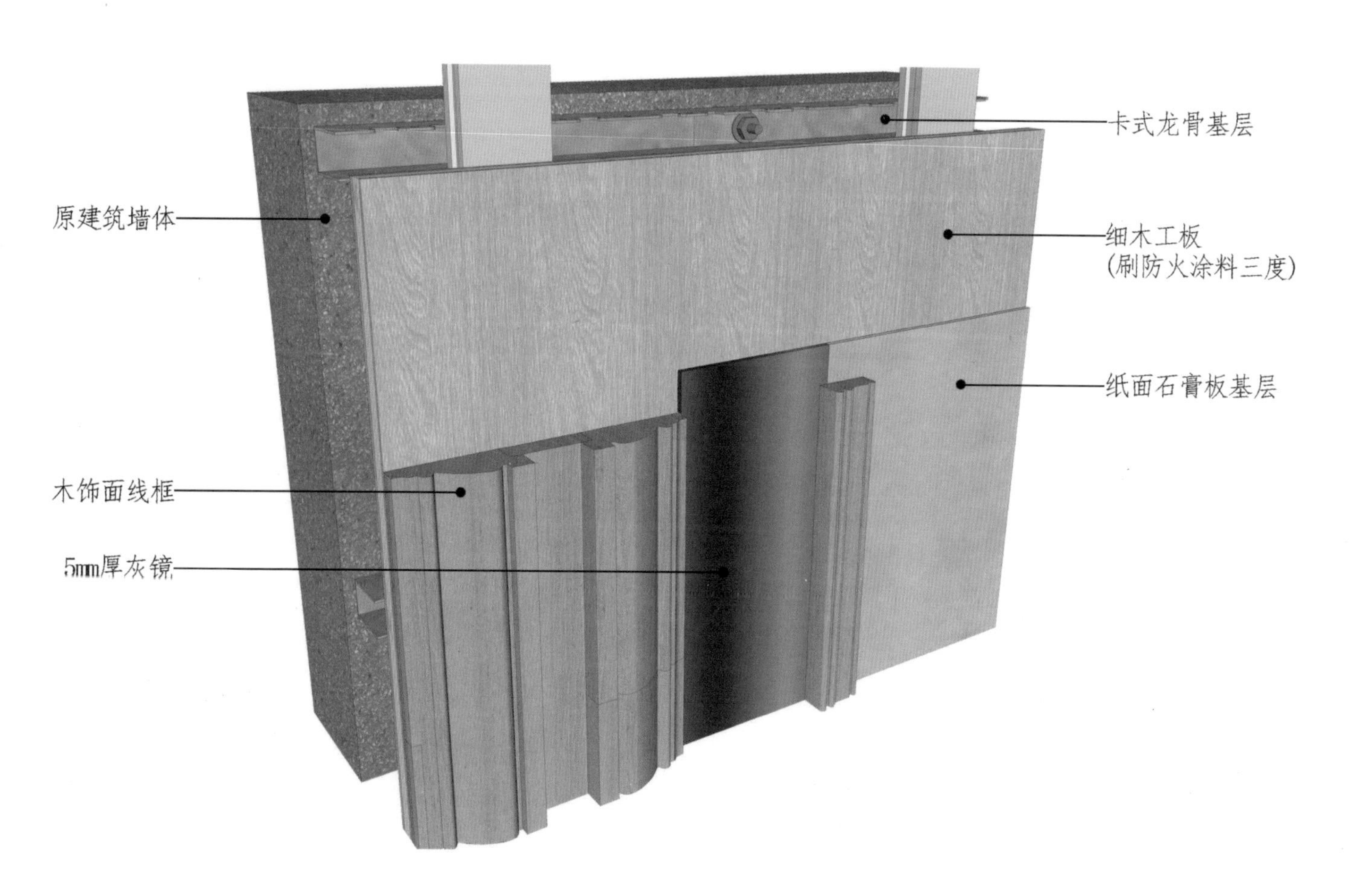
卡式龙骨基层
原建筑墙体
细木工板
(刷防火涂料三度)
纸面石膏板基层
木饰面线框
5mm厚灰镜

木饰面与玻璃相接(2)三维示意图

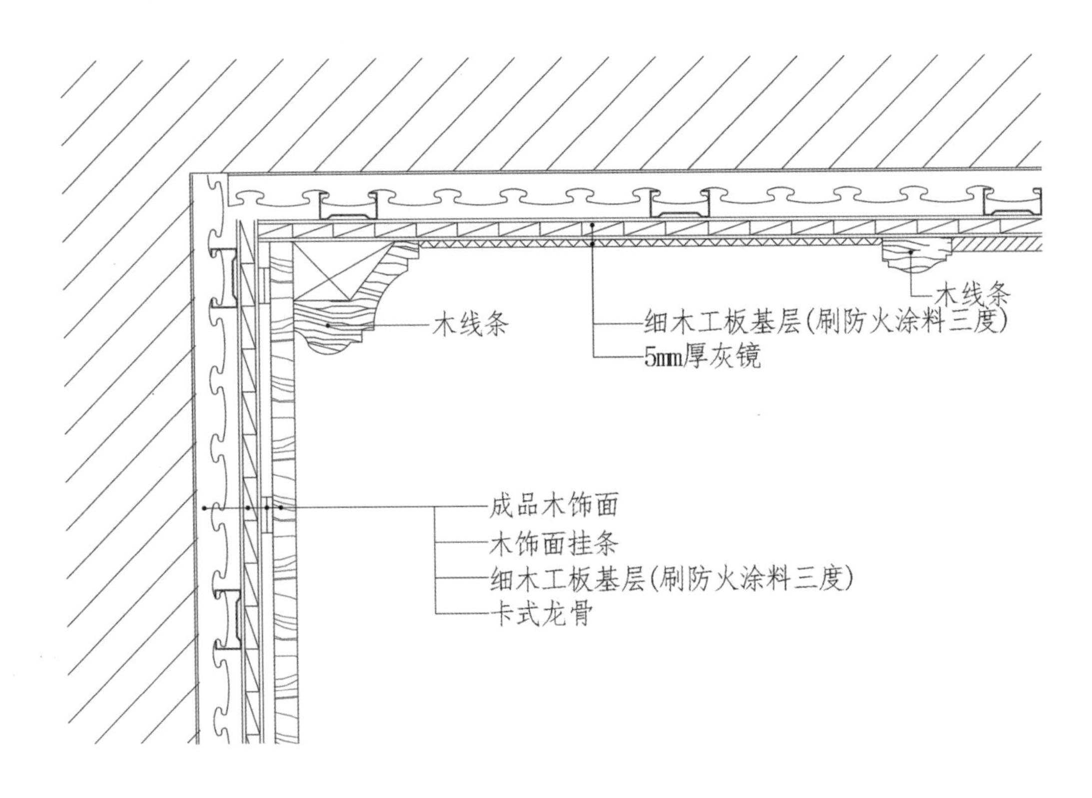
木线条
木线条
细木工板基层(刷防火涂料三度)
5mm厚灰镜
成品木饰面
木饰面挂条
细木工板基层(刷防火涂料三度)
卡式龙骨

木饰面与玻璃相接(3)节点图

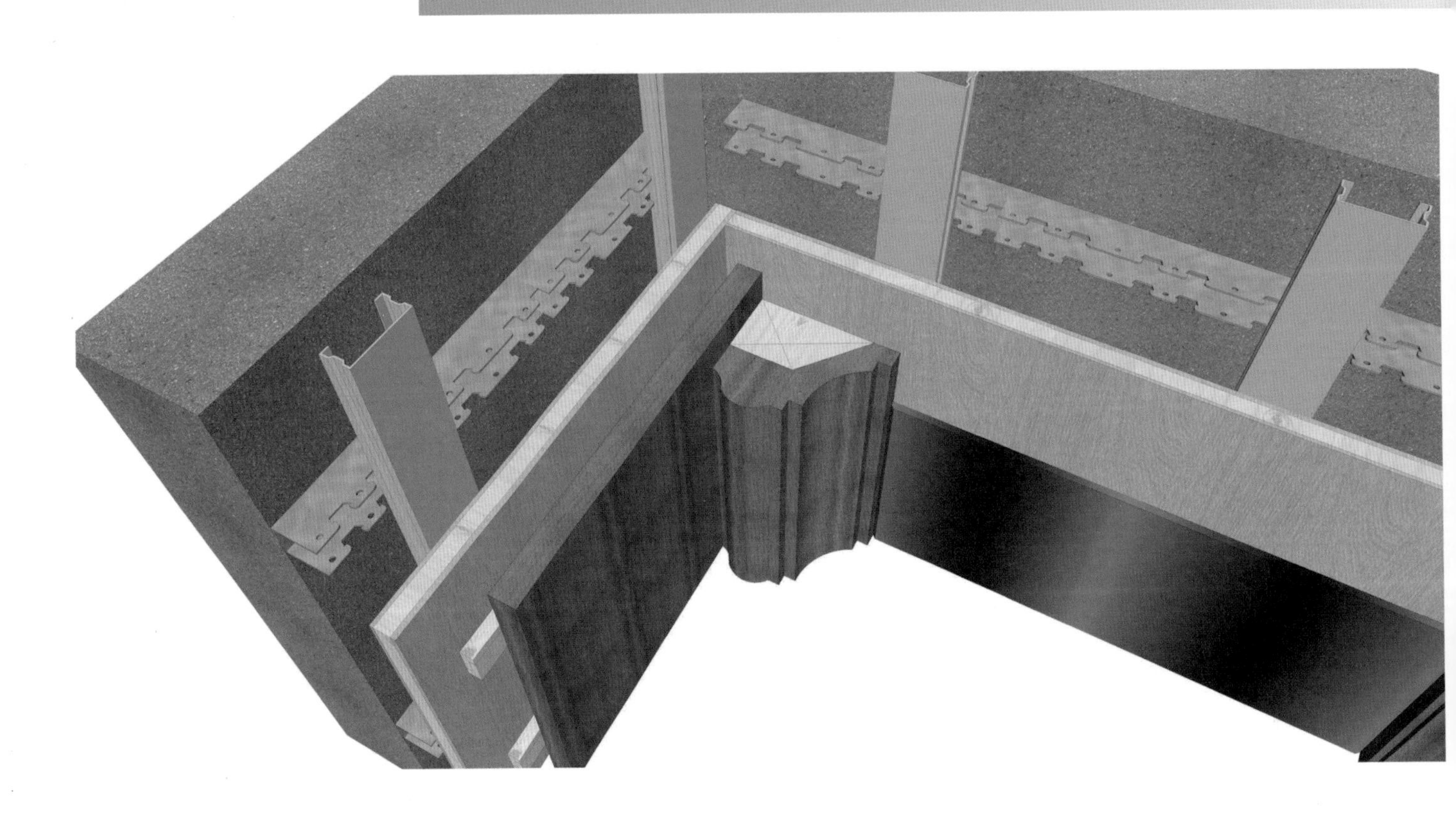

木饰面与玻璃相接(3)三维示意图

工艺说明： 1. 施工工序：准备工作→现场放线→材料加工→基层处理→卡式龙骨框架固定→细木工板基层→玻璃专用胶粘贴→完成面处理。

2. 用料分析：

a. 选用指定12mm厚木饰面及加工线条；

b. 选用5mm厚玻璃镜面；

c. 选用卡式龙骨做框架固定安装调平；

d. 细木工板(刷防火涂料三度)。

3. 完成面处理：

a. 面层修补、保洁；

b. 用专用保护膜做成品保护。

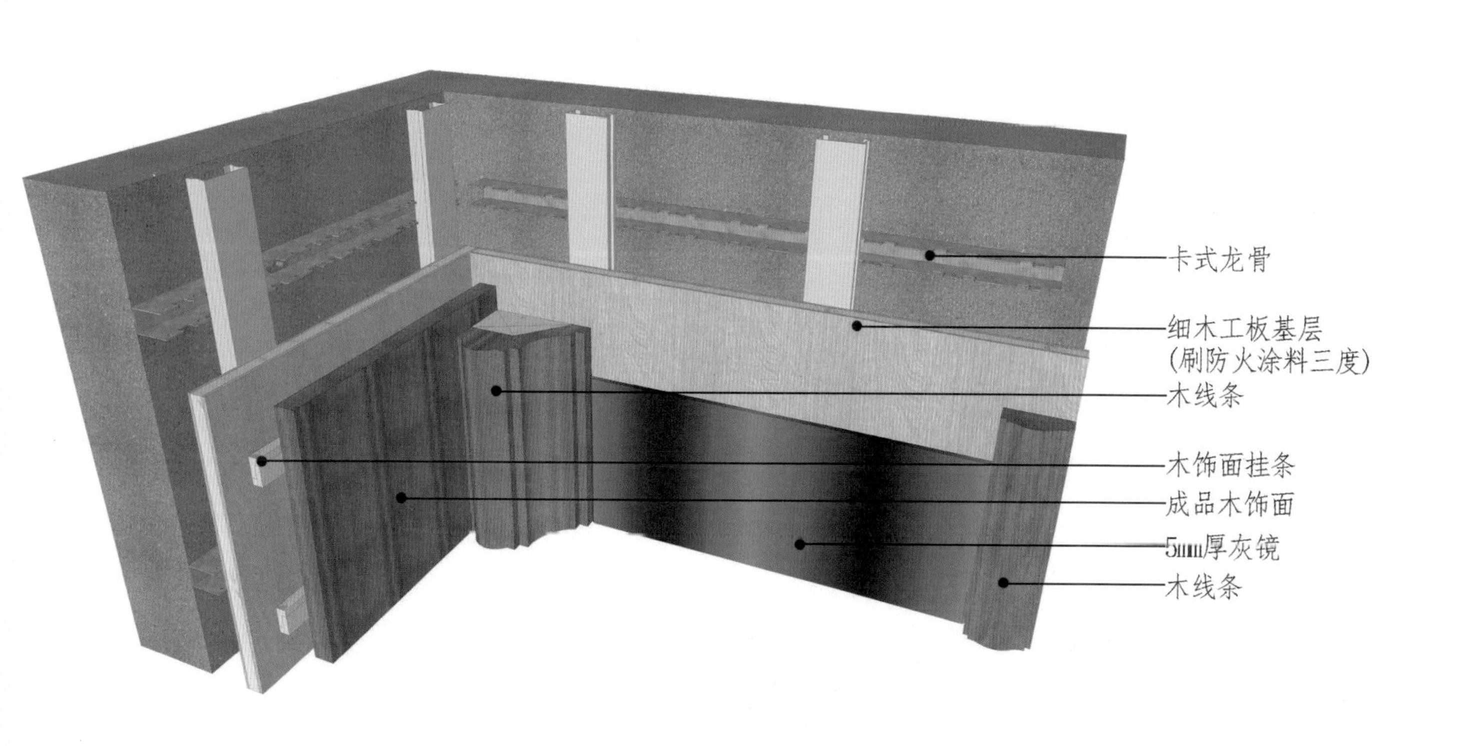
卡式龙骨
细木工板基层
(刷防火涂料三度)
木线条
木饰面挂条
成品木饰面
5mm厚灰镜
木线条

木饰面与玻璃相接(3)三维示意图

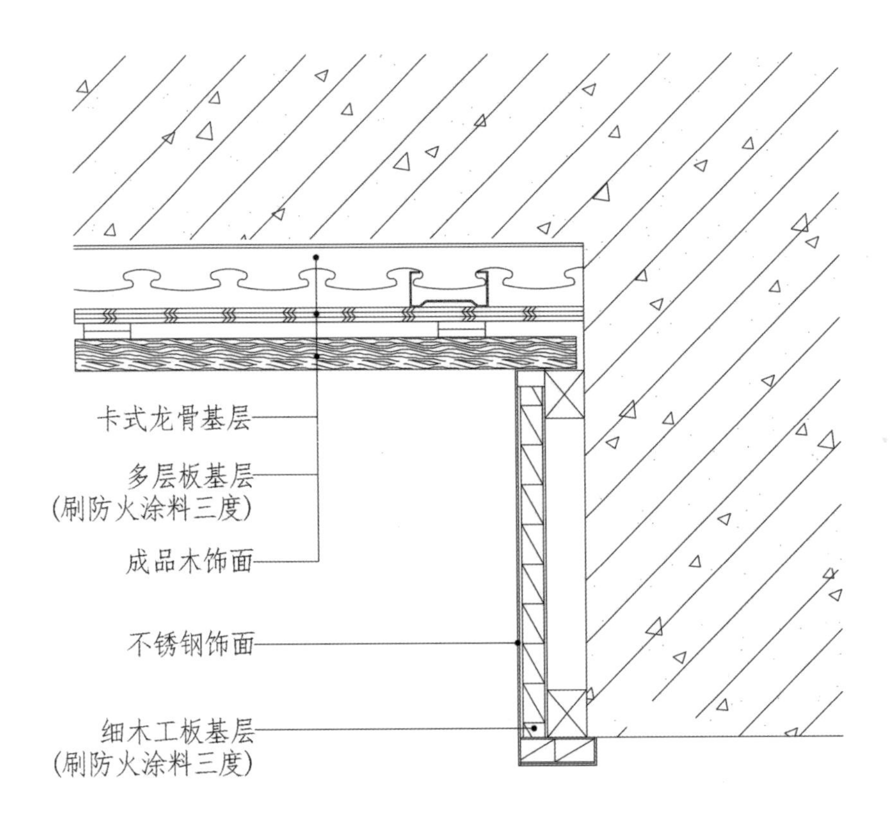
卡式龙骨基层
多层板基层
(刷防火涂料三度)
成品木饰面
不锈钢饰面
细木工板基层
(刷防火涂料三度)

木饰面与不锈钢相接(1)节点图

木饰面与不锈钢相接(1)三维示意图

工艺说明： 1. 施工工序：准备工作→现场放线→材料加工→基层处理→卡式龙骨调平→木饰面基础固定→木龙骨结构框架固定→细木工板基层→成品木饰面安装→不锈钢粘贴→完成面处理。

2. 用料分析：

a. 选用指定加工1.2mm厚不锈钢；

b. 定制成品木饰面、基础材料轻钢龙骨；

c. 用专业干挂件干挂；

d. 卡式龙骨调平基层。

3. 完成面处理：

a. 保证不锈钢与木饰面拼接缝完整，不锈钢插在木饰面里面；

b. 用专用保护膜做成品保护。

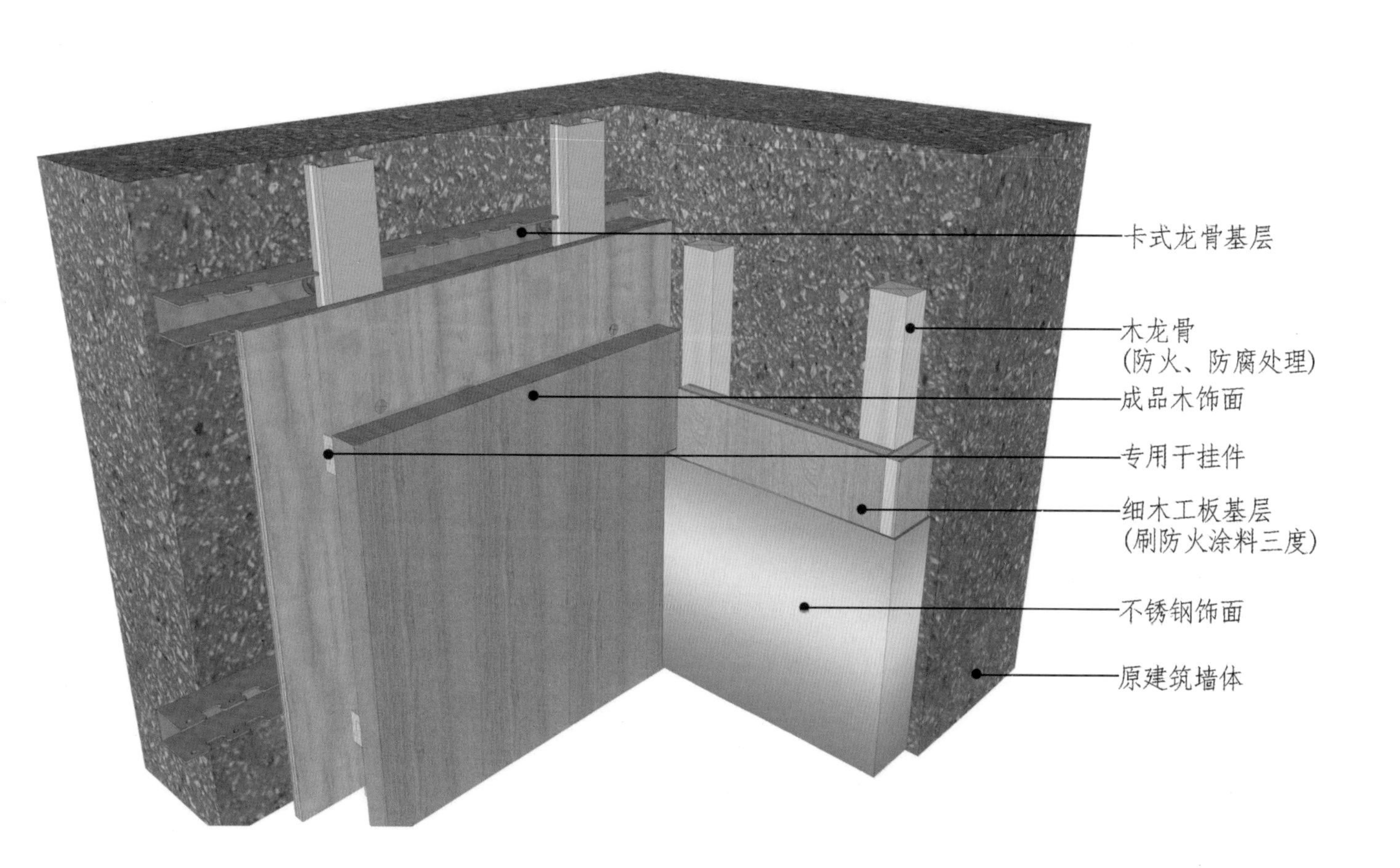
卡式龙骨基层
木龙骨
(防火、防腐处理)
成品木饰面
专用干挂件
细木工板基层
(刷防火涂料三度)
不锈钢饰面
原建筑墙体

木饰面与不锈钢相接(1)三维示意图

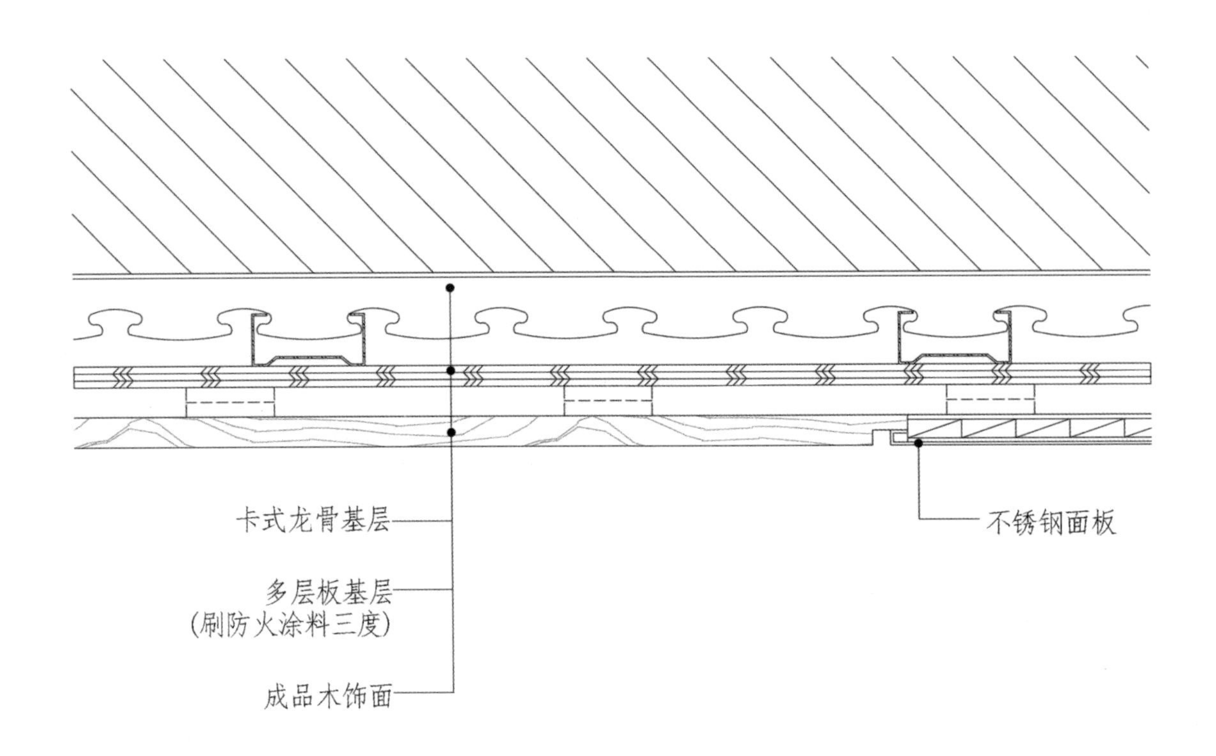
卡式龙骨基层
多层板基层
(刷防火涂料三度)
成品木饰面
不锈钢面板

木饰面与不锈钢相接(2)节点图

木饰面与不锈钢相接(2)三维示意图

工艺说明： 1. 施工工序：准备工作→现场放线→材料加工→基层处理→卡式龙骨调平→木饰面基础固定→专用干挂件→干挂细木工板→木饰面、不锈钢安装→完成面处理。

2. 用料分析：
   a. 选用指定加工1.2mm厚不锈钢面板；
   b. 定制成品木饰面、基础材料细木工板(刷防火涂料三度)；
   c. 用专业干挂件干挂；
   d. 木饰面基层需做三防处理；
   e. 不锈钢选用专业黏结剂。

3. 完成面处理：
   a. 保证不锈钢折边平直；
   b. 用专用保护膜做成品保护。

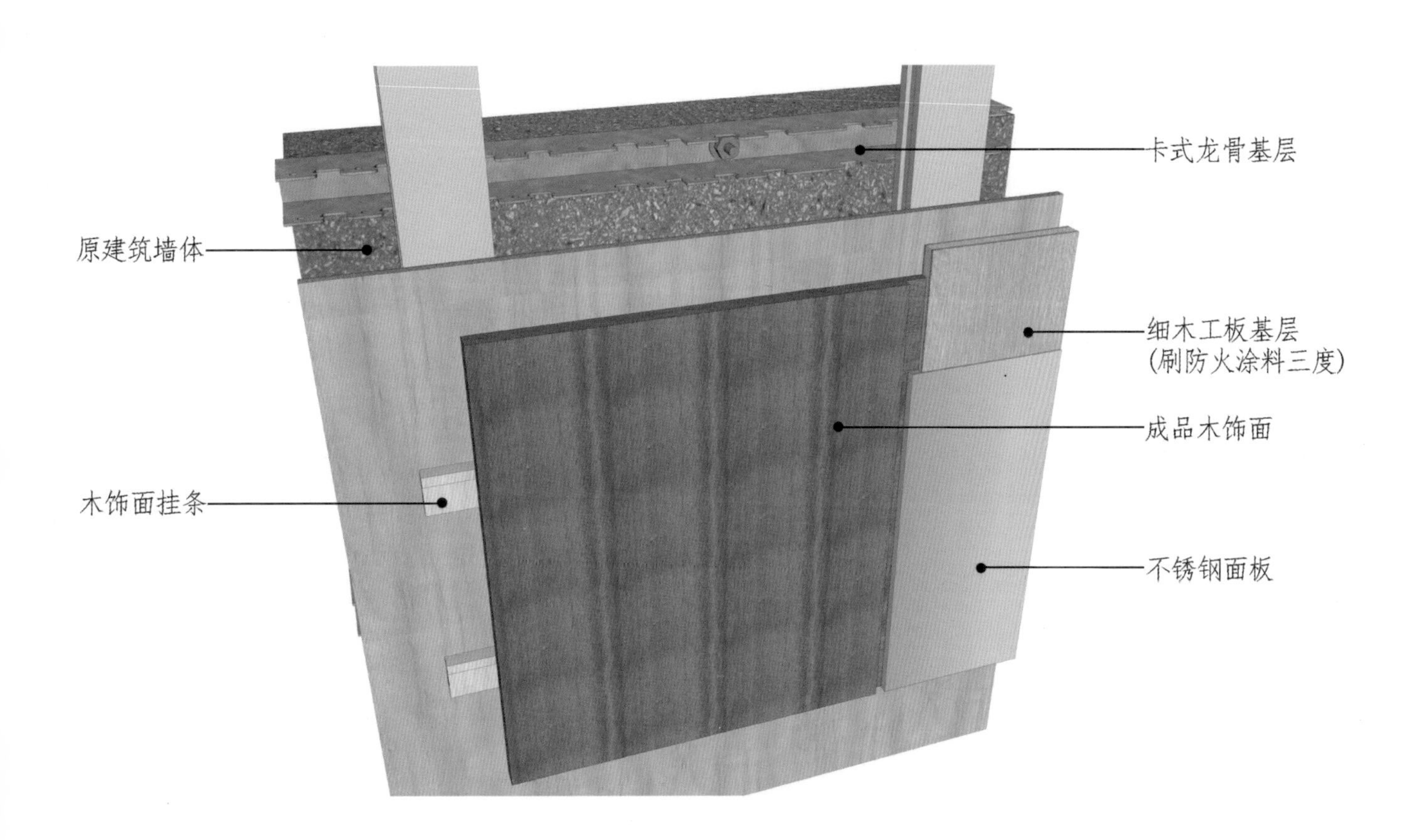
卡式龙骨基层
原建筑墙体
细木工板基层
(刷防火涂料三度)
成品木饰面
木饰面挂条
不锈钢面板

木饰面与不锈钢相接(2)三维示意图

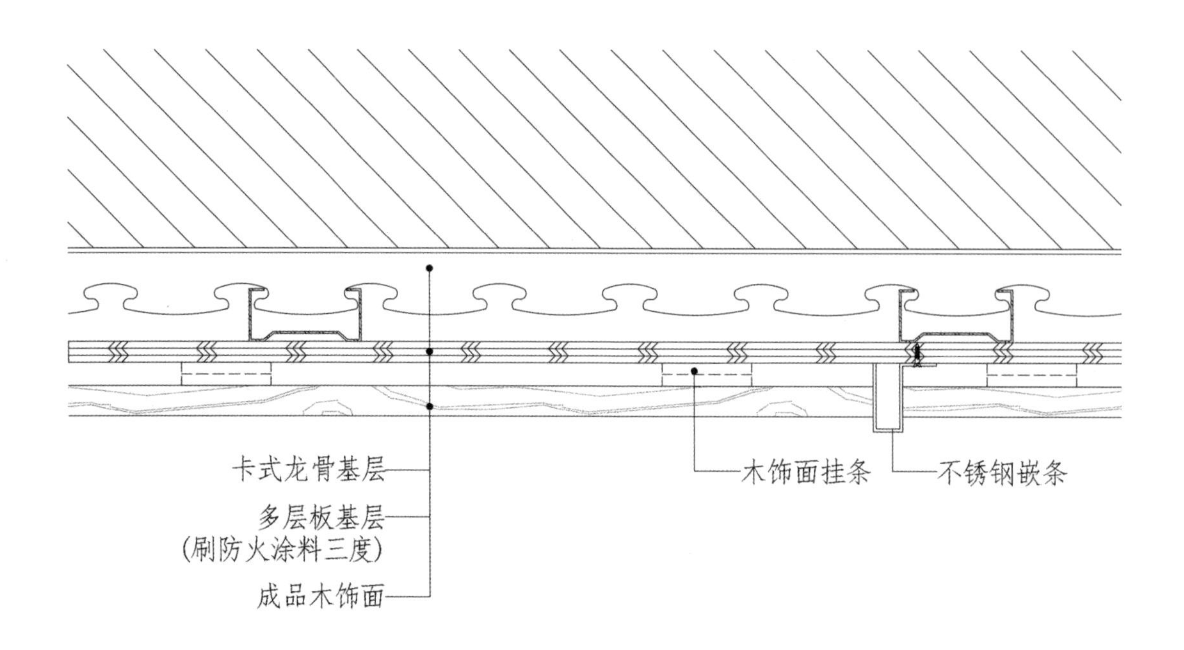
卡式龙骨基层
多层板基层
(刷防火涂料三度)
成品木饰面
木饰面挂条
不锈钢嵌条

木饰面与不锈钢相接(3)节点图

木饰面与不锈钢相接(3)三维示意图

工艺说明： 1. 施工工序：准备工作→现场放线→材料加工→基层处理→卡式龙骨调平→木饰面基础固定→专用干挂件→干挂细木工板→木饰面、不锈钢安装→完成面处理。

2. 用料分析：

   a. 选用指定加工1.2mm厚不锈钢面板；

   b. 定制成品木饰面、基础材料多层板(刷防火涂料三度)；

   c. 用专业干挂件干挂；

   d. 木饰面基层需做三防处理；

   e. 不锈钢选用专业黏结剂。

3. 完成面处理：

   a. 保证不锈钢折边平直；

   b. 用专用保护膜做成品保护。

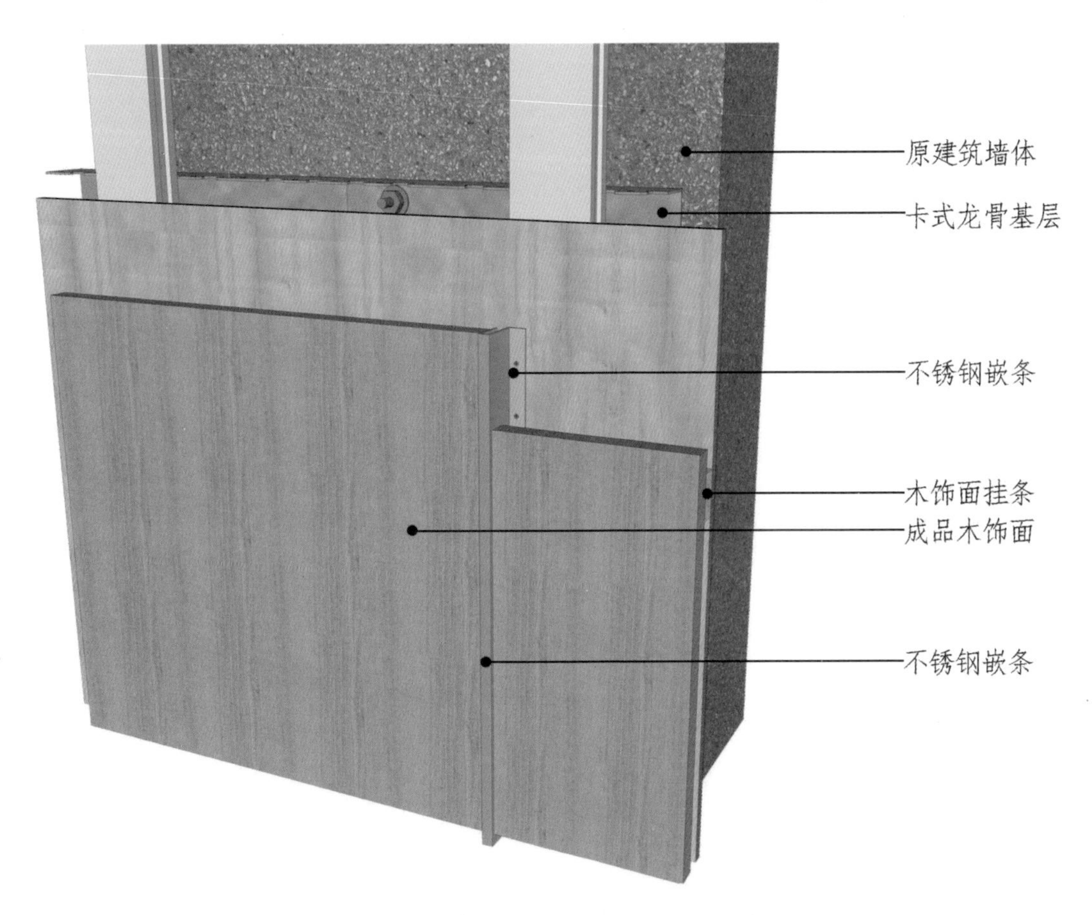
原建筑墙体
卡式龙骨基层
不锈钢嵌条
木饰面挂条
成品木饰面
不锈钢嵌条

木饰面与不锈钢相接(3)三维示意图

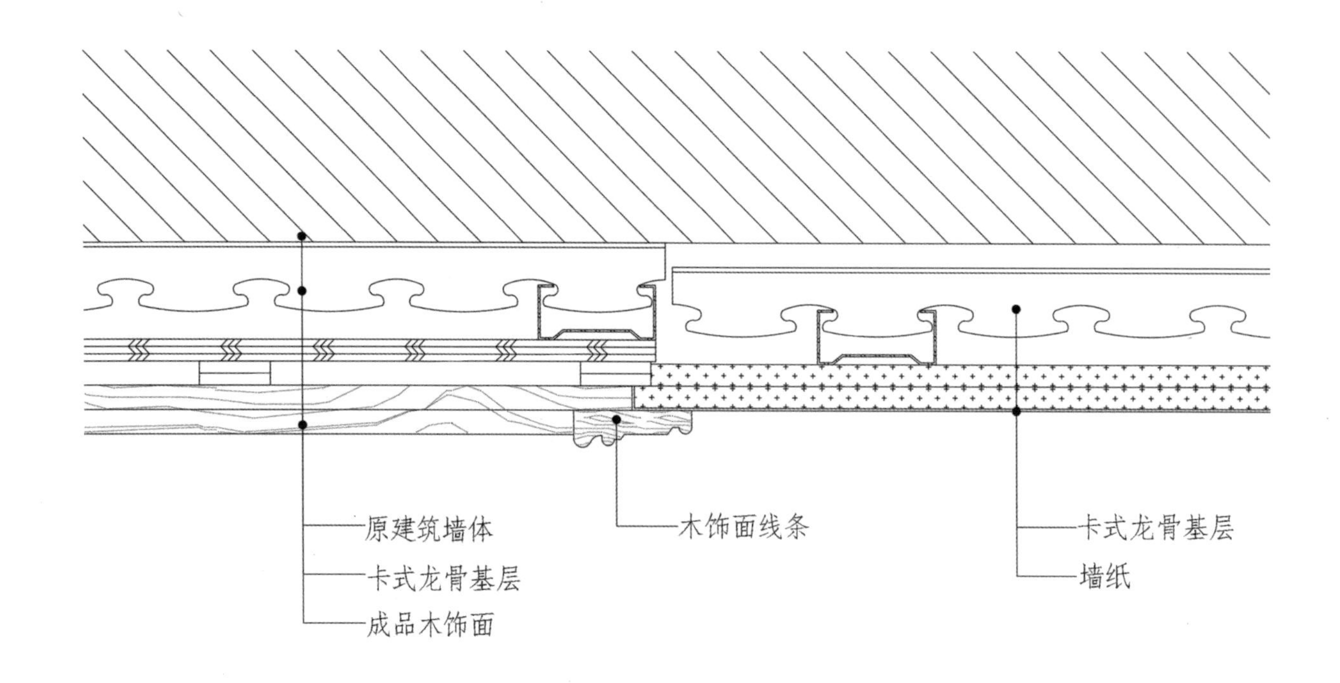
原建筑墙体
卡式龙骨基层
成品木饰面
木饰面线条
卡式龙骨基层
墙纸

木饰面与墙纸相接(1)节点图

木饰面与墙纸相接(1)三维示意图

工艺说明： 1. 施工工序：准备工作→现场放线→材料加工→基层处理→卡式龙骨隔墙制作→木饰面基础固定→纸面石膏板层固定→粘贴墙纸→成品木饰面安装→完成面处理。

2. 用料分析：

a. 卡式龙骨材料可调整墙面厚度；

b. 选用指定加工木饰面；

c. 定制成品木饰面、基础材料细木工板(刷防火涂料三度)；

d. 用专用干挂件，干挂木饰面；

e. 木饰面基础需做三防处理；

f. 纸面石膏板钉眼做防锈处理。

3. 完成面处理：

用专用保护膜做成品保护。

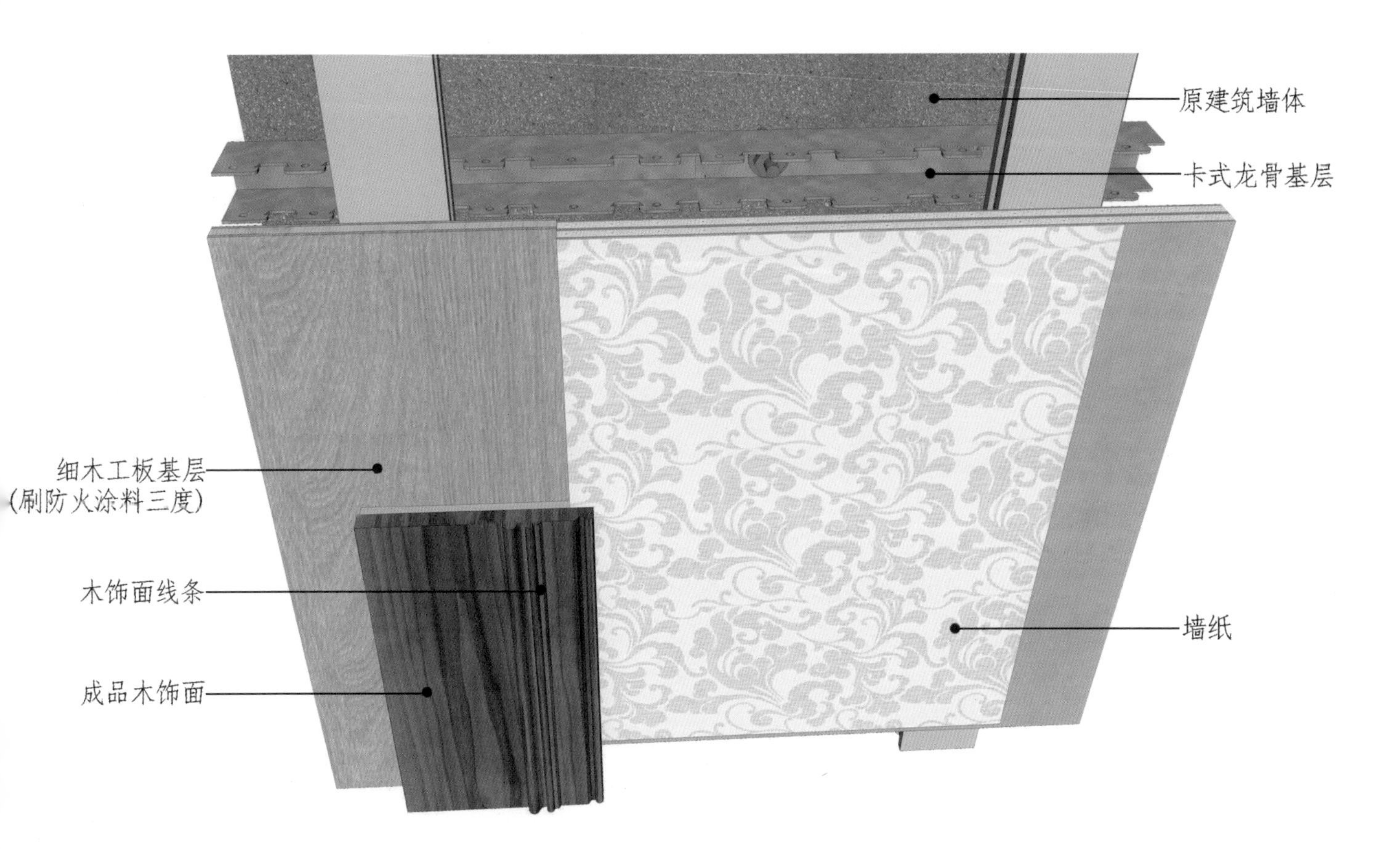
原建筑墙体
卡式龙骨基层
细木工板基层
(刷防火涂料三度)
木饰面线条
墙纸
成品木饰面

木饰面与墙纸相接(1)三维示意图

45 木饰面与墙纸相接(2)

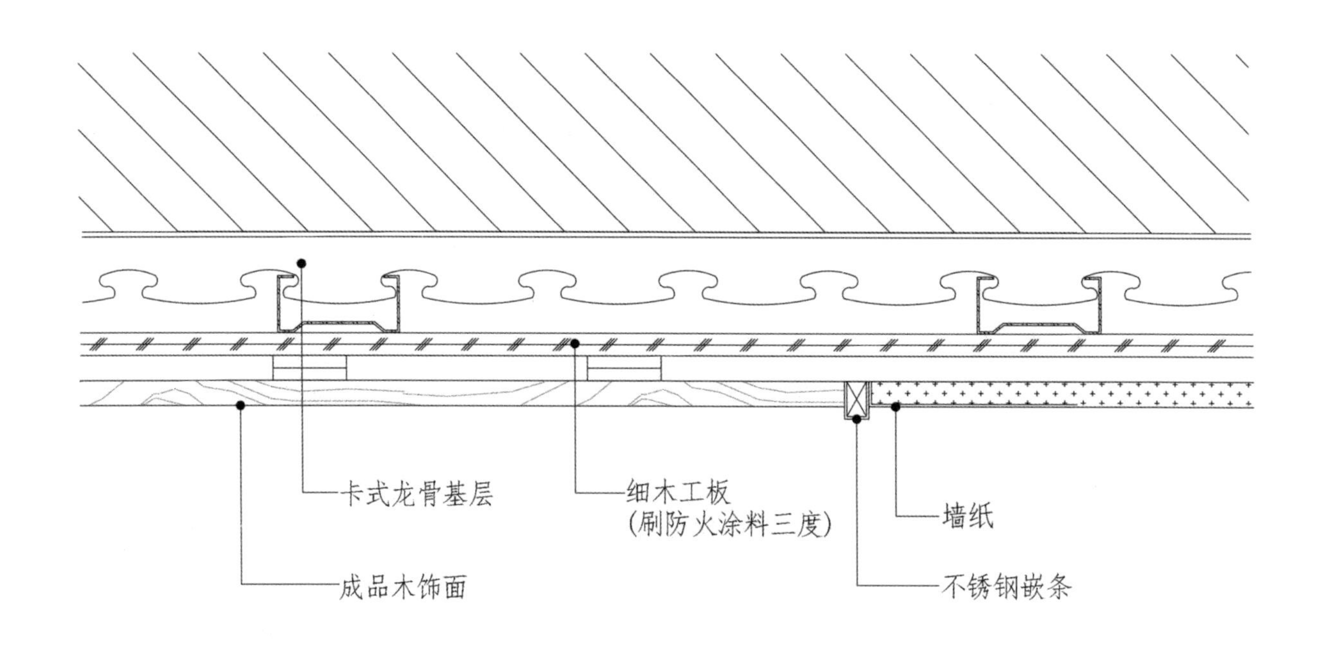
卡式龙骨基层
细木工板
(刷防火涂料三度)
墙纸
成品木饰面
不锈钢嵌条

木饰面与墙纸相接(2)节点图

木饰面与墙纸相接(2)三维示意图

工艺说明： 1. 施工工序：准备工作→现场放线→材料加工→基层处理→卡式龙骨隔墙制作→木饰面基础固定→纸面石膏板层固定→粘贴墙纸→成品木饰面安装→完成面处理。

2. 用料分析：

a. 卡式龙骨材料可调整墙面厚度；

b. 选用指定加工木饰面；

c. 定制成品木饰面、基础材料细木工板(刷防火涂料三度)；

d. 用专用干挂件，干挂木饰面；

e. 木饰面基础需做三防处理；

f. 纸面石膏板钉眼做防锈处理。

3. 完成面处理：

a. 保证墙纸与木饰面拼接缝中不锈钢折边平直完整；

b. 用专用保护膜做成品保护。

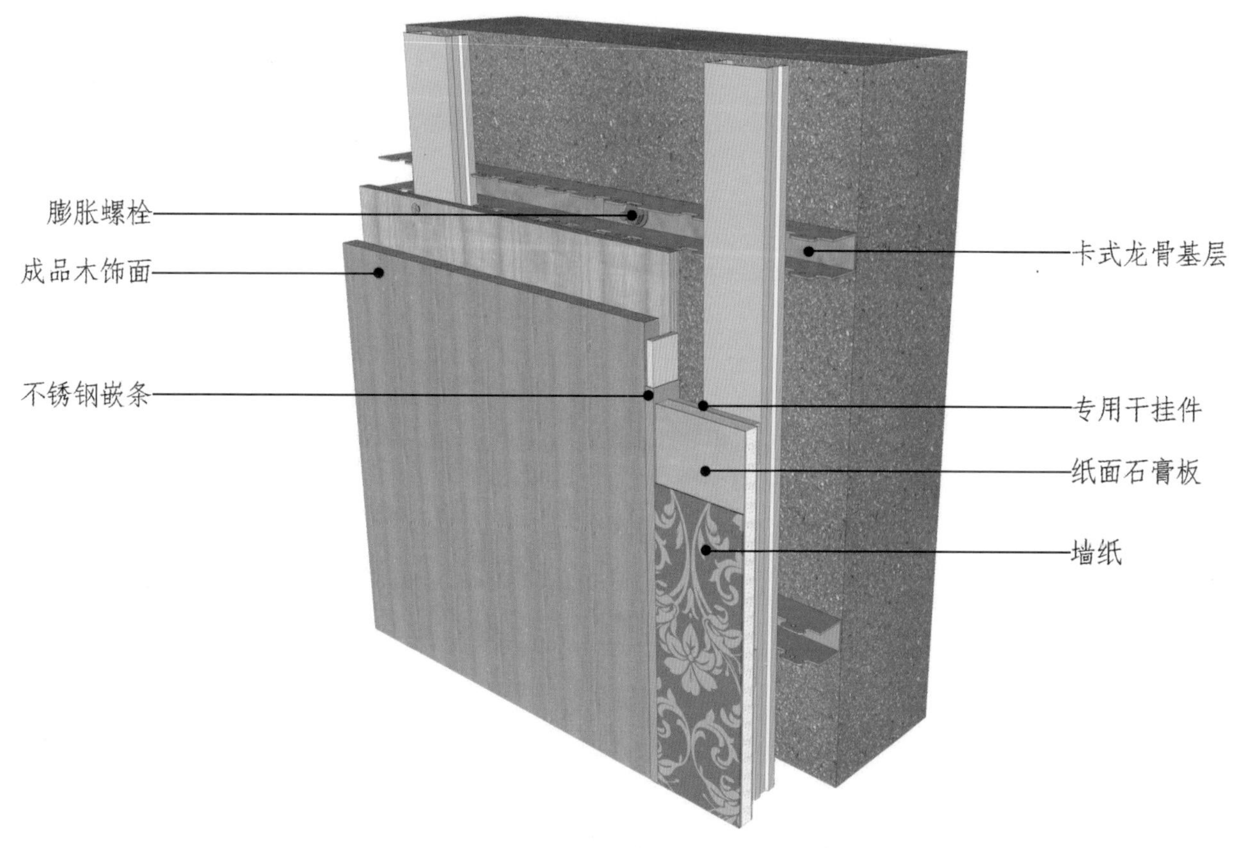
膨胀螺栓
成品木饰面
不锈钢嵌条
卡式龙骨基层
专用干挂件
纸面石膏板
墙纸

木饰面与墙纸相接(2)三维示意图

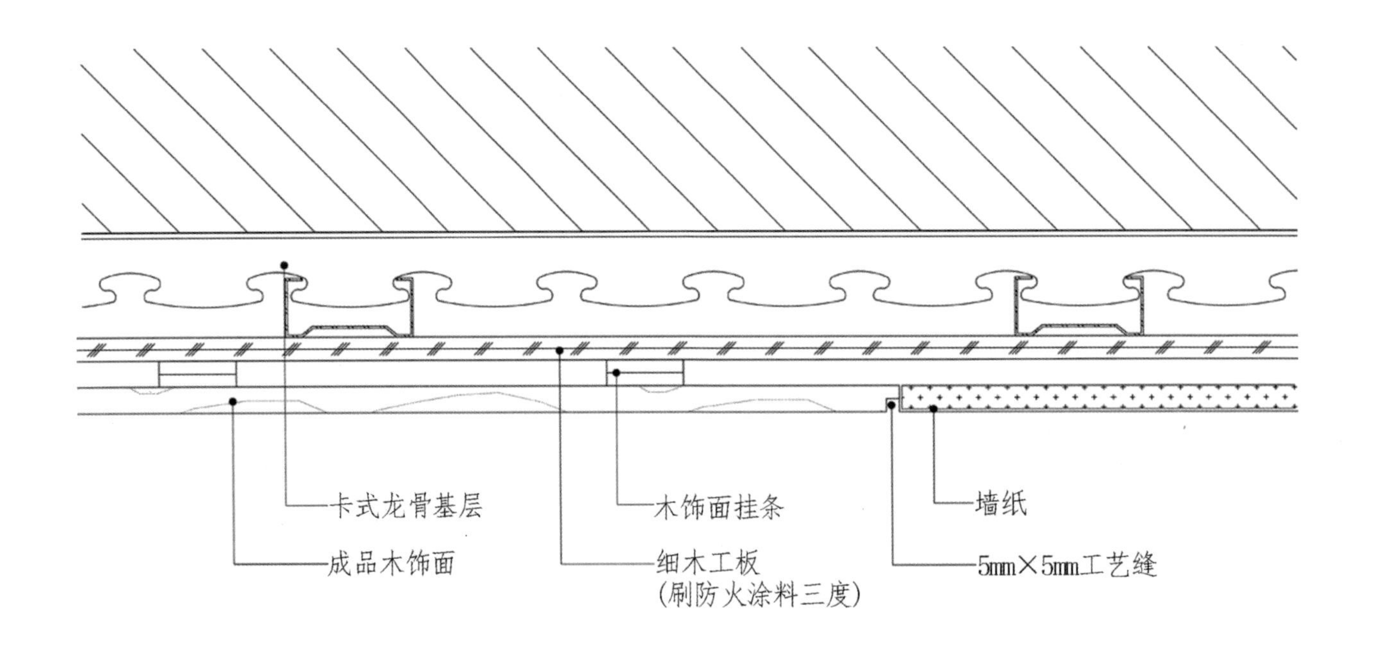

卡式龙骨基层
木饰面挂条
墙纸
成品木饰面
细木工板
(刷防火涂料三度)
5mm×5mm工艺缝

木饰面与墙纸相接(3)节点图

木饰面与墙纸相接(3)三维示意图

工艺说明： 1. 施工工序：准备工作→现场放线→材料加工→基层处理→木饰面基础固定→卡式龙骨调平→纸面石膏板基层→成品木饰面安装→完成面处理。

2. 用料分析：

a. 选用指定加工12mm厚木饰面；

b. 定制成品木饰面、基础材料干挂件、卡式龙骨，木饰面加工侧边见光；

c. 用木饰面干挂件干挂；

d. 纸面石膏板基层钉眼需做防锈处理。

3. 完成面处理：

a. 保证墙纸与木饰面拼接缝中抽槽的平直与见光；

b. 用专用保护膜做成品保护。

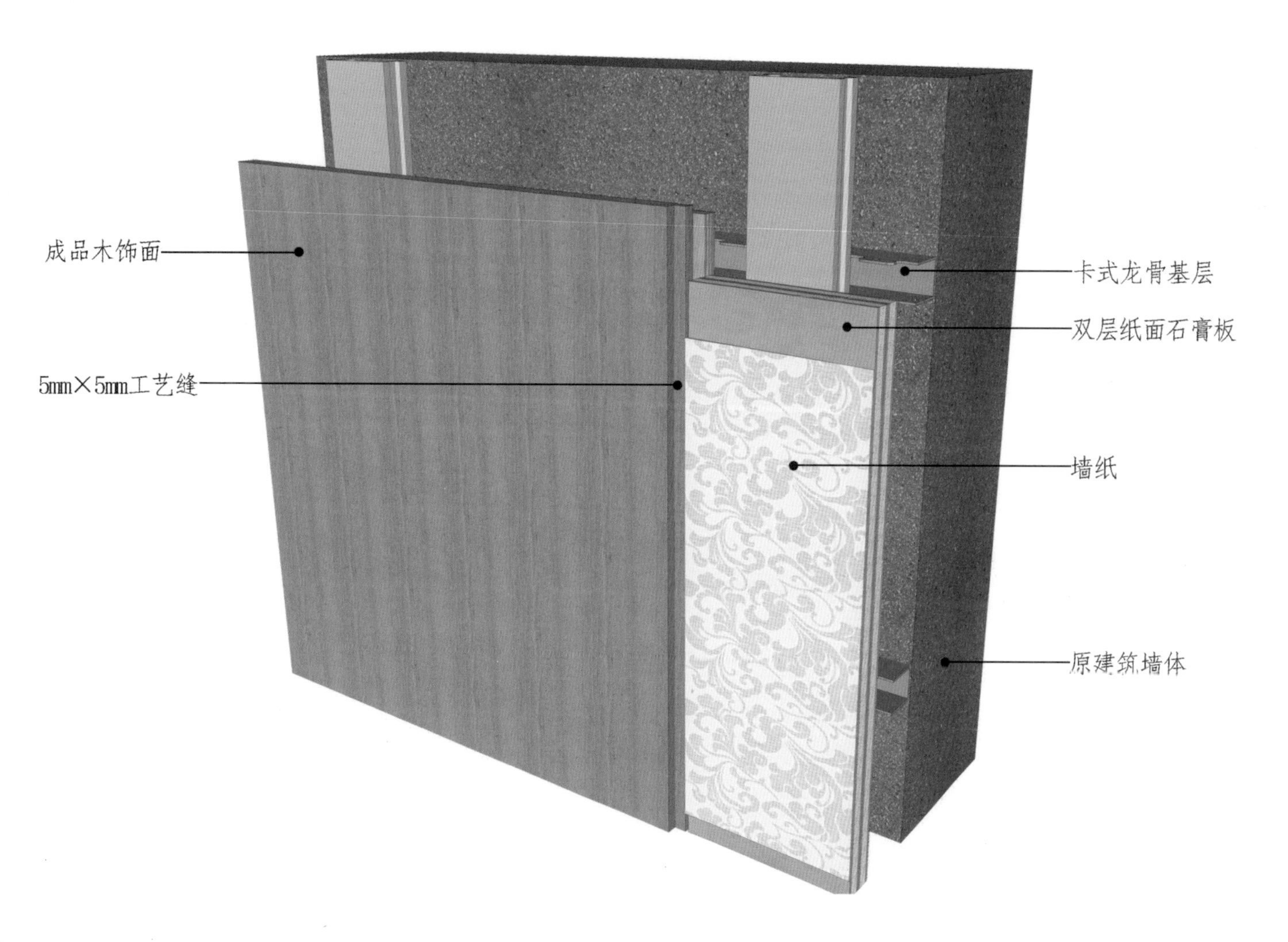
成品木饰面
5mm×5mm工艺缝
卡式龙骨基层
双层纸面石膏板
墙纸
原建筑墙体

木饰面与墙纸相接(3)三维示意图

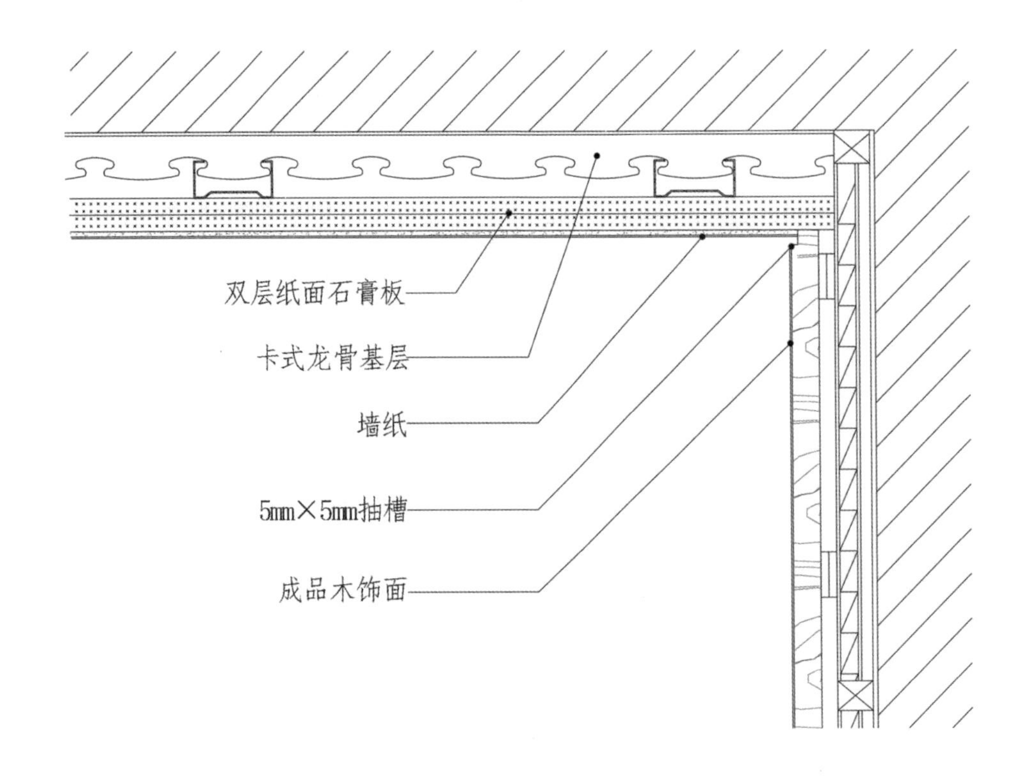
双层纸面石膏板
卡式龙骨基层
墙纸
5mm×5mm抽槽
成品木饰面

木饰面与墙纸相接(4)节点图

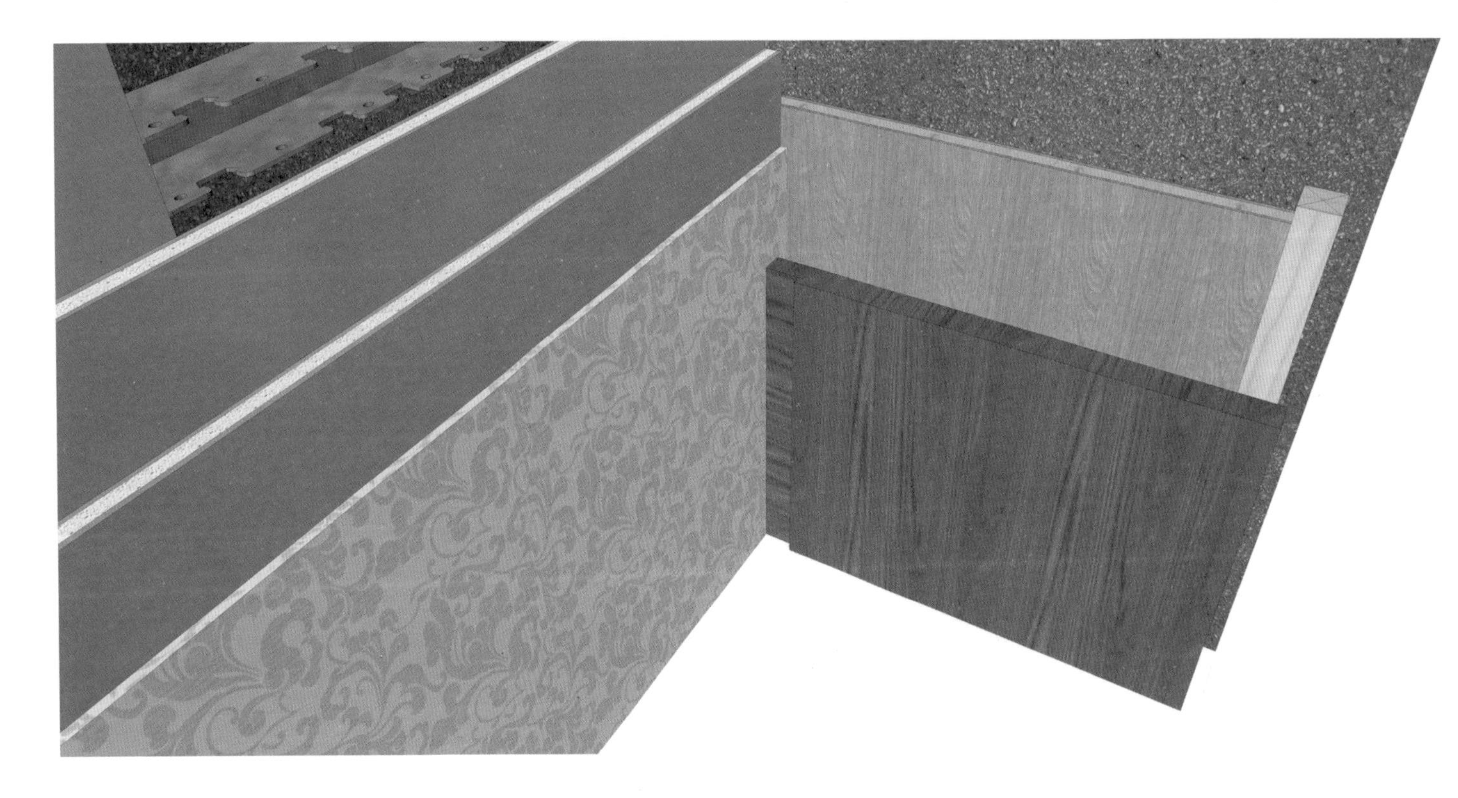

木饰面与墙纸相接(4)三维示意图

工艺说明： 1. 施工工序：准备工作→现场放线→材料加工→基层处理→卡式龙骨调平→木饰面基础固定→纸面石膏板层固定→粘贴墙纸→成品木饰面安装→完成面处理。

2. 用料分析：

a. 卡式龙骨材料安装；

b. 选用指定加工12mm厚木饰面；

c. 定制成品木饰面、基础材料细木工板(刷防火涂料三度)；

d. 用专用干挂件，干挂木饰面；

e. 木饰面基础需做三防处理；

f. 纸面石膏板钉眼做防锈处理。

3. 完成面处理：

用专用保护膜做成品保护。

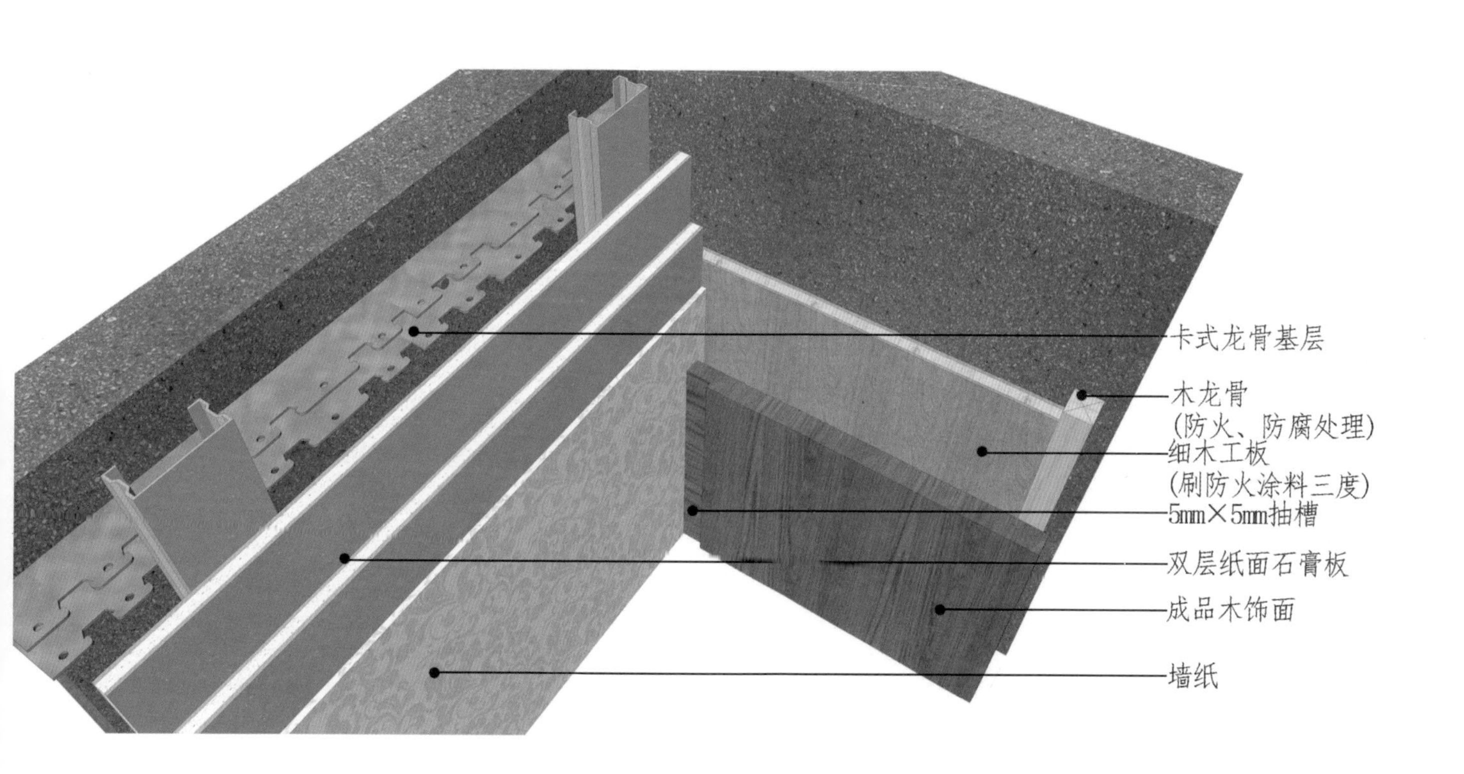

卡式龙骨基层
木龙骨
(防火、防腐处理)
细木工板
(刷防火涂料三度)
5mm×5mm抽槽
双层纸面石膏板
成品木饰面
墙纸

木饰面与墙纸相接(4)三维示意图

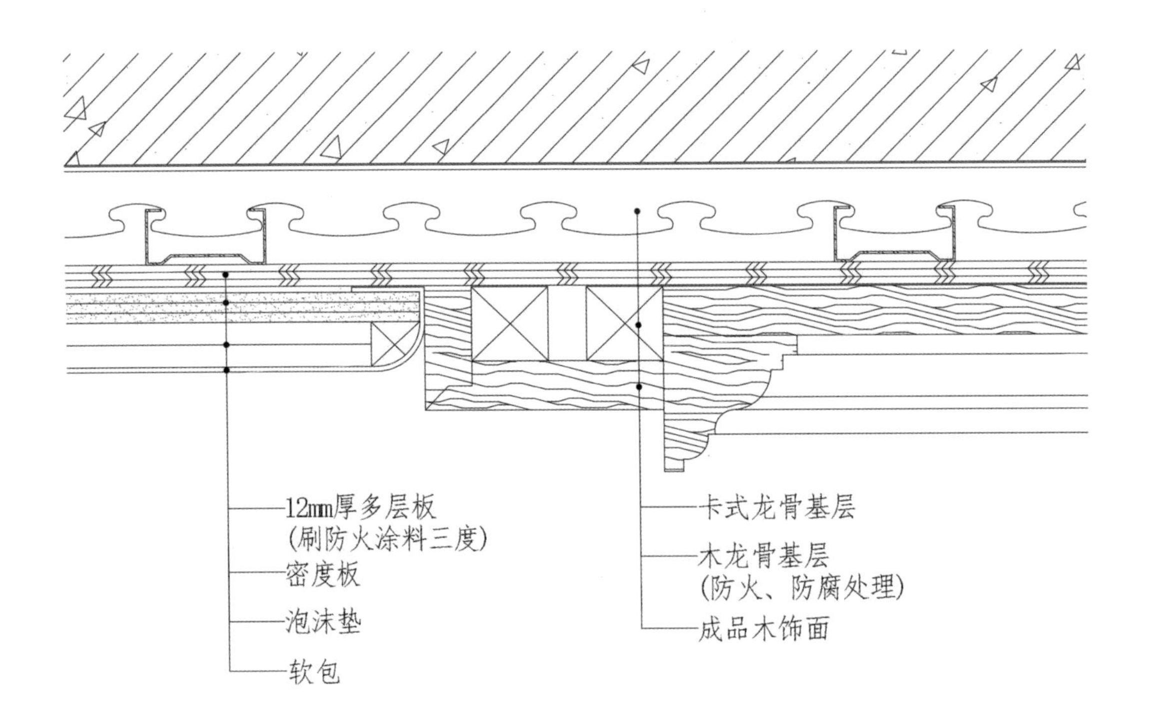
12mm厚多层板
(刷防火涂料三度)
密度板
泡沫垫
软包
卡式龙骨基层
木龙骨基层
(防火、防腐处理)
成品木饰面

木饰面与软硬包相接(1)节点图

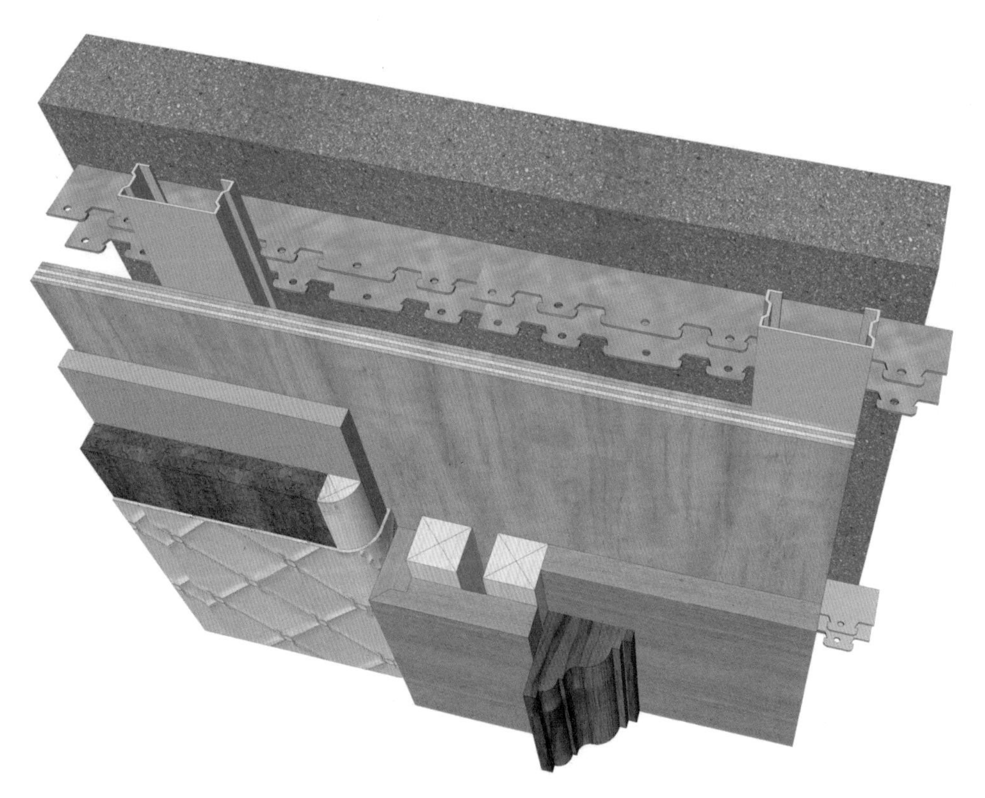

木饰面与软硬包相接(1)三维示意图

工艺说明： 1. 施工工序：准备工作→现场放线→材料加工→基层处理→卡式龙骨调平→多层板固定→木饰面安装→成品软包安装→完成面处理。

2. 用料分析：

a. 卡式龙骨材料安装；

b. 选用指定木饰面加工；

c. 软包基层固定，其他材料防火夹板；

d. 用专用胶固定安装；

e. 软包基层需做三防处理。

3. 完成面处理：

用专用保护膜做成品保护。

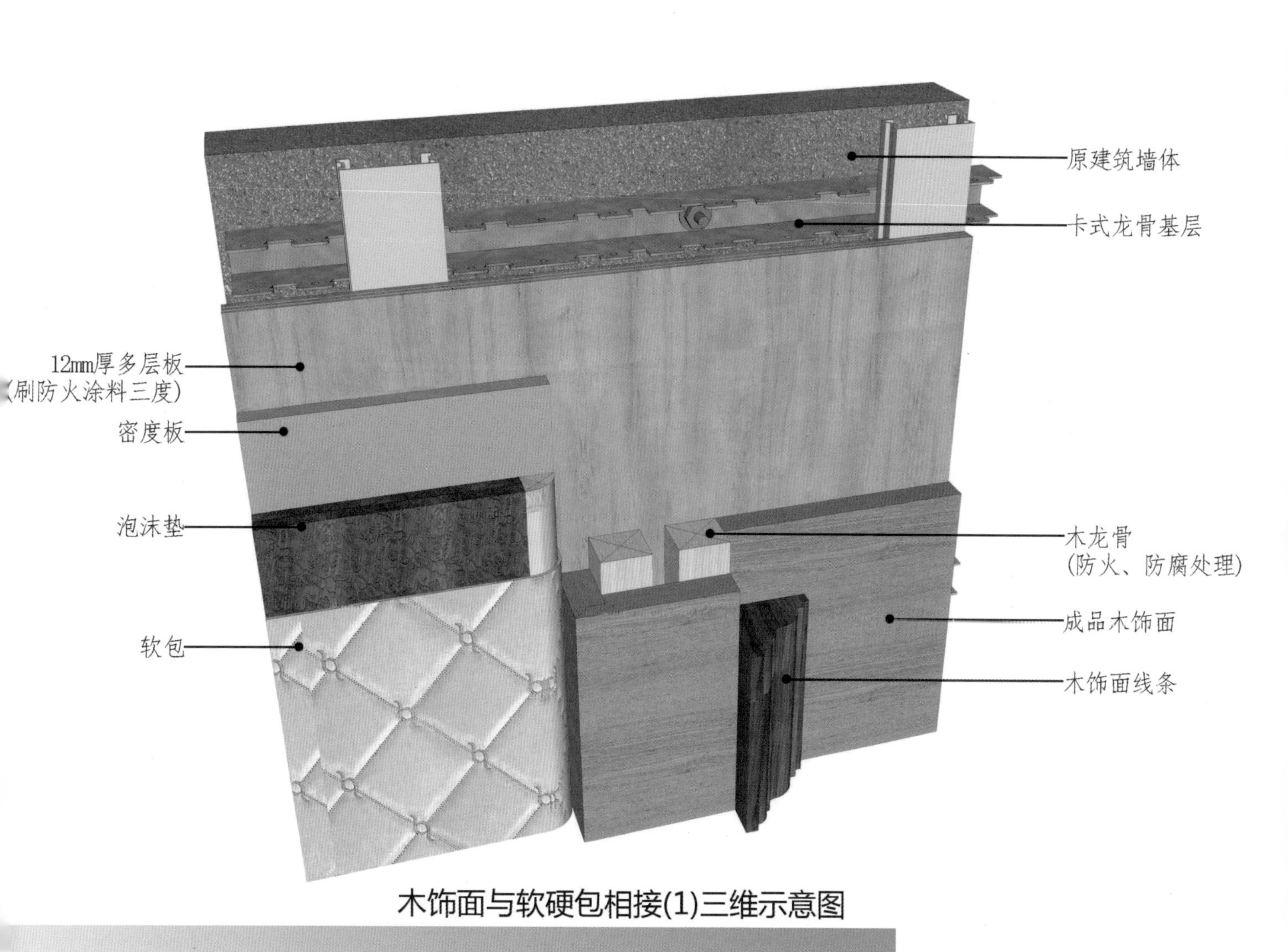
原建筑墙体
卡式龙骨基层
12mm厚多层板
(刷防火涂料三度)
密度板
泡沫垫
软包
木龙骨
(防火、防腐处理)
成品木饰面
木饰面线条

木饰面与软硬包相接(1)三维示意图

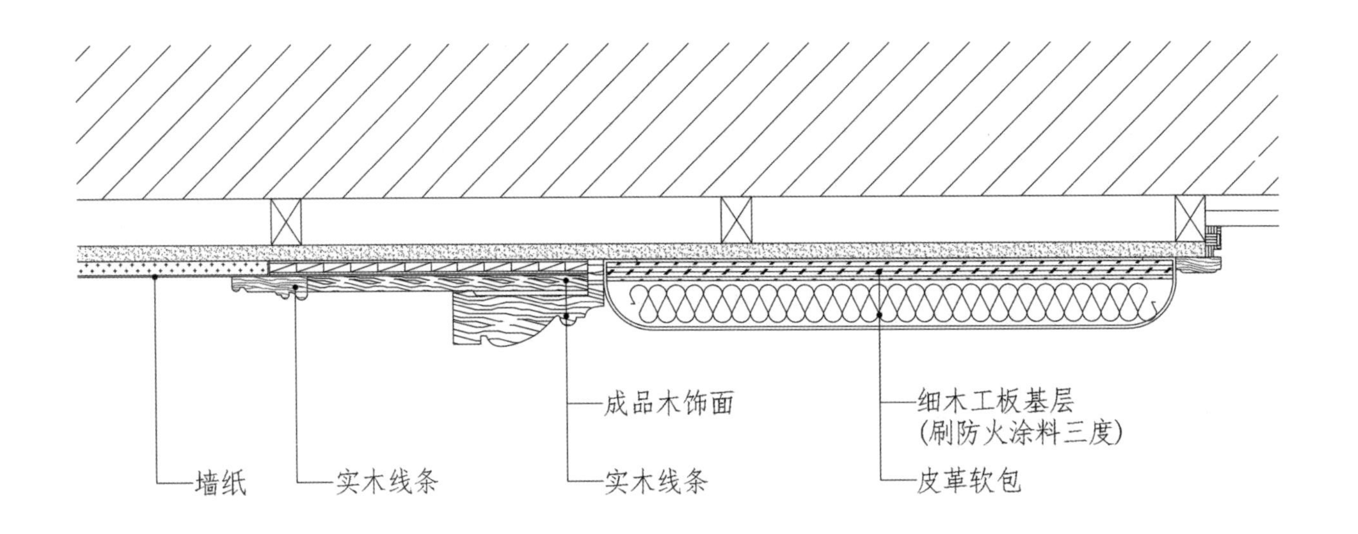
成品木饰面
细木工板基层
(刷防火涂料三度)
墙纸
实木线条
实木线条
皮革软包

木饰面与软硬包相接(2)节点图

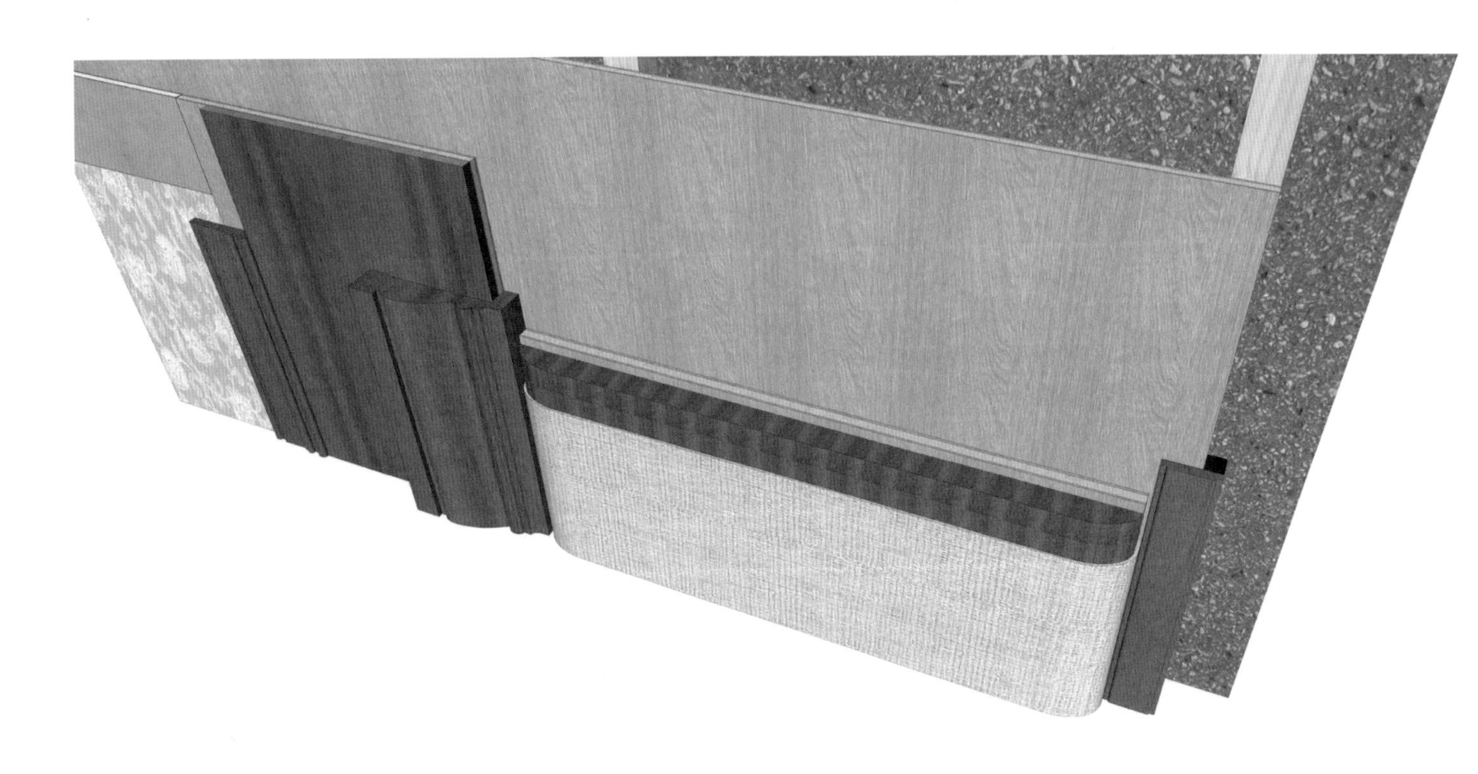

木饰面与软硬包相接(2)三维示意图

工艺说明：1. 施工工序：准备工作→现场放线→材料加工→基层处理→木龙骨调平→细木工板固定→木饰面安装→成品软包安装→完成面处理。

2. 用料分析：

a. 木龙骨材料(防火、防腐处理)；

b. 选用指定木饰面加工；

c. 软包基层固定，其他材料防火夹板；

d. 用专用胶固定安装；

e. 软包基层需做三防处理。

3. 完成面处理：

用专用保护膜做成品保护。

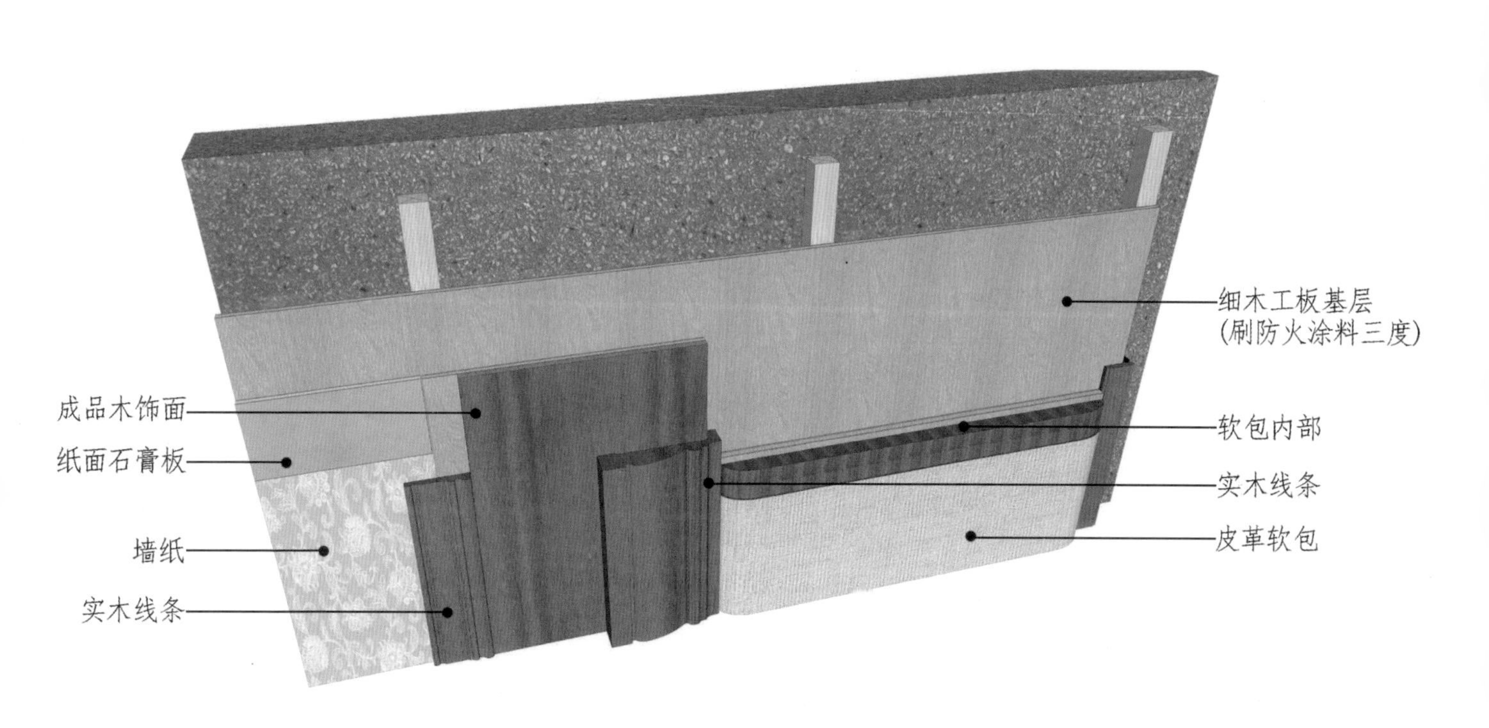
细木工板基层
(刷防火涂料三度)
成品木饰面
软包内部
纸面石膏板
实木线条
皮革软包
墙纸
实木线条

木饰面与软硬包相接(2)三维示意图

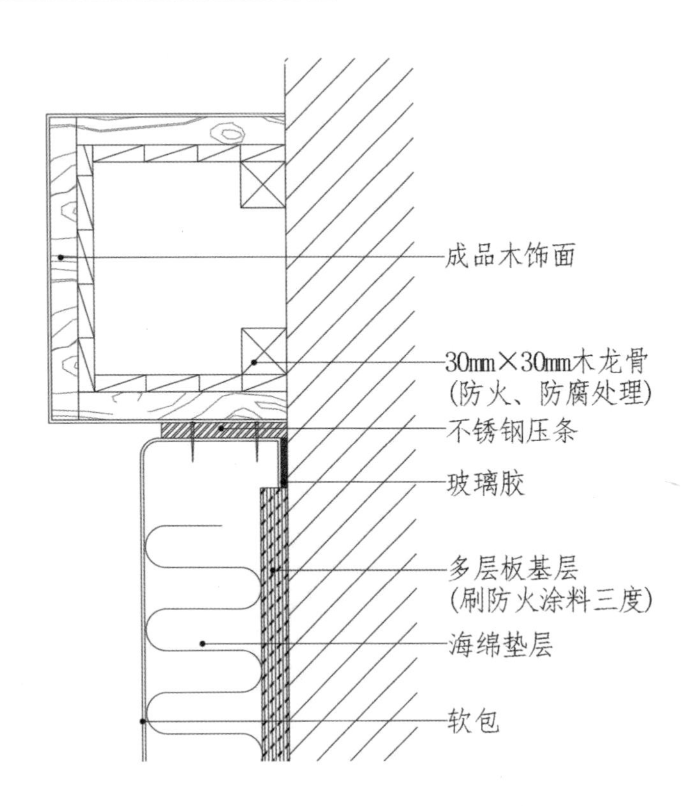
成品木饰面
30mm×30mm木龙骨
(防火、防腐处理)
不锈钢压条
玻璃胶
多层板基层
(刷防火涂料三度)
海绵垫层
软包

木饰面与软硬包相接(3)节点图

木饰面与软硬包相接(3)三维示意图

工艺说明：1. 施工工序：准备工作→现场放线→材料加工→基层处理→木龙骨调平→基层防火夹板固定→木饰面安装→成品软包安装→完成面处理。

2. 用料分析：

a. 木龙骨材料(防火、防腐处理)；

b. 选用指定木饰面加工；

c. 固定软包基层，其他材料防火夹板；

d. 用专用胶固定安装；

e. 软包基层需做三防处理。

3. 完成面处理：

用专用保护膜做成品保护。

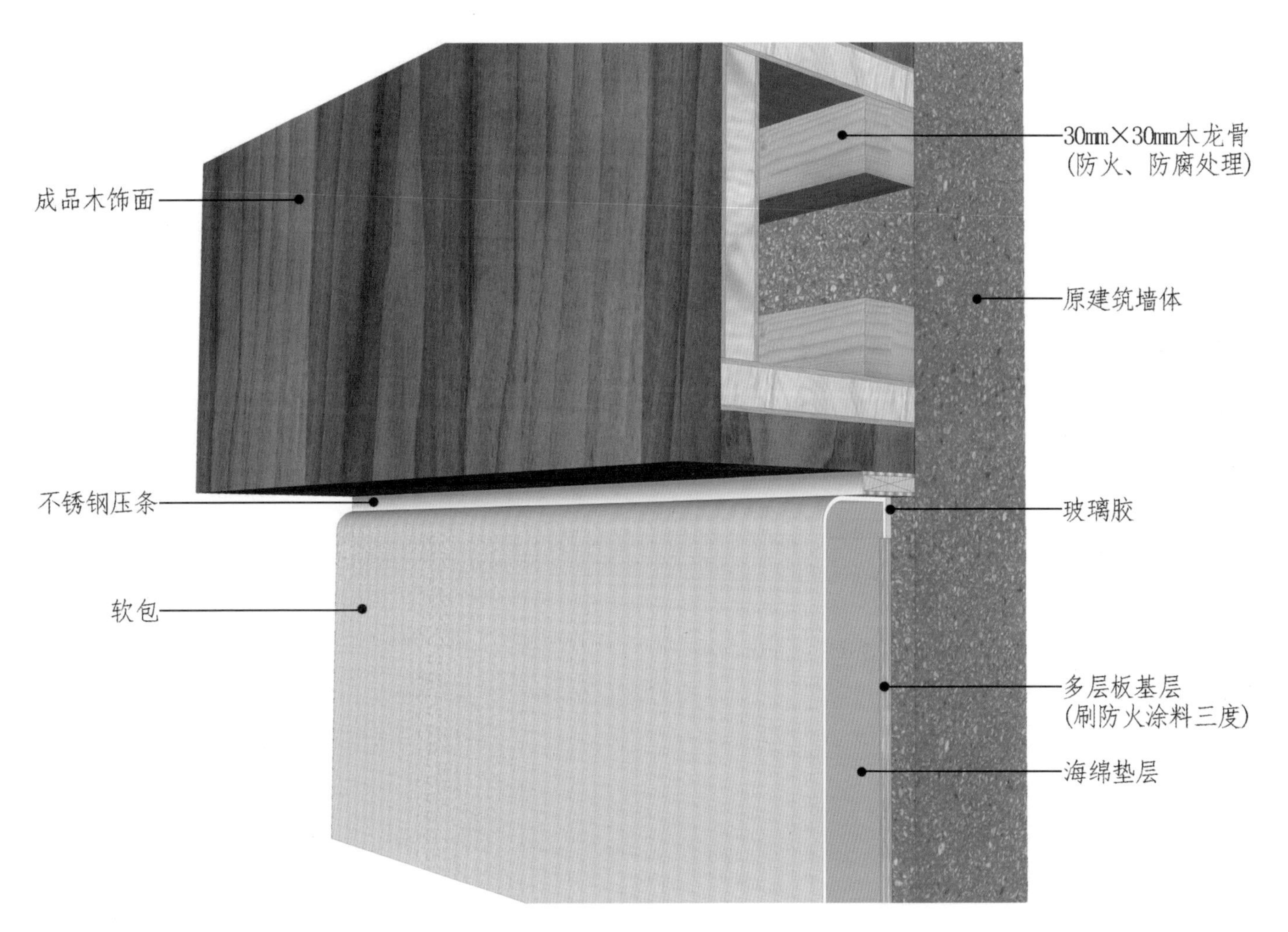
30mm×30mm木龙骨
(防火、防腐处理)
成品木饰面
原建筑墙体
不锈钢压条
玻璃胶
软包
多层板基层
(刷防火涂料三度)
海绵垫层

木饰面与软硬包相接(3)三维示意图

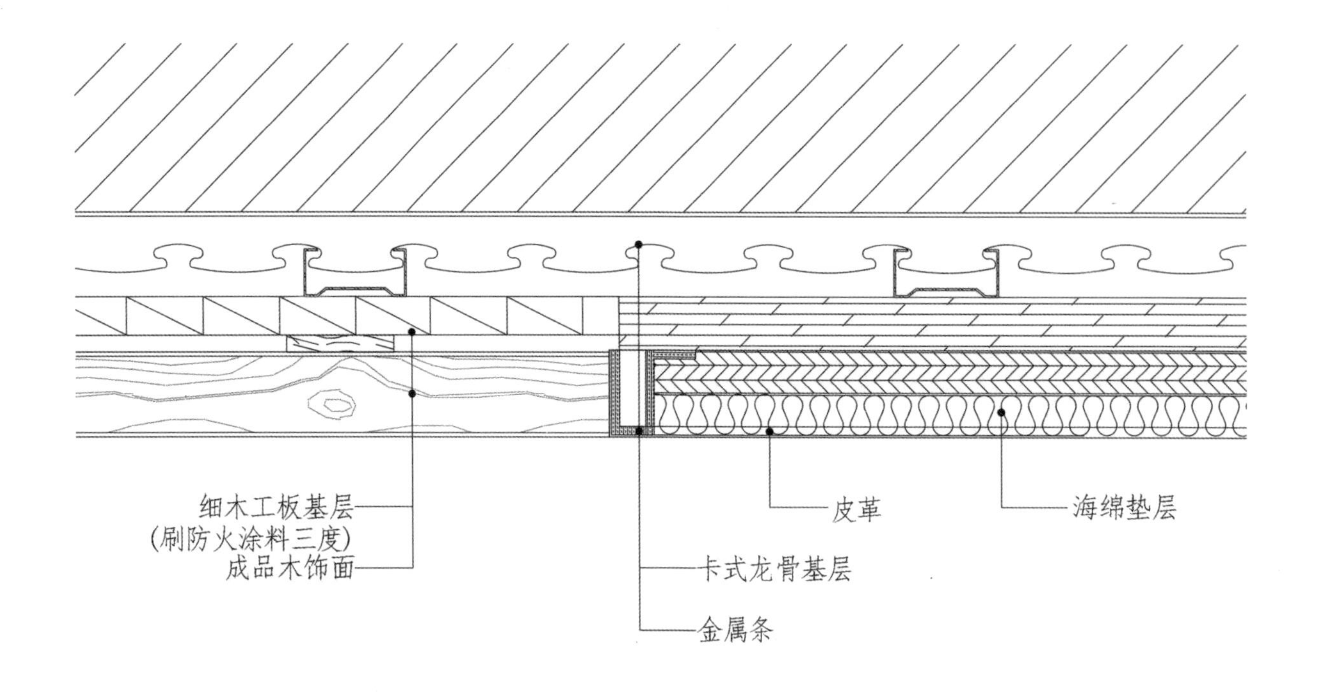
细木工板基层
(刷防火涂料三度)
成品木饰面
皮革
海绵垫层
卡式龙骨基层
金属条

木饰面与软硬包相接(4)节点图

木饰面与软硬包相接(4)三维示意图

工艺说明： 1. 施工工序：准备工作→现场放线→材料加工→基层处理→卡式龙骨基层调平→细木工板固定→专用黏结剂→木饰面安装→成品软包安装→金属条安装→完成面处理。

2. 用料分析：

a. 卡式龙骨材料安装；

b. 选用20mm宽L形金属条加工；

c. 软包基层固定、其他材料防火夹板；

d. 用专用胶固定安装；

e. 软包基层需做三防处理。

3. 完成面处理：

用专用保护膜做成品保护。

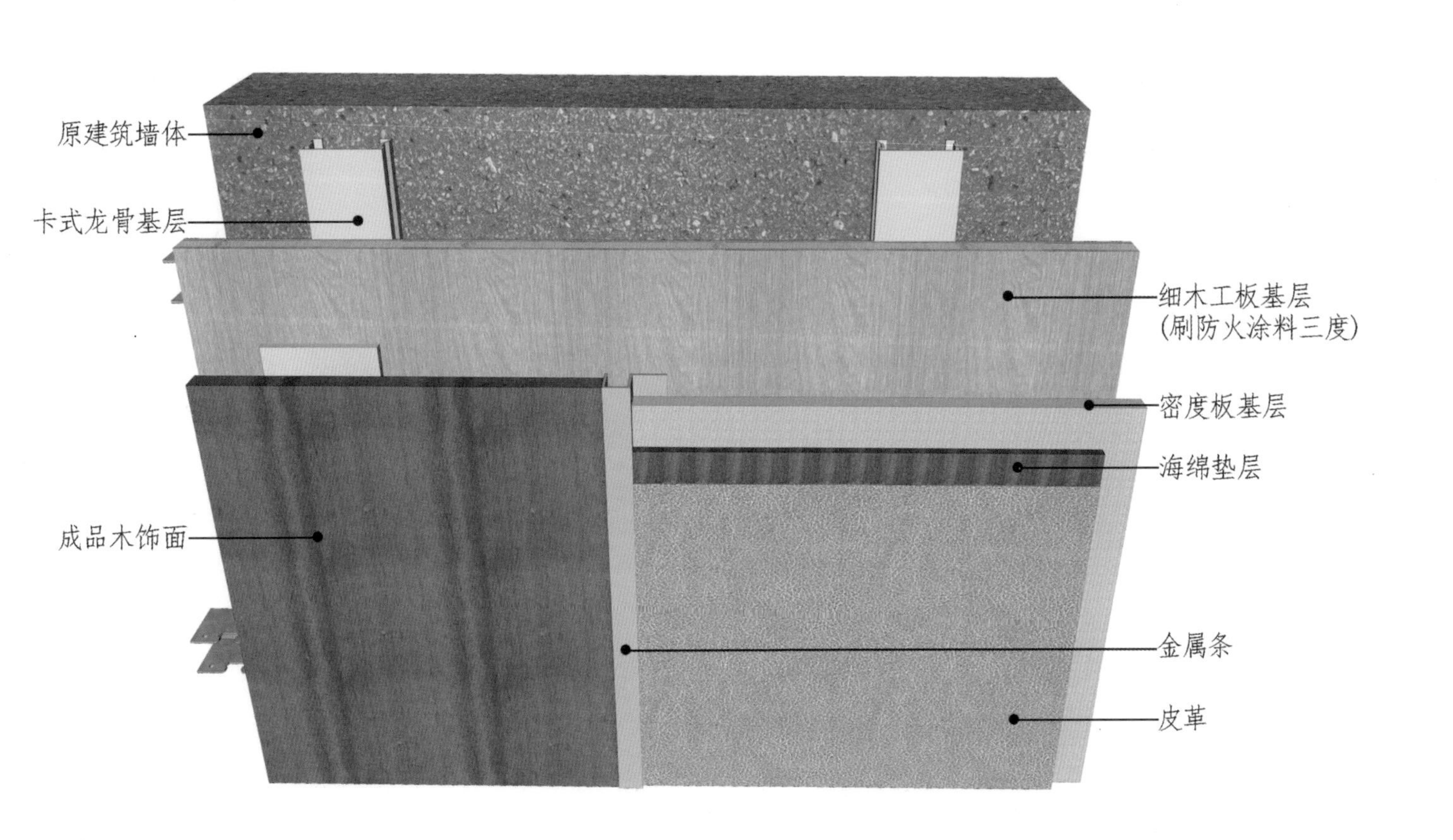
原建筑墙体
卡式龙骨基层
细木工板基层
(刷防火涂料三度)
密度板基层
海绵垫层
成品木饰面
金属条
皮革

木饰面与软硬包相接(4)三维示意图

52 木饰面与软硬包相接(5)

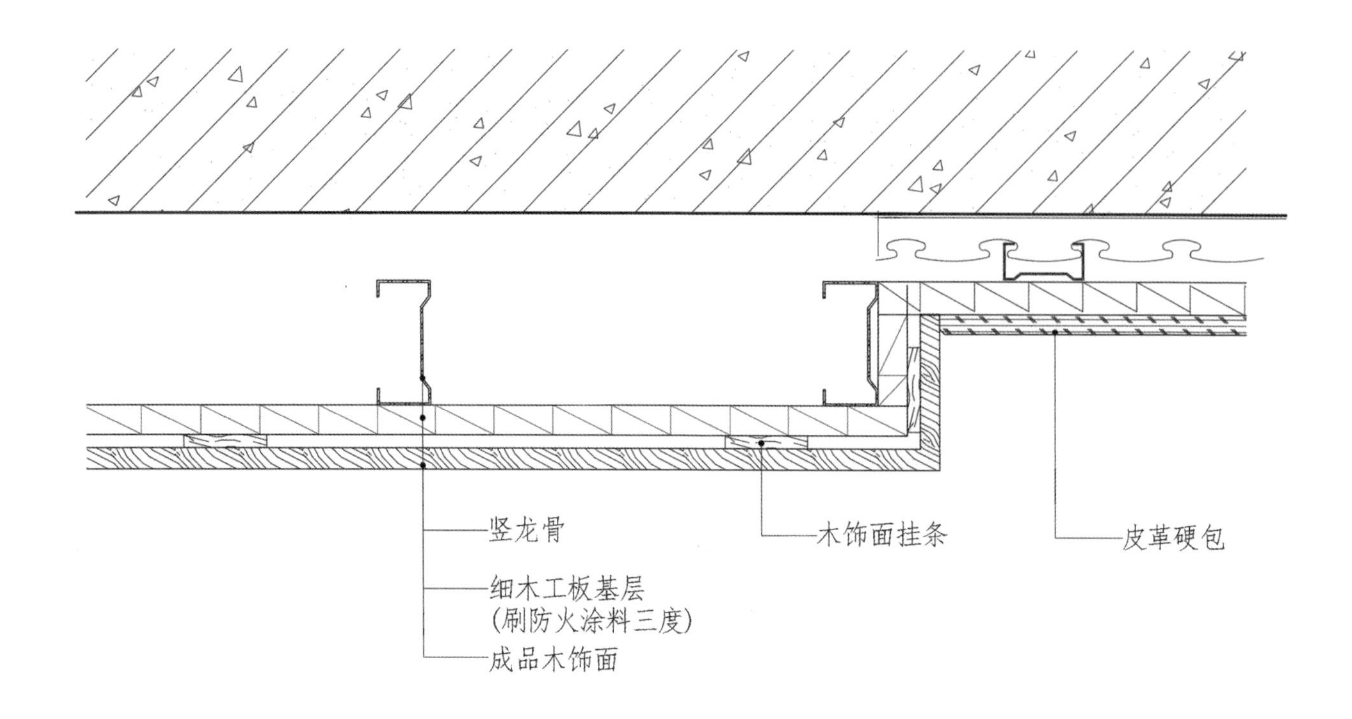
竖龙骨
木饰面挂条
皮革硬包
细木工板基层
(刷防火涂料三度)
成品木饰面

木饰面与软硬包相接(5)节点图

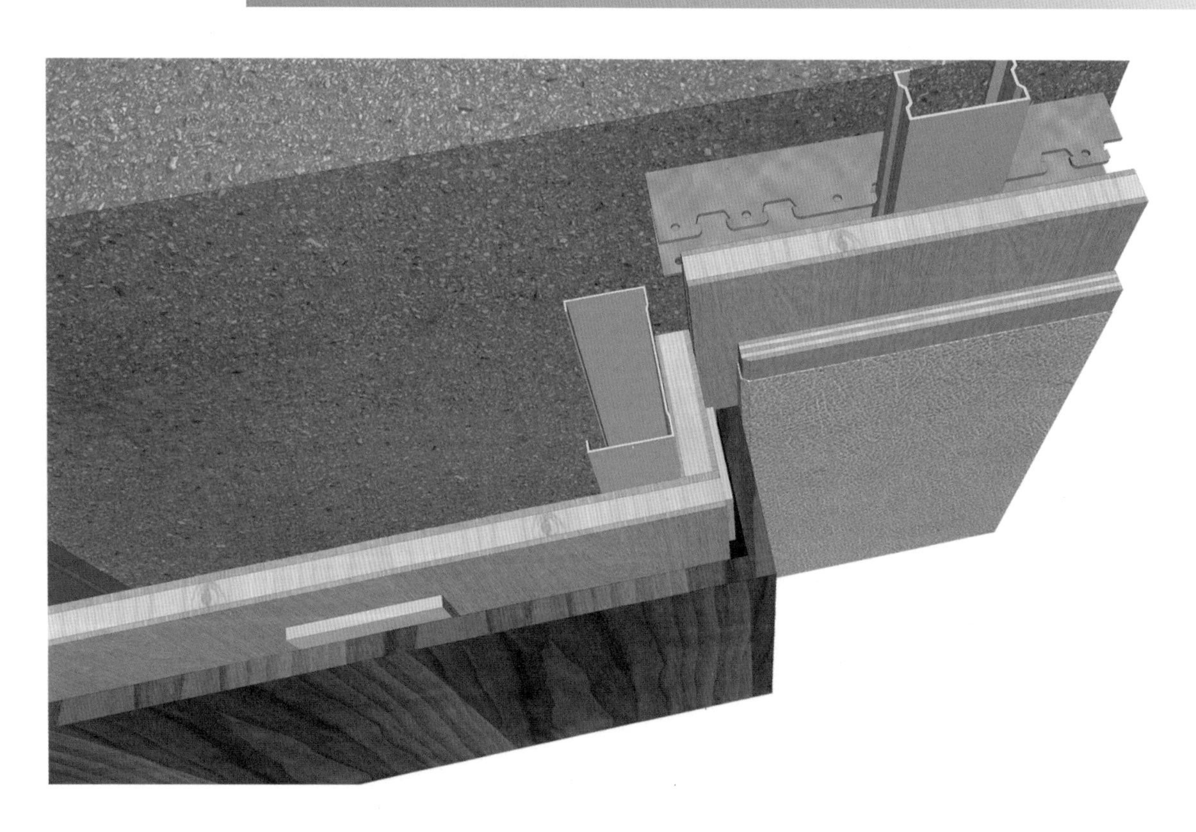

木饰面与软硬包相接(5)三维示意图

工艺说明：1. 施工工序：准备工作→现场放线→材料加工→基层处理→龙骨调平→细木工板基层固定→成品木饰面安装→成品硬包安装→完成面处理。

2. 用料分析：

a. 轻钢龙骨隔墙材料安装；

b. 细木工板基层(刷防火涂料三度)；

c. 安装时先装木饰面再安装软硬包。

3. 完成面处理：

用专用保护膜做成品保护。

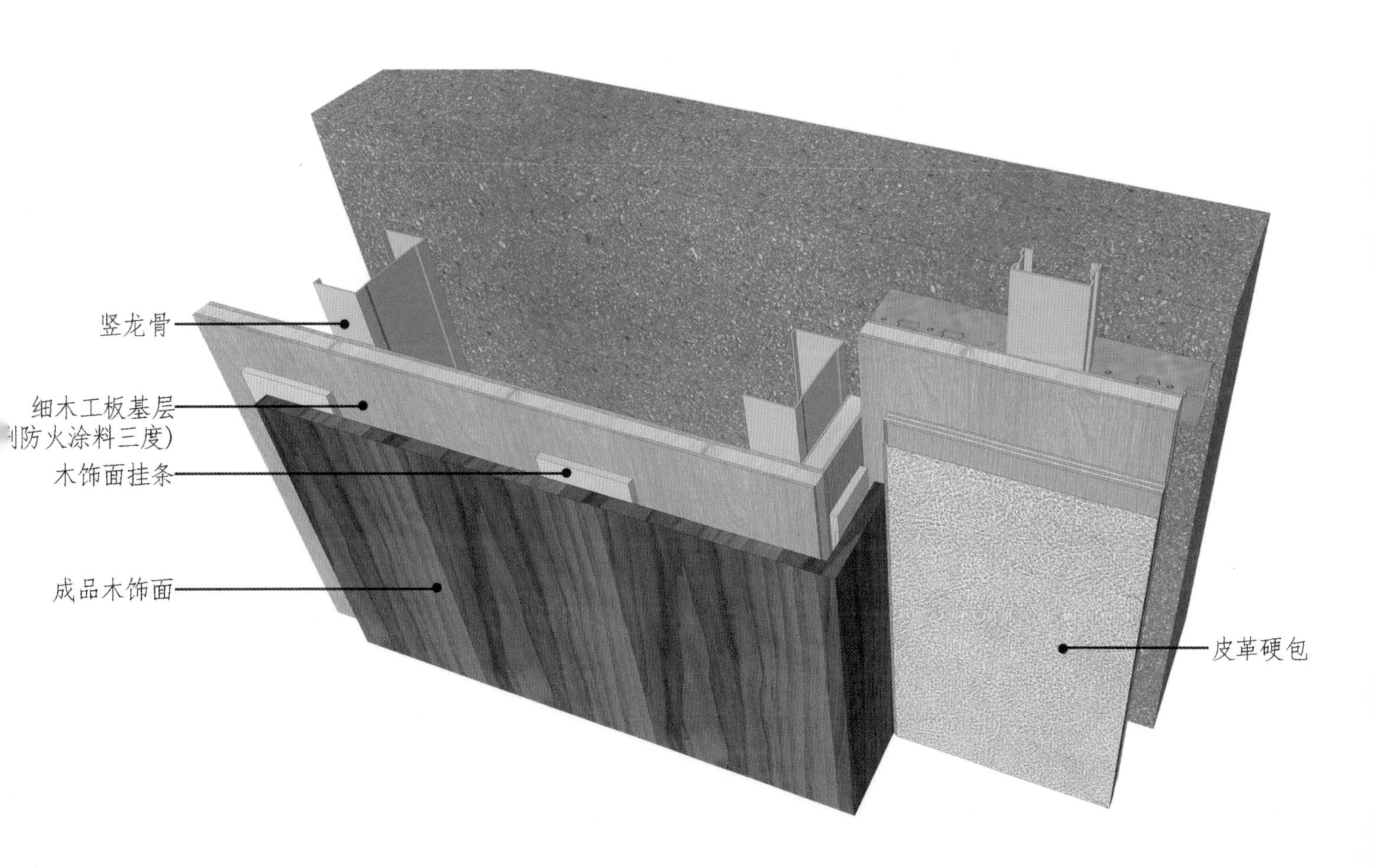

竖龙骨
细木工板基层
刷防火涂料三度)
木饰面挂条
成品木饰面
皮革硬包

木饰面与软硬包相接(5)三维示意图

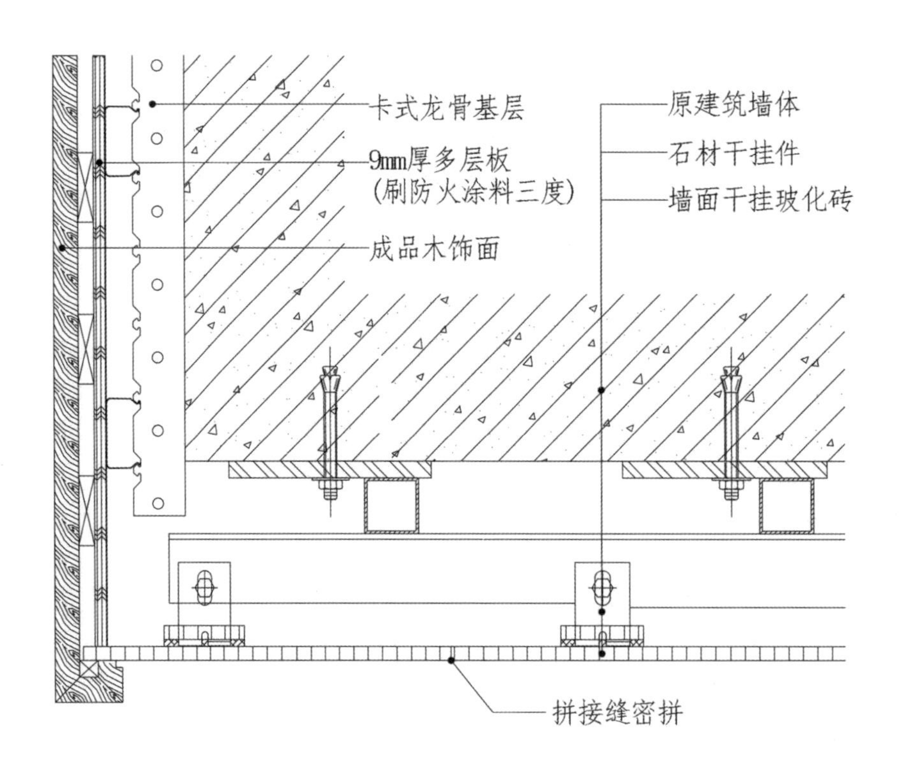
卡式龙骨基层
9mm厚多层板
(刷防火涂料三度)
成品木饰面
原建筑墙体
石材干挂件
墙面干挂玻化砖
拼接缝密拼

墙砖与木饰面相接节点图

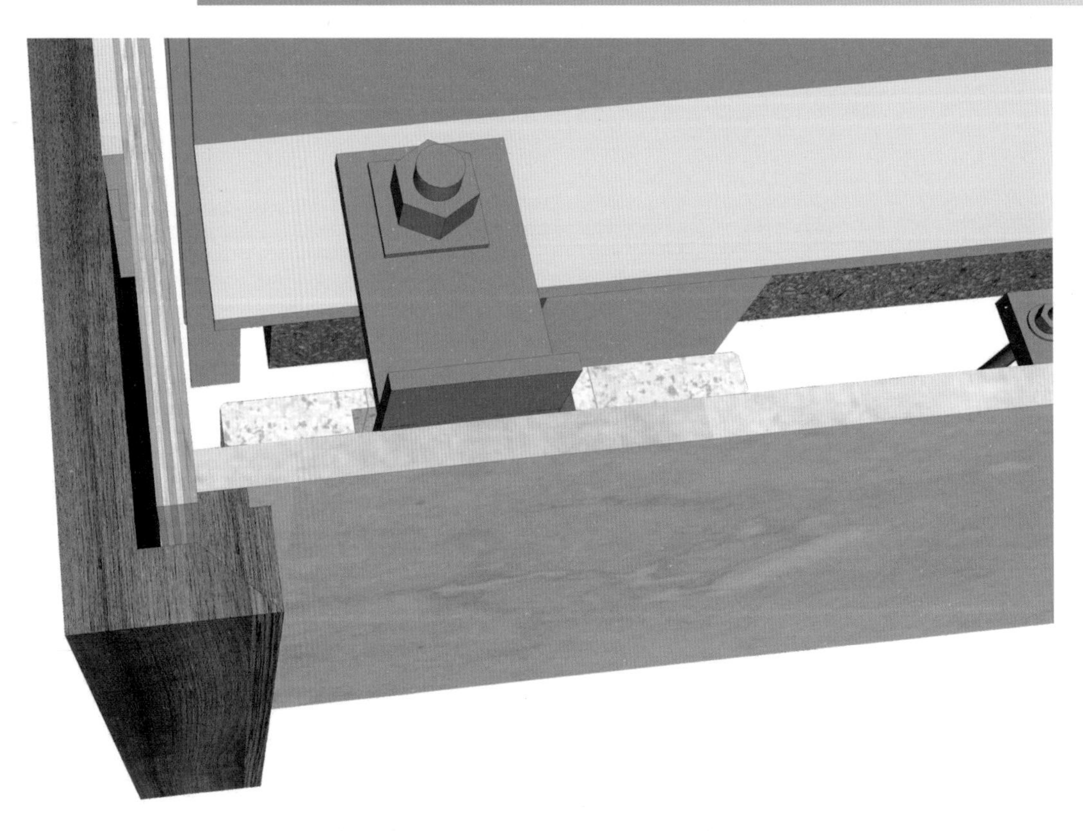

墙砖与木饰面相接三维示意图

工艺说明： 1. 施工工序：准备工作→现场放线→材料加工→基层处理→木饰面基础固定→墙砖干挂结构框架固定→干挂墙砖→成品木饰面安装→完成面处理。

2. 用料分析：

a. 选用指定墙砖；

b. 定制成品木饰面、基础材料多层板(刷防火涂料三度)；

c. 用墙砖专用胶干挂；

d. 木饰面与墙砖接口用实木线条收口。

3. 完成面处理：

a. 保证墙砖与木饰面拼接缝完整，墙砖做擦缝处理；

b. 用专用保护膜做成品保护。

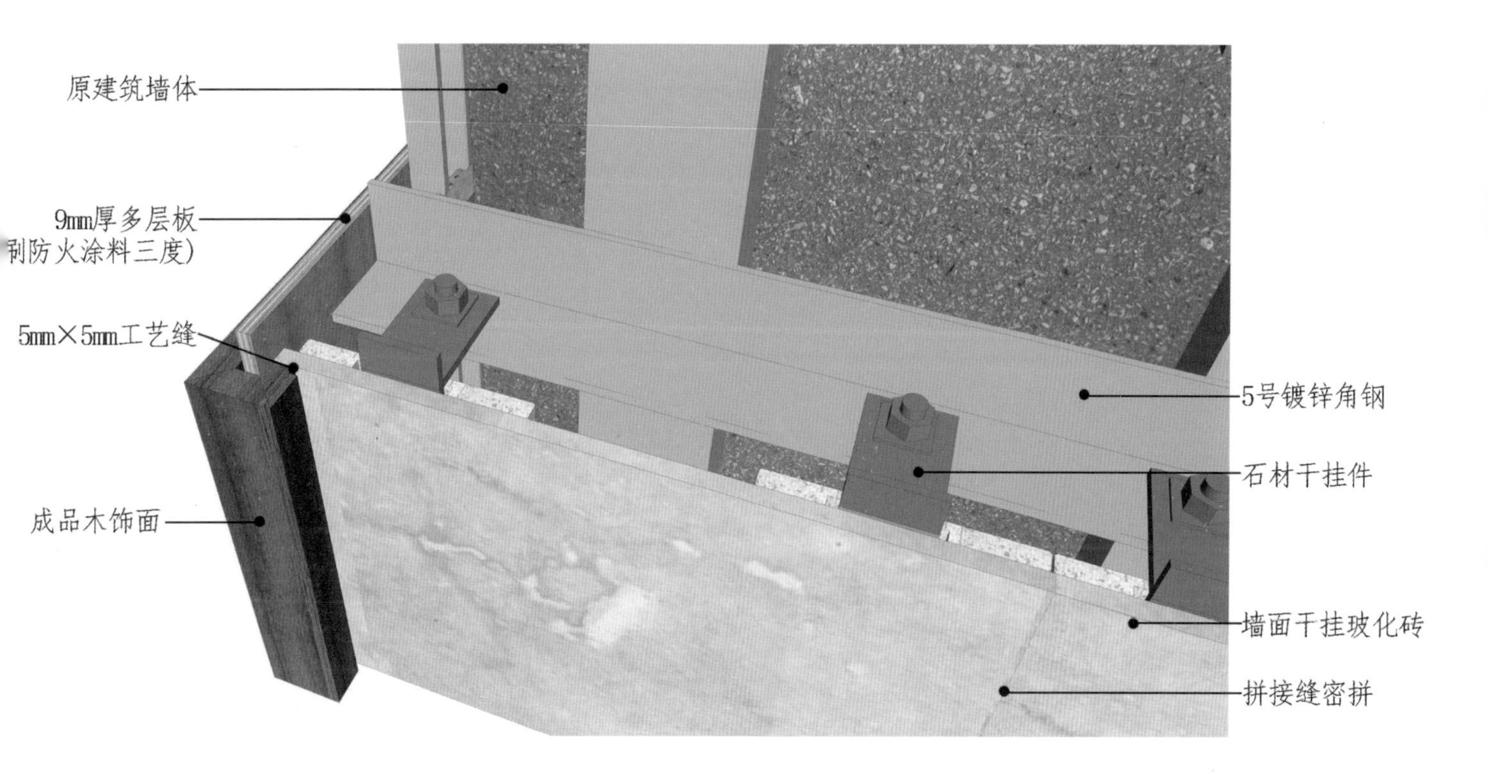
原建筑墙体
9mm厚多层板
刷防火涂料三度)
5mm×5mm工艺缝
成品木饰面
5号镀锌角钢
石材干挂件
墙面干挂玻化砖
拼接缝密拼

墙砖与木饰面相接三维示意图

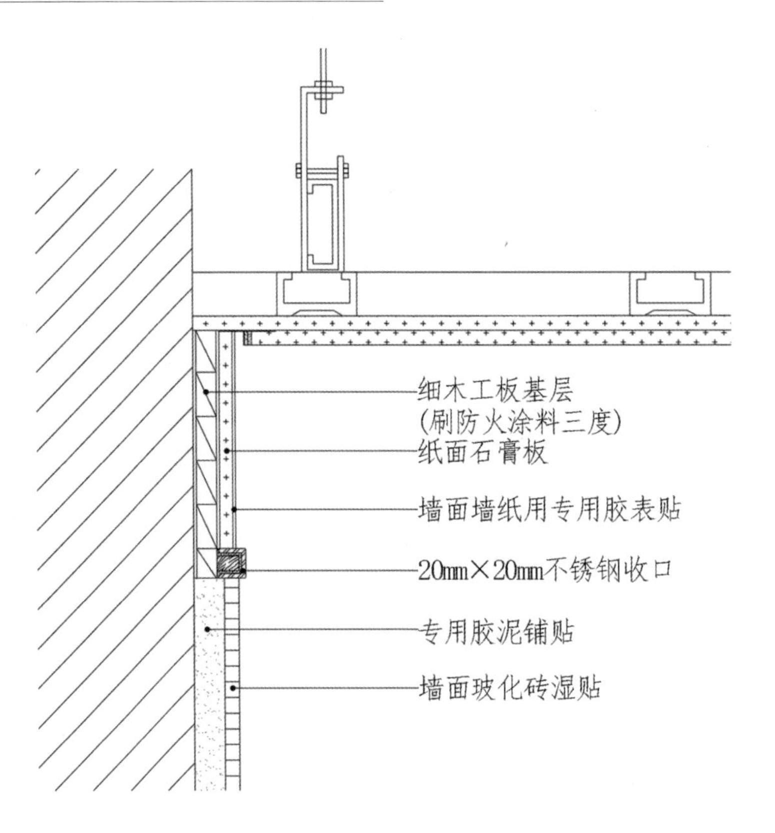
细木工板基层
(刷防火涂料三度)
纸面石膏板
墙面墙纸用专用胶表贴
20mm×20mm不锈钢收口
专用胶泥铺贴
墙面玻化砖湿贴

墙砖与墙纸相接节点图

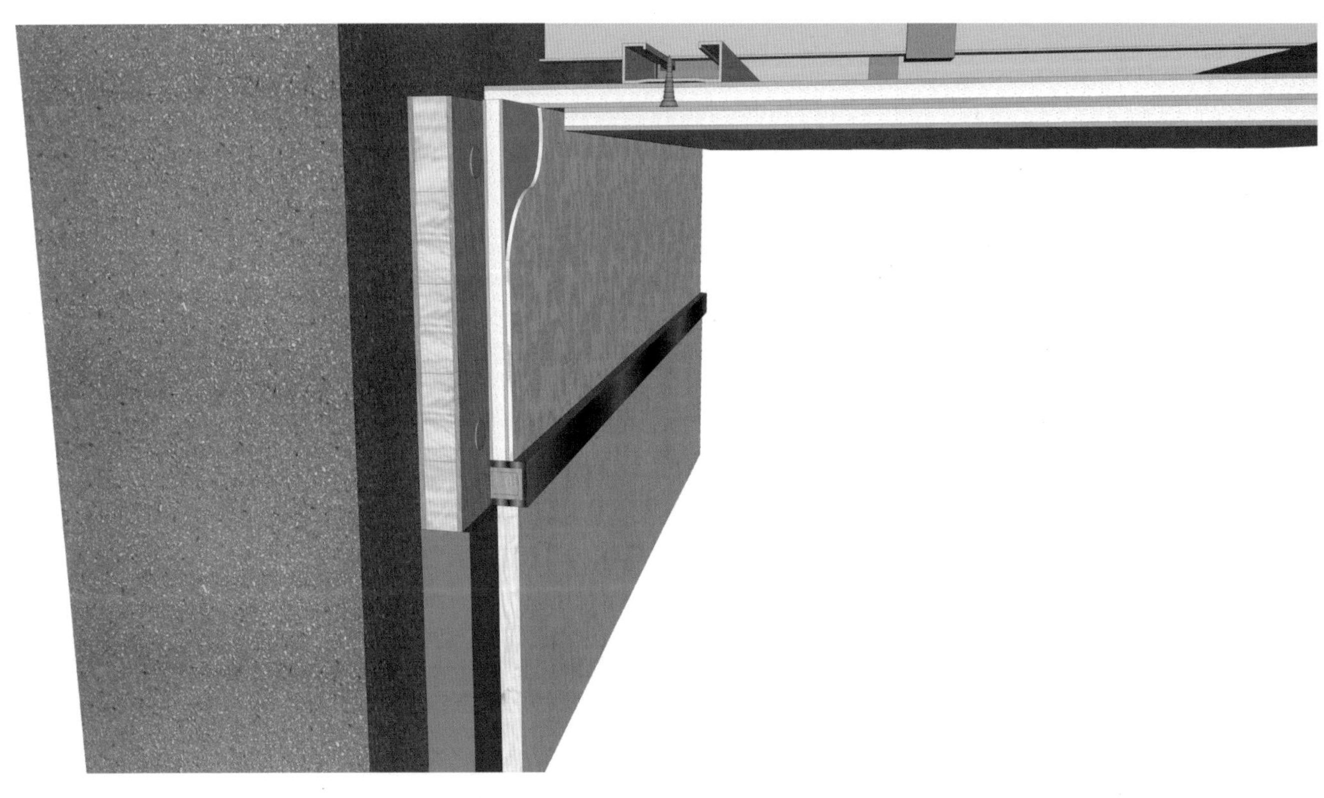

墙砖与墙纸相接三维示意图

工艺说明：1. 施工工序：准备工作→现场放线→材料加工→基层处理→水泥砂浆结合层→墙砖铺贴→粘贴墙纸→灌缝、擦缝→完成面处理。

2. 用料分析：

a. 选用指定墙砖铺贴；

b. 细木工板基层、木饰面；

c. 墙砖用普通硅酸盐水泥或胶泥铺贴；

d. 墙纸与墙砖收口压不锈钢条。

3. 完成面处理：

a. 用专用填缝剂灌缝、擦缝、保洁；

b. 用专用保护膜做成品保护。

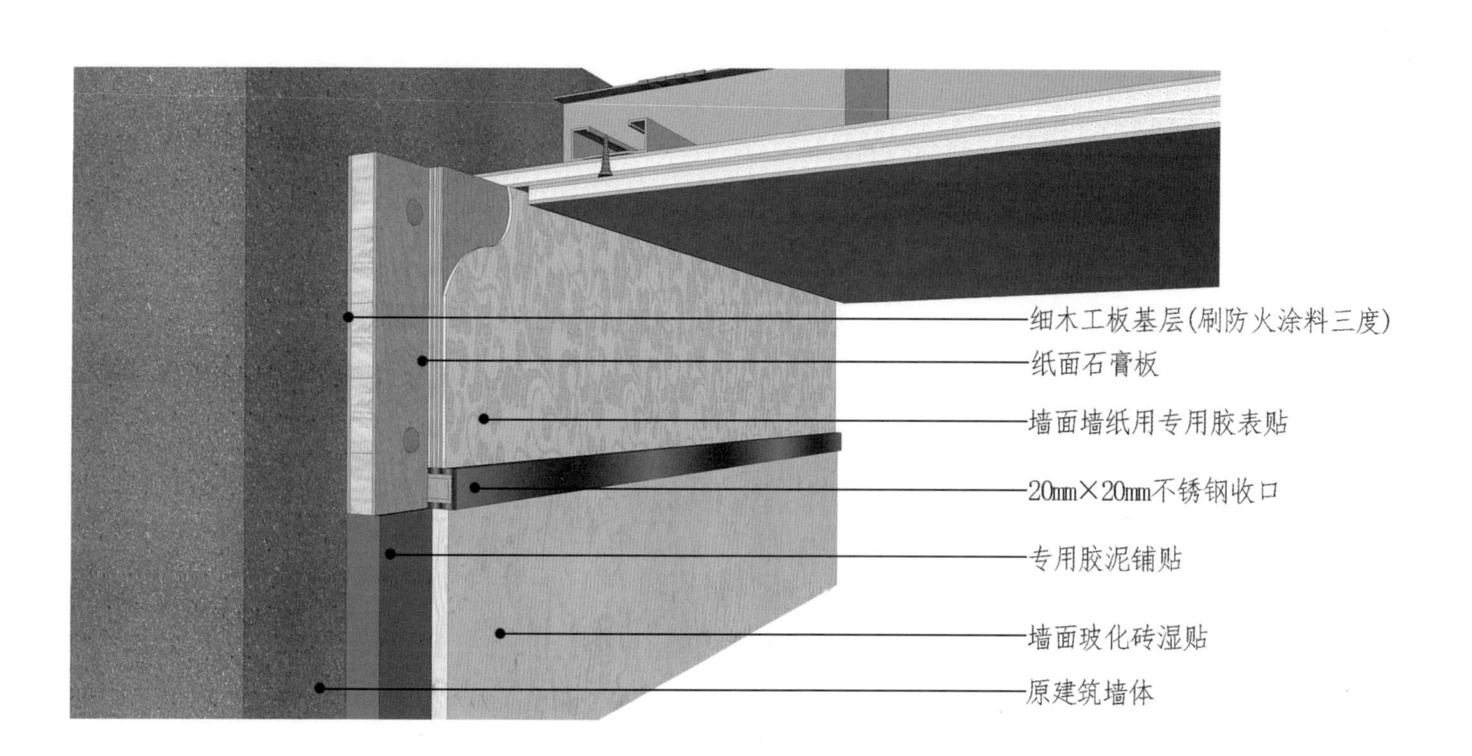

细木工板基层(刷防火涂料三度)
纸面石膏板
墙面墙纸用专用胶表贴
20mm×20mm不锈钢收口
专用胶泥铺贴
墙面玻化砖湿贴
原建筑墙体

墙砖与墙纸相接三维示意图

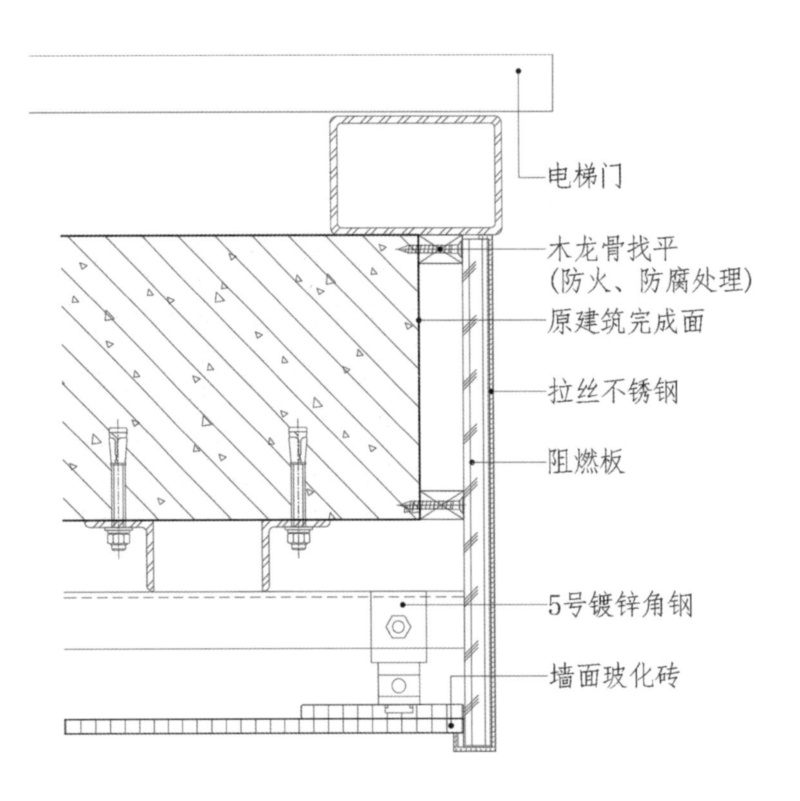
电梯门
木龙骨找平
(防火、防腐处理)
原建筑完成面
拉丝不锈钢
阻燃板
5号镀锌角钢
墙面玻化砖

墙砖与不锈钢相接节点图

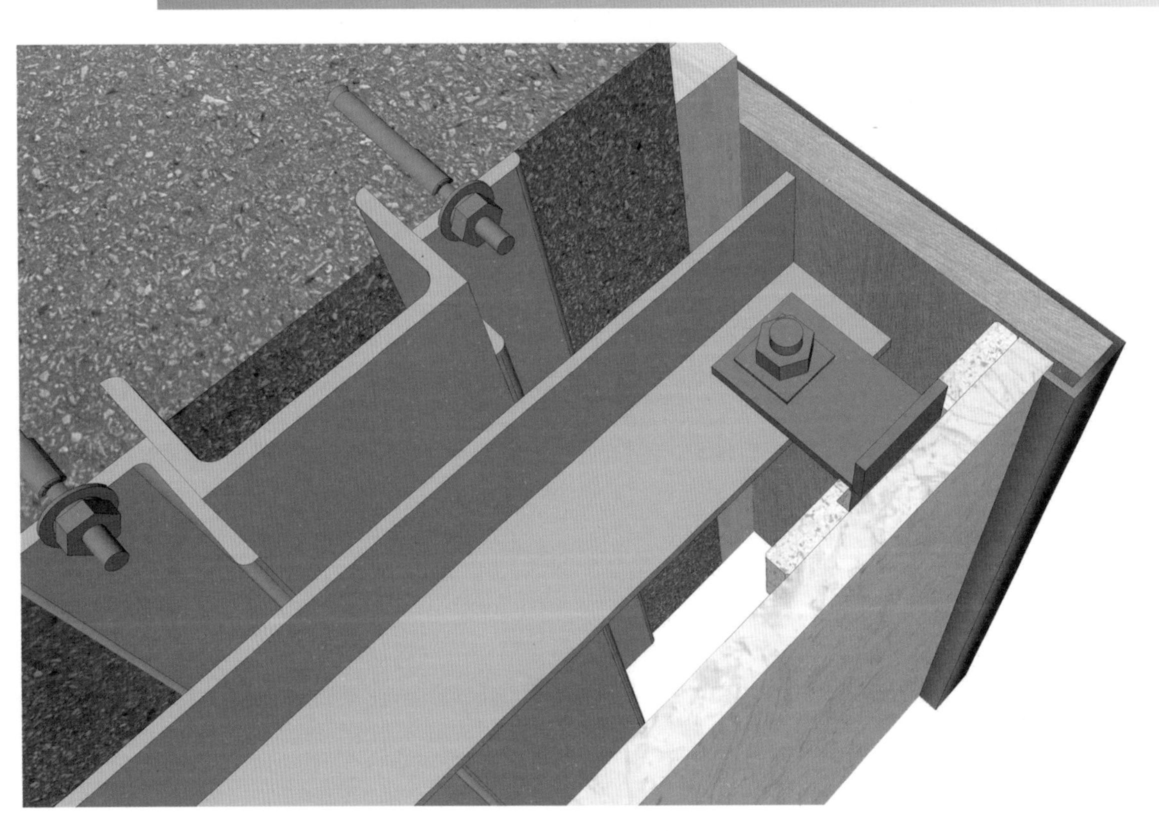

墙砖与不锈钢相接三维示意图

工艺说明： 1. 施工工序：准备工作→现场放线→材料加工→基层处理→墙砖结构框架固定→木龙骨基础、阻燃板基层→不锈钢定制→干挂墙砖→安装不锈钢→完成面处理。

2. 用料分析：

a. 镀锌槽钢、镀锌角钢及配件；

b. 选用指定墙砖干挂；

c. 木龙骨(防火、防腐处理)、阻燃板；

d. 加工不锈钢，注意不锈钢与墙砖收口；

e. 墙砖用专用胶固定。

3. 完成面处理：

a. 用专用填缝剂擦缝、保洁；

b. 用专用保护膜做成品保护。

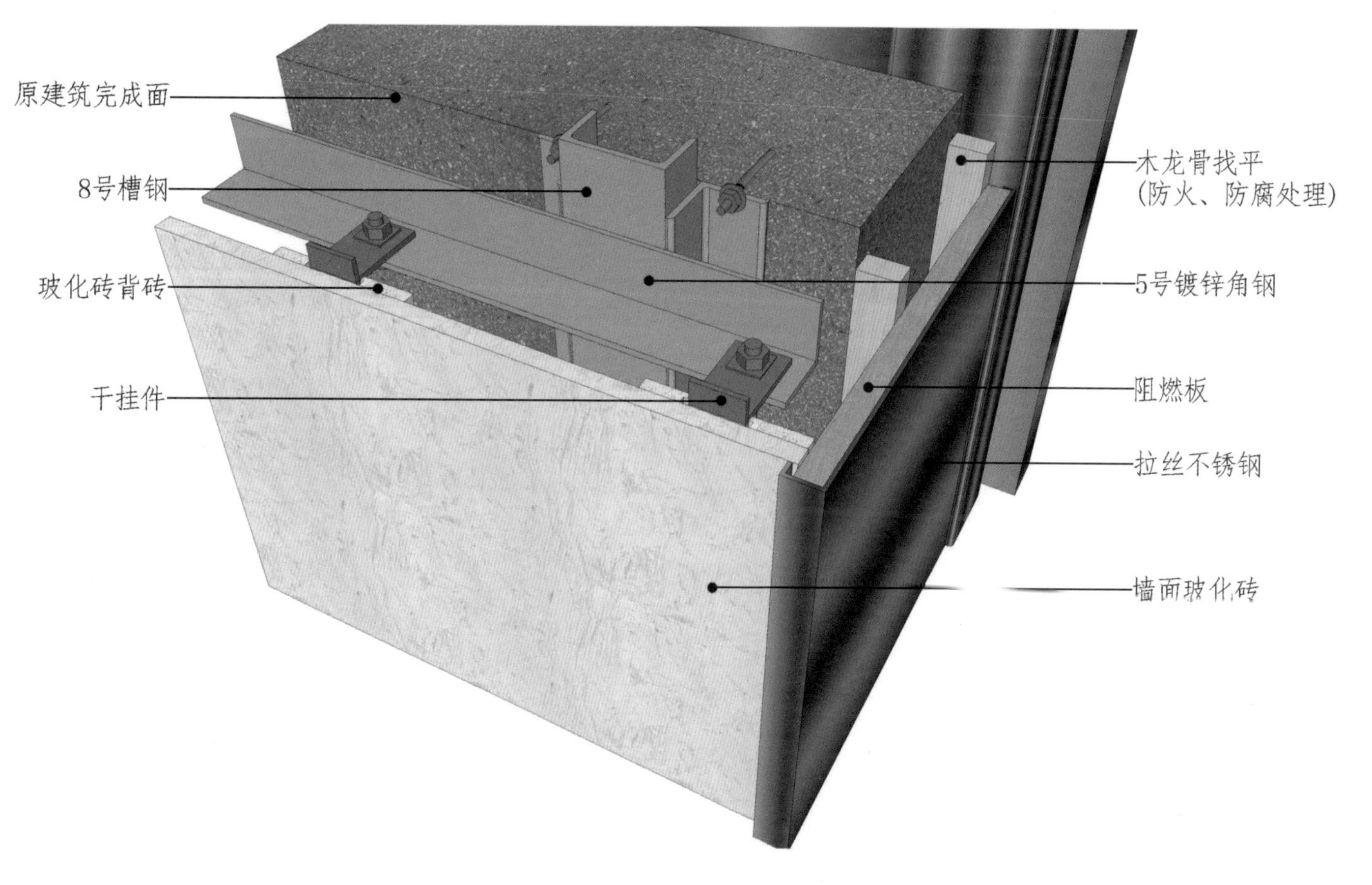
原建筑完成面
8号槽钢
玻化砖背砖
干挂件
木龙骨找平
(防火、防腐处理)
5号镀锌角钢
阻燃板
拉丝不锈钢
墙面玻化砖

墙砖与不锈钢相接三维示意图

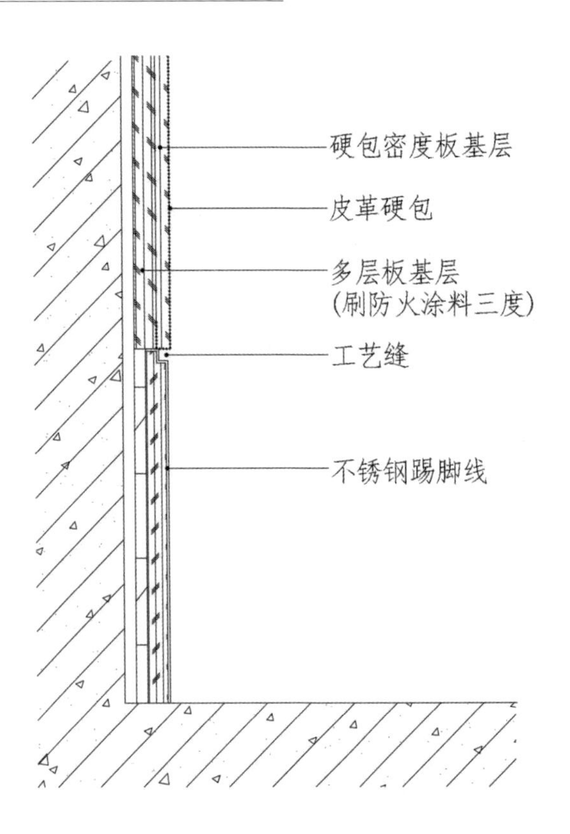
硬包密度板基层
皮革硬包
多层板基层
(刷防火涂料三度)
工艺缝
不锈钢踢脚线

软硬包与不锈钢踢脚线相接节点图

软硬包与不锈钢踢脚线相接三维示意图

工艺说明： 1. 施工工序：准备工作→现场放线→材料加工→基层处理→基层板调平固定→成品不锈钢、软硬包安装→完成面处理。

2. 用料分析：

a. 用专用胶固定安装硬包；

b. 安装时不锈钢折边，软硬包压不锈钢；

c. 多层板(刷防火涂料三度)。

3. 完成面处理：

用专用保护膜做成品保护。

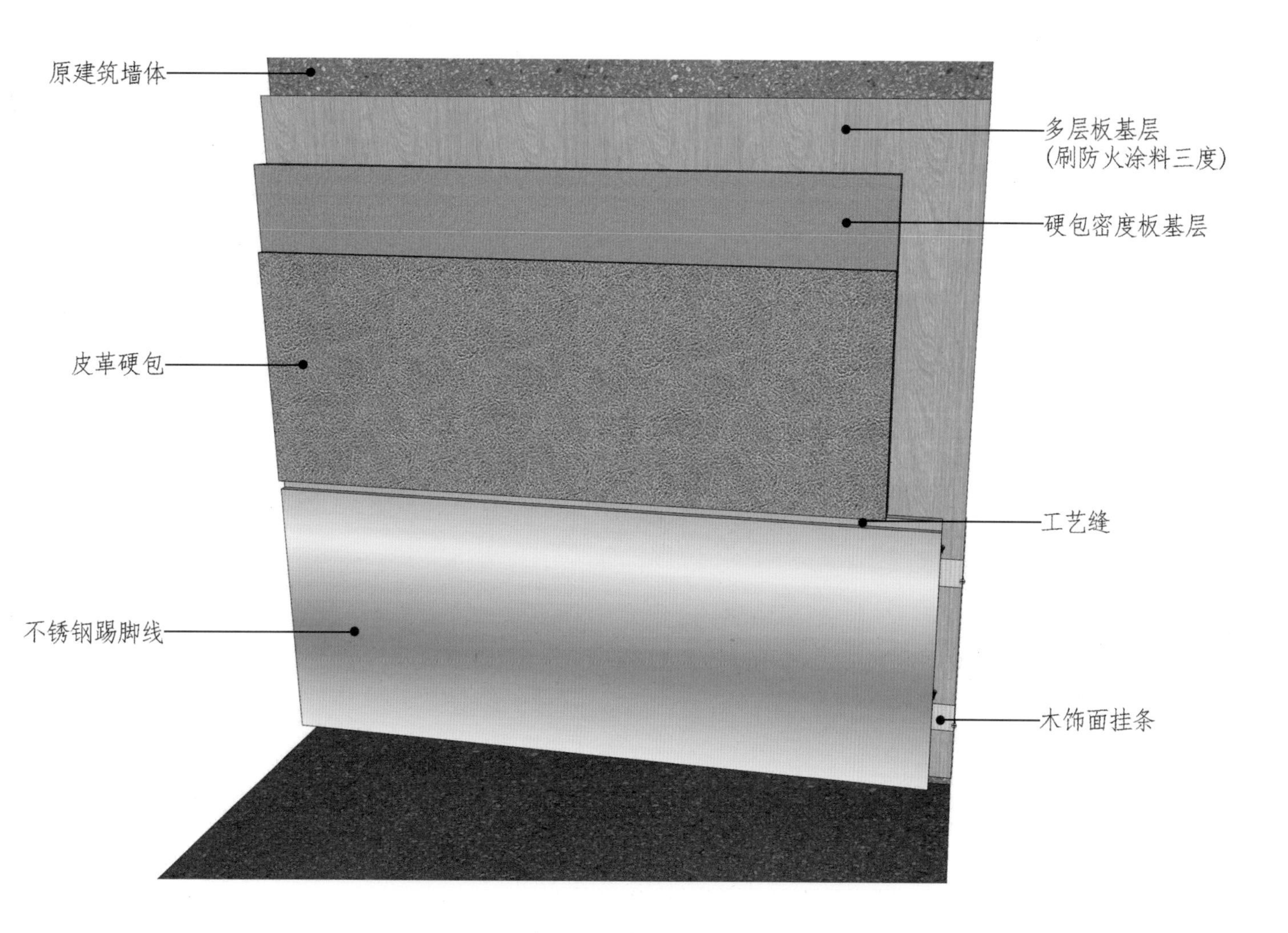
原建筑墙体
多层板基层
(刷防火涂料三度)
硬包密度板基层
皮革硬包
工艺缝
不锈钢踢脚线
木饰面挂条

软硬包与不锈钢踢脚线相接三维示意图

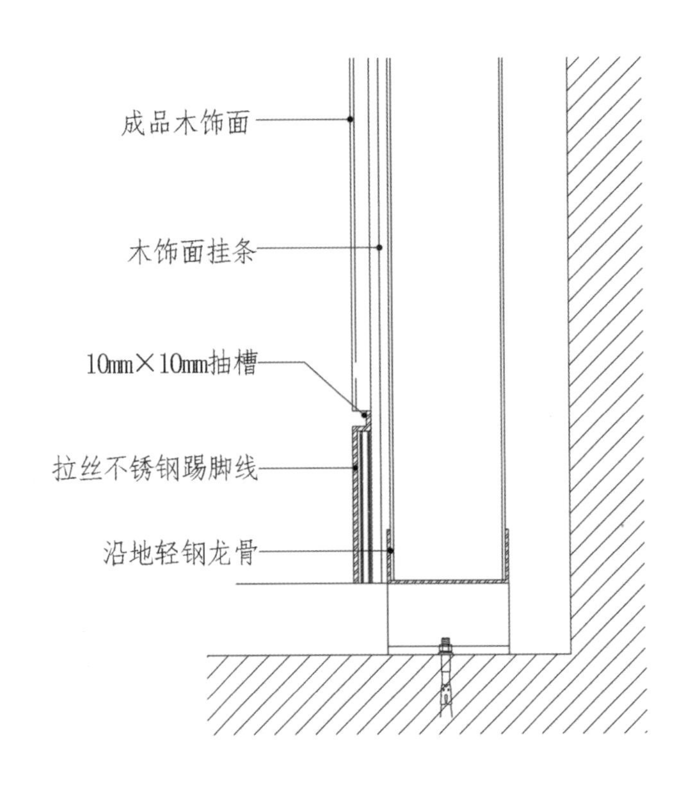
成品木饰面
木饰面挂条
10mm×10mm抽槽
拉丝不锈钢踢脚线
沿地轻钢龙骨

木饰面与不锈钢踢脚线相接节点图

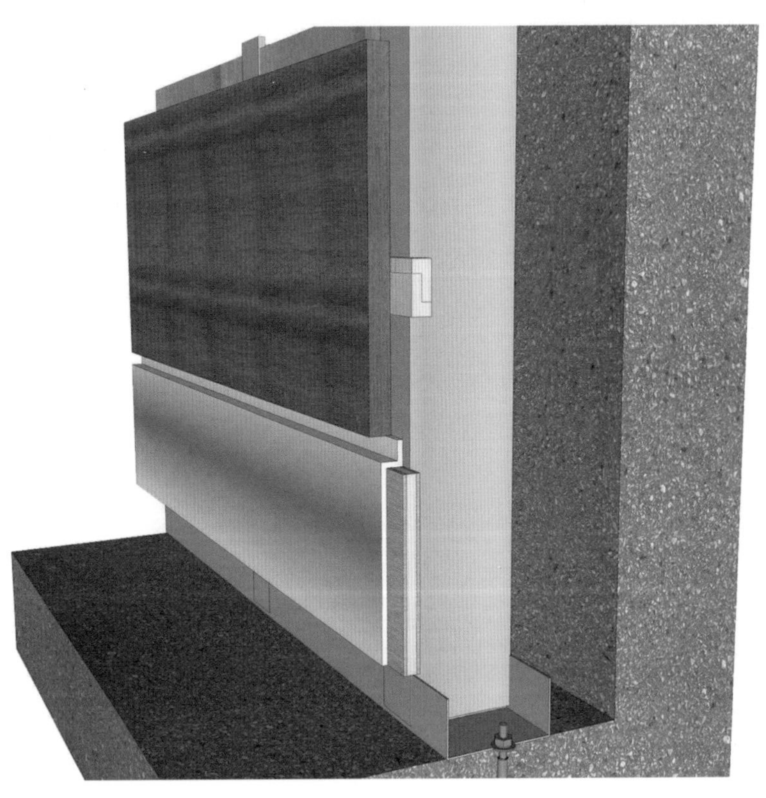

木饰面与不锈钢踢脚线相接三维示意图

工艺说明： 1. 施工工序：准备工作→现场放线→材料加工→基层处理→轻钢龙骨结构框架固定→细木工板基层→成品不锈钢踢脚线安装→完成面处理。

2. 用料分析：

a. 踢脚专用干挂配件；

b. 选用指定木基层加工、固定框架；

c. 用专用黏结剂固定安装不锈钢；

d. 安装时不锈钢折边需平直。

3. 完成面处理：

用专用保护膜做成品保护。

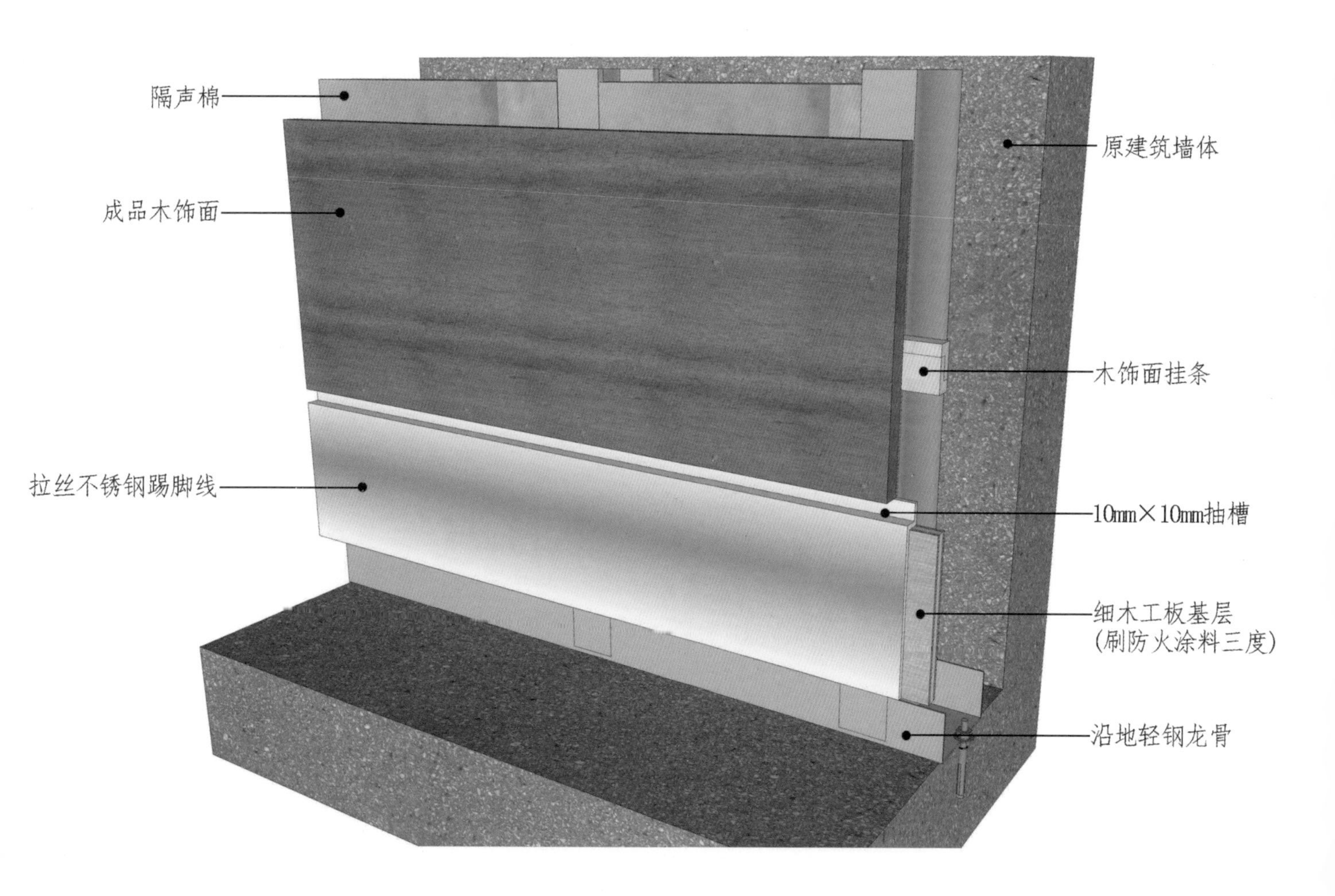
隔声棉
成品木饰面
拉丝不锈钢踢脚线
原建筑墙体
木饰面挂条
10mm×10mm抽槽
细木工板基层
(刷防火涂料三度)
沿地轻钢龙骨

木饰面与不锈钢踢脚线相接三维示意图

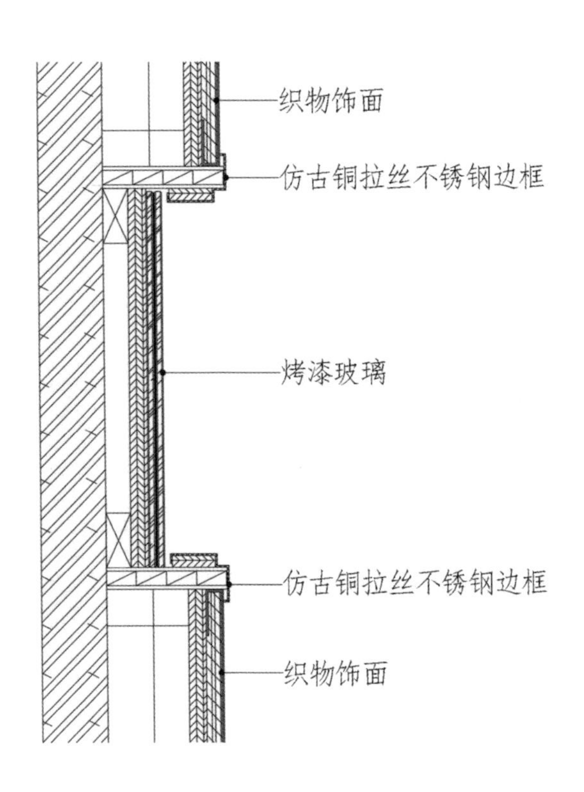
织物饰面
仿古铜拉丝不锈钢边框
烤漆玻璃
仿古铜拉丝不锈钢边框
织物饰面

玻璃与不锈钢相接节点图

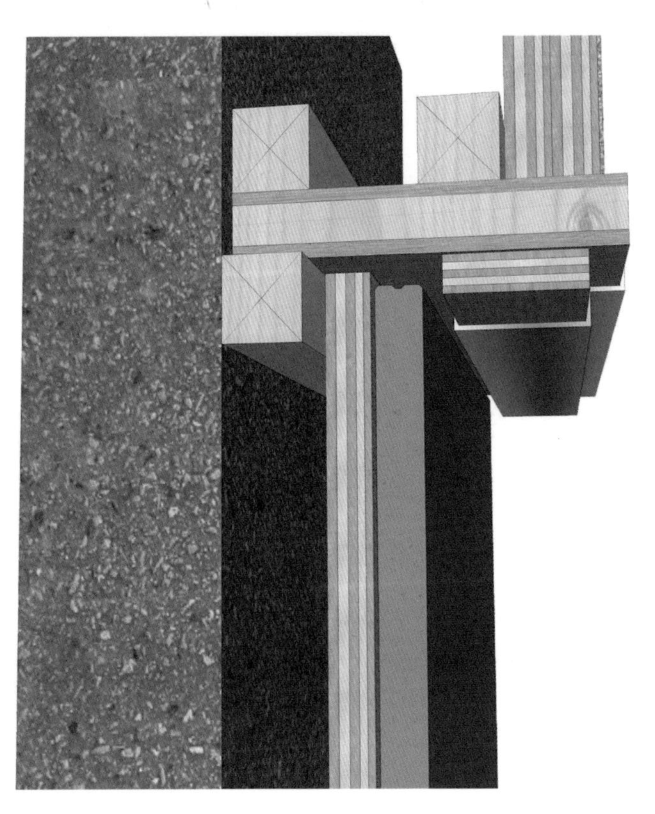

玻璃与不锈钢相接三维示意图

工艺说明： 1. 施工工序：准备工作→现场放线→材料加工→基层处理→木龙骨基层调平→细木工板基层→安装玻璃、不锈钢→完成面处理。

2. 用料分析：

a. 木龙骨(防火、防腐处理)；

b. 选用细木工板加工、固定框架；

c. 用专用胶固定安装玻璃、不锈钢；

d. 安装时玻璃车边；

e. 细木工板基层(刷防火涂料三度)。

3. 完成面处理：

用专用保护膜做成品保护。

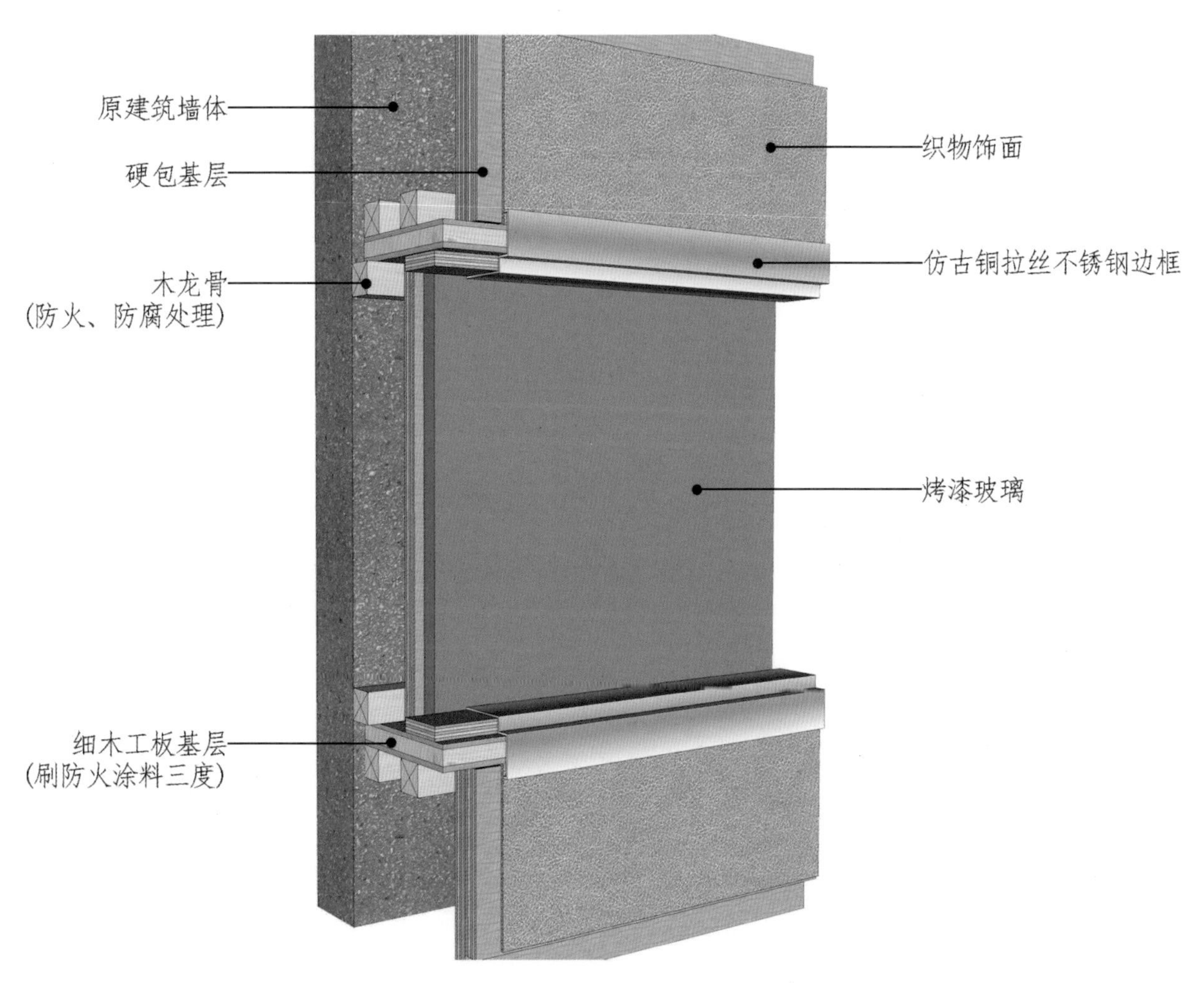

原建筑墙体
硬包基层
木龙骨
(防火、防腐处理)
细木工板基层
(刷防火涂料三度)
织物饰面
仿古铜拉丝不锈钢边框
烤漆玻璃

玻璃与不锈钢相接三维示意图

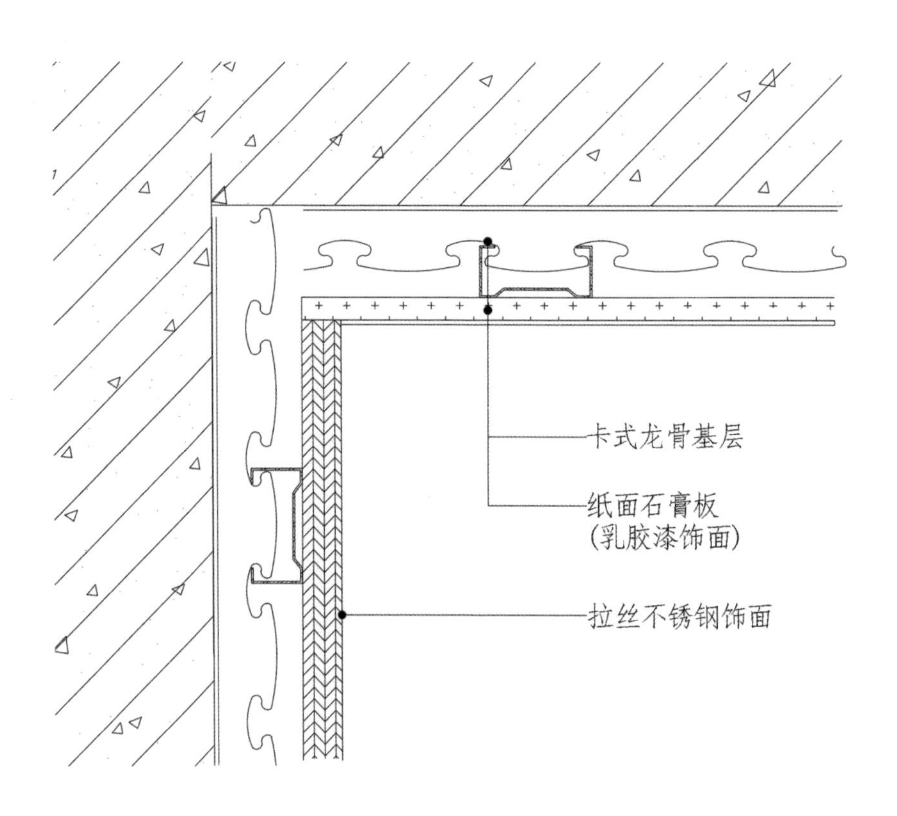
卡式龙骨基层
纸面石膏板
(乳胶漆饰面)
拉丝不锈钢饰面

乳胶漆与不锈钢相接节点图

乳胶漆与不锈钢相接三维示意图

工艺说明： 1. 施工工序：准备工作→现场放线→材料加工→基层处理→卡式龙骨结构框架固定→纸面石膏板基层→细木工板基层→不锈钢安装→完成面处理。

2. 用料分析：

a. 卡式龙骨调平；

b. 细木工板基层(刷防火涂料三度)；

c. 纸面石膏板钉眼防锈处理；

d. 不锈钢折边平直；

e. 不锈钢压在墙面乳胶漆上。

3. 完成面处理：

用专用保护膜做成品保护。

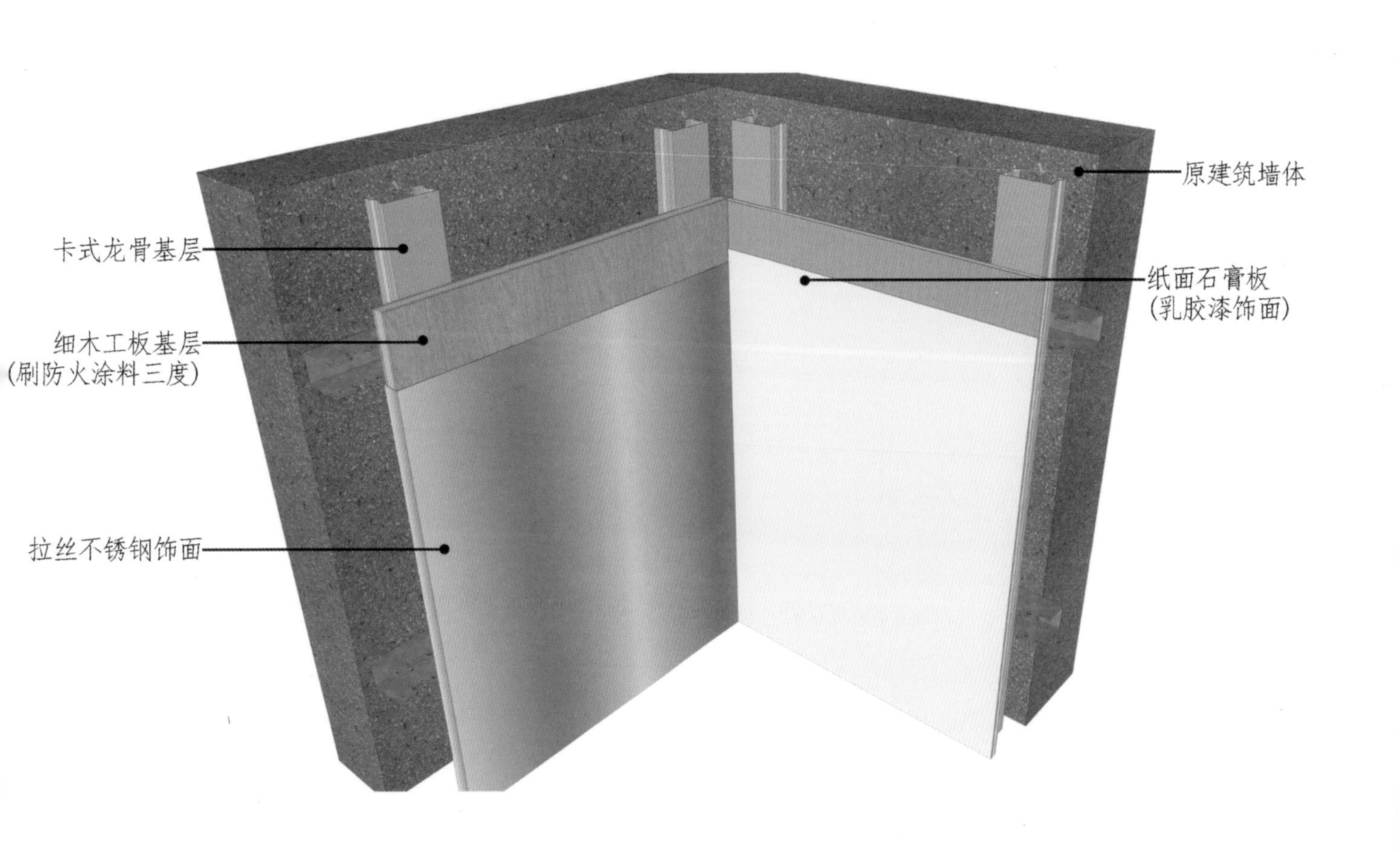

原建筑墙体
卡式龙骨基层
纸面石膏板
(乳胶漆饰面)
细木工板基层
(刷防火涂料三度)
拉丝不锈钢饰面

乳胶漆与不锈钢相接三维示意图

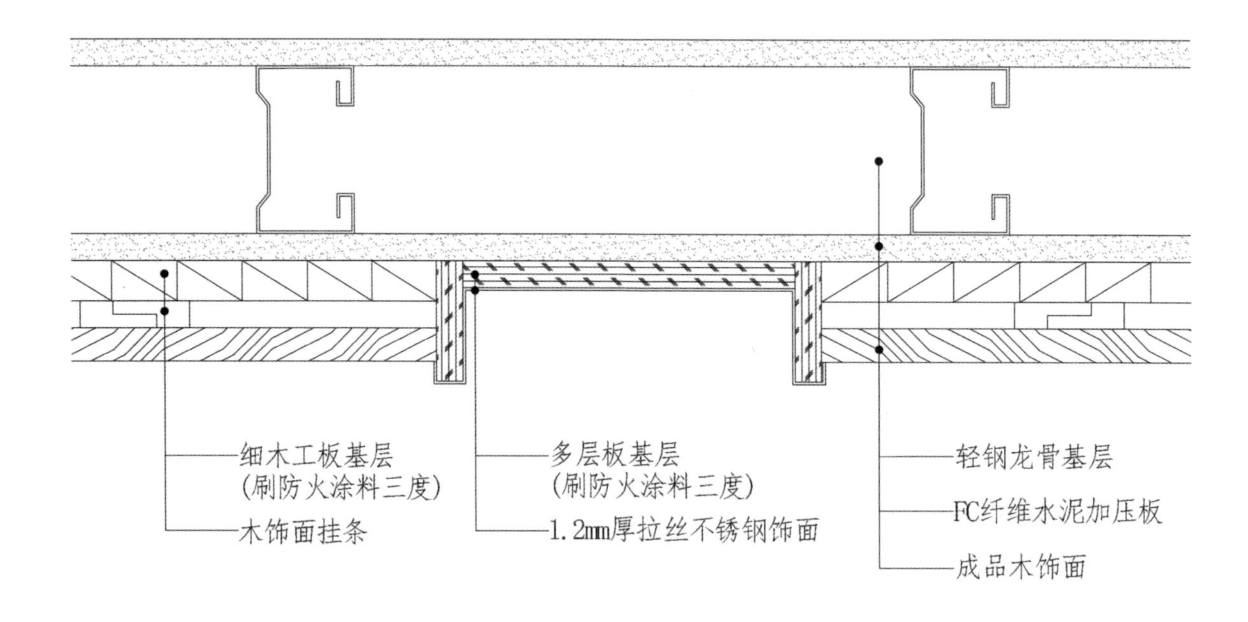
细木工板基层
(刷防火涂料三度)
木饰面挂条
多层板基层
(刷防火涂料三度)
1.2mm厚拉丝不锈钢饰面
轻钢龙骨基层
FC纤维水泥加压板
成品木饰面

轻钢龙骨基层不锈钢做法节点图

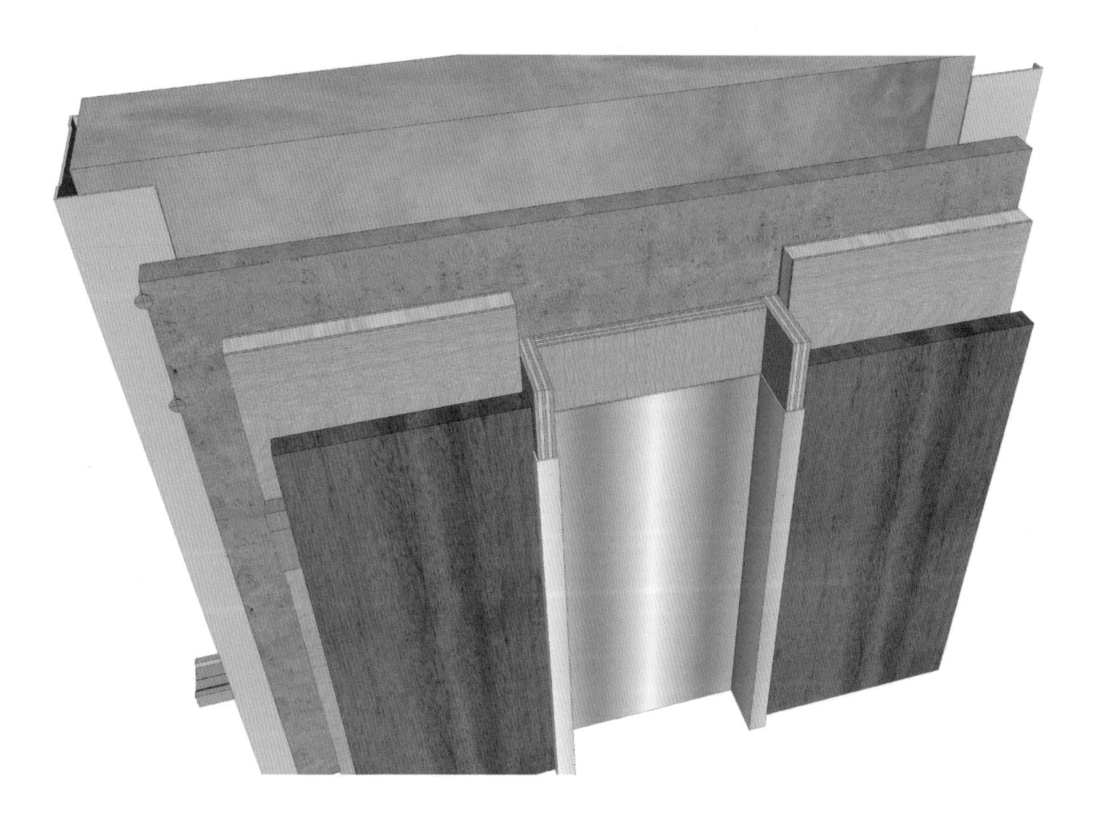

轻钢龙骨基层不锈钢做法三维示意图

工艺说明：1. 用自攻螺钉把FC纤维水泥加压板固定在轻钢龙骨隔墙上。

2. 30mm×40mm木龙骨(防火、防腐处理)中距300mm，用钢钉与FC纤维水泥加压板固定。

3. 12mm厚多层板基层(刷防火涂料三度)找平处理，用钢钉与U形轻钢龙骨固定。

4. 制作好的不锈钢模块固定在多层板基层上。

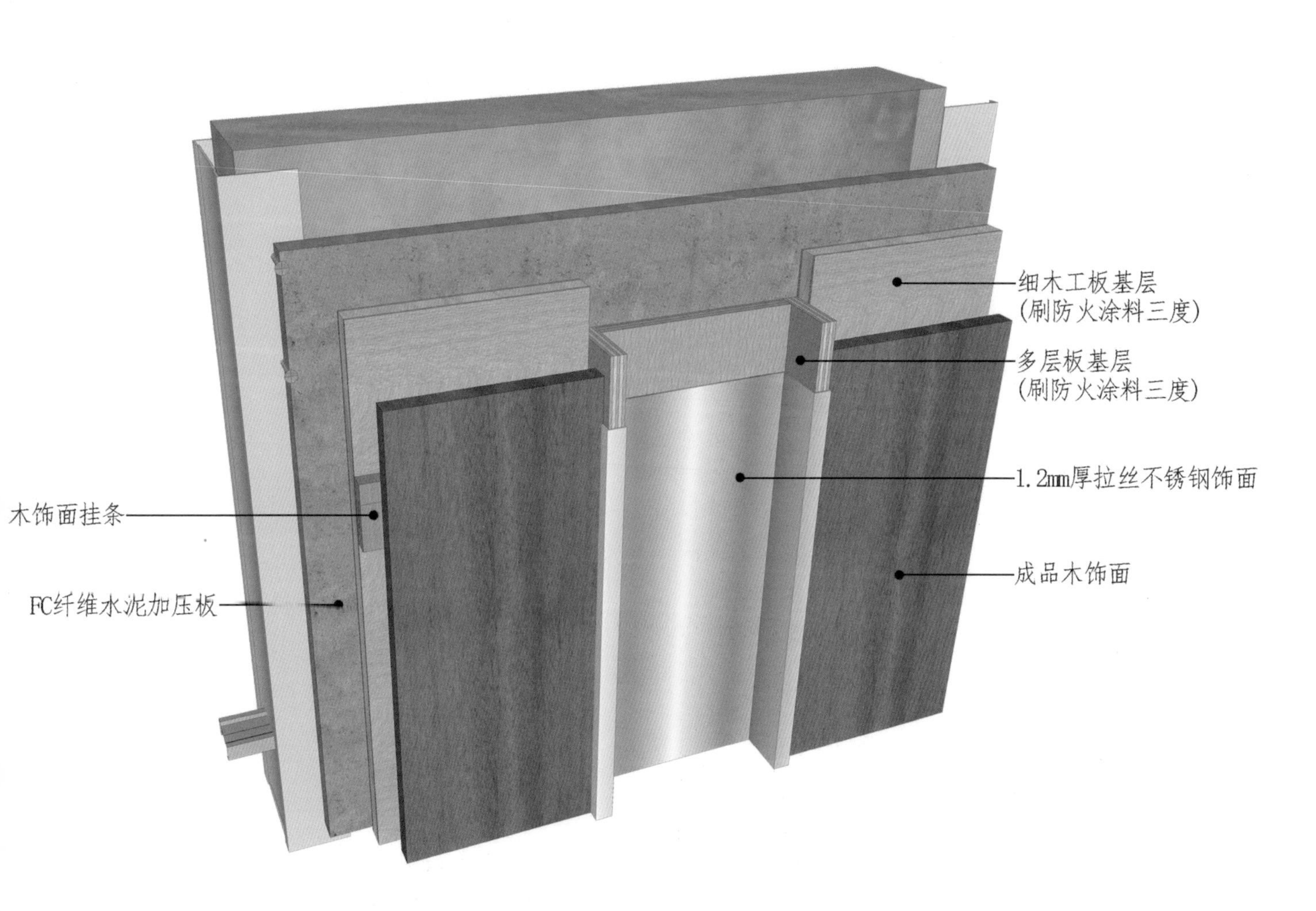
细木工板基层
(刷防火涂料三度)
多层板基层
(刷防火涂料三度)
1.2mm厚拉丝不锈钢饰面
木饰面挂条
成品木饰面
FC纤维水泥加压板

轻钢龙骨基层不锈钢做法三维示意图

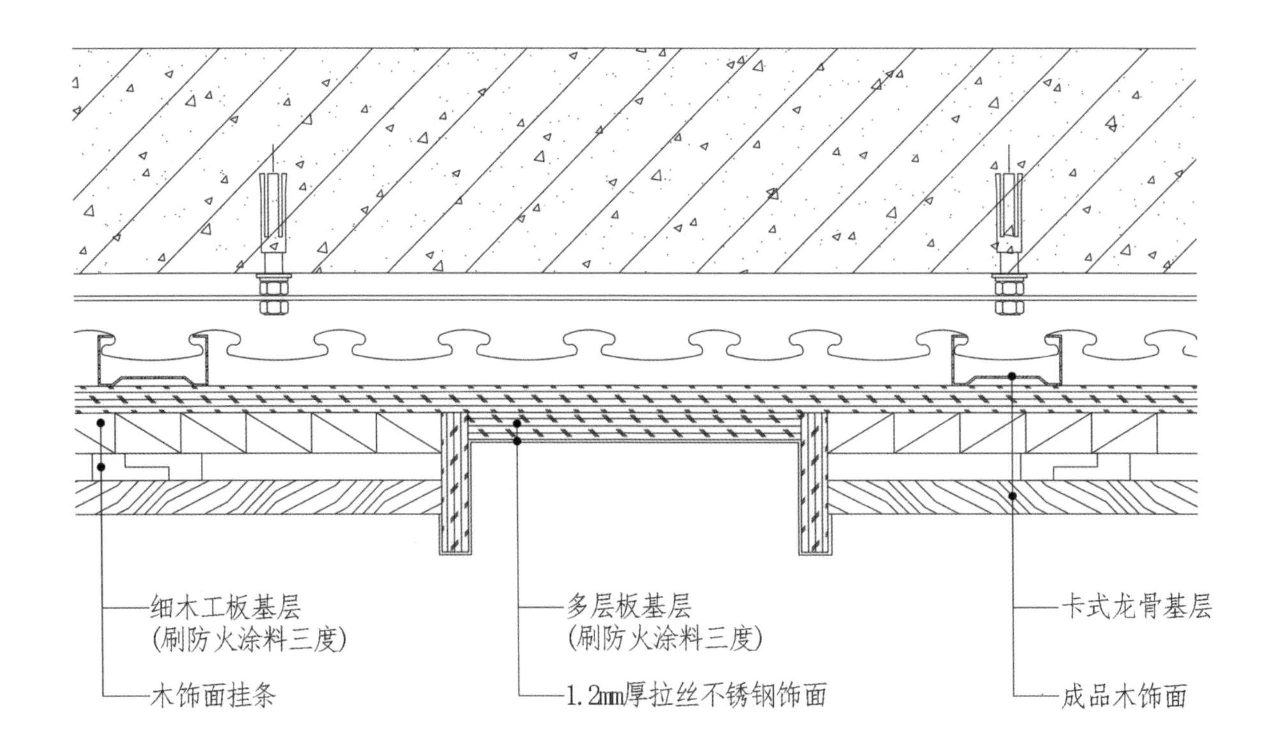
细木工板基层
(刷防火涂料三度)
木饰面挂条
多层板基层
(刷防火涂料三度)
1.2mm厚拉丝不锈钢饰面
卡式龙骨基层
成品木饰面

混凝土隔墙木基层不锈钢做法节点图

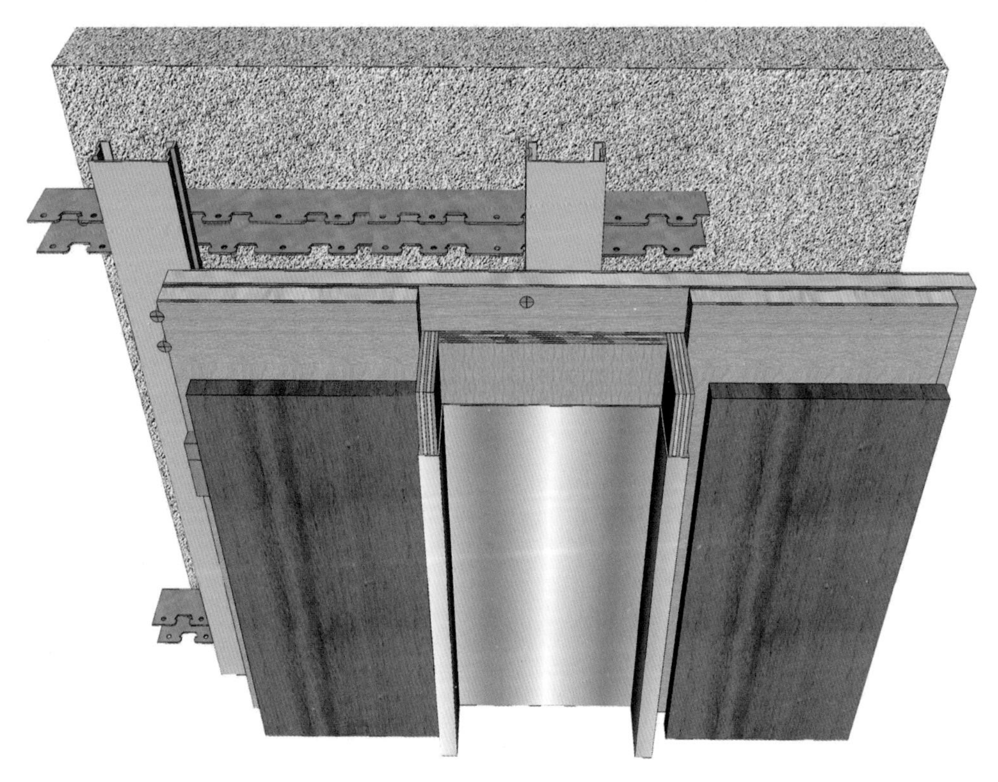

混凝土隔墙木基层不锈钢做法三维示意图

工艺说明： 1. 用膨胀螺栓将卡式龙骨固定在墙面上，安装U形轻钢龙骨与卡式龙骨卡槽连接固定，中距300mm。

2. 18mm厚细木工板基层(刷防火涂料三度)找平处理，用钢钉与U形轻钢龙骨固定。

3. 制作好的不锈钢模块用枪钉固定在多层板基层上。

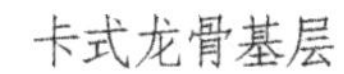

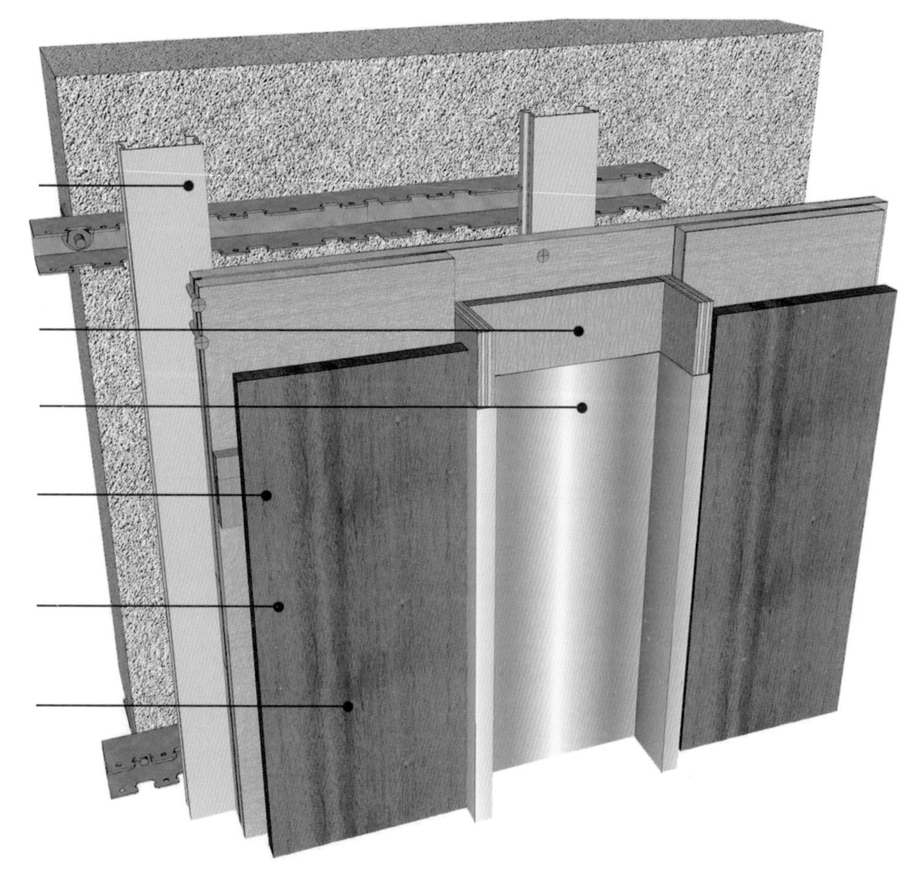

卡式龙骨基层
多层板基层
(刷防火涂料三度)
1.2mm厚拉丝不锈钢饰面
木饰面挂条
细木工板基层
(刷防火涂料三度)
成品木饰面

混凝土隔墙木基层不锈钢做法三维示意图

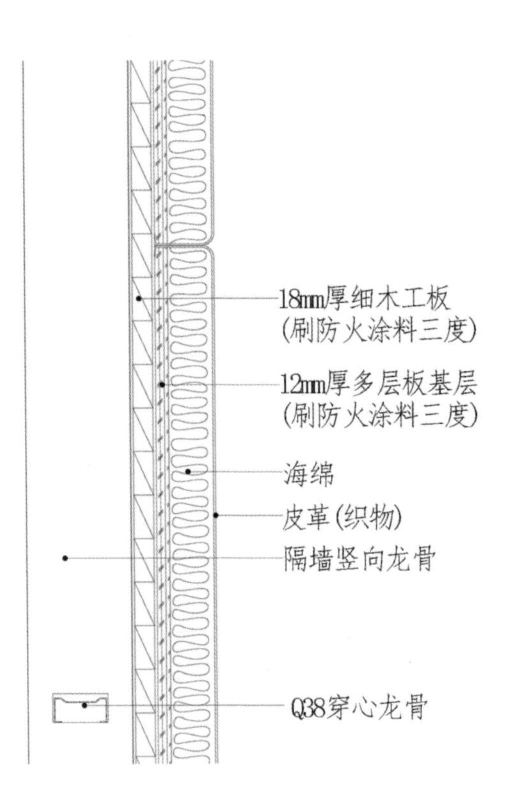
18mm厚细木工板
(刷防火涂料三度)
12mm厚多层板基层
(刷防火涂料三度)
海绵
皮革(织物)
隔墙竖向龙骨
Q38穿心龙骨

轻钢龙骨基层软包做法节点图

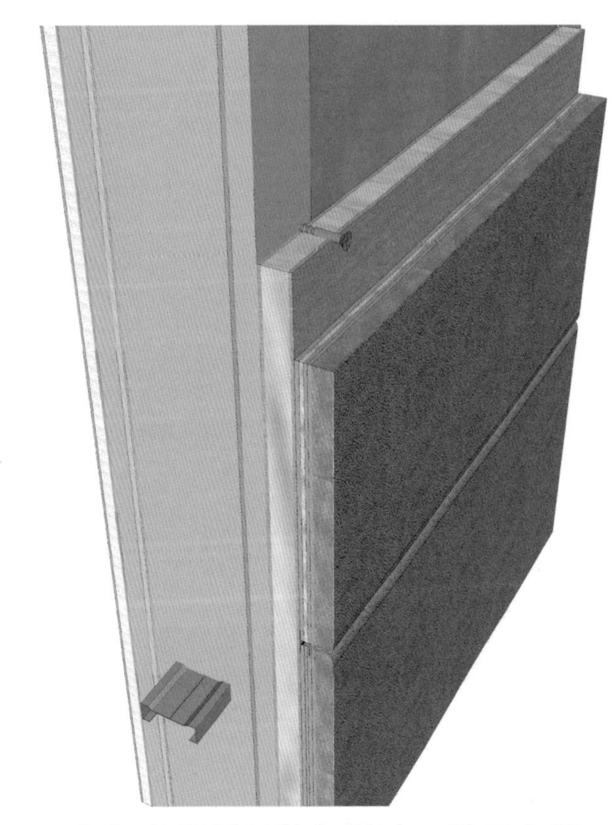

轻钢龙骨基层软包做法三维示意图

工艺说明： 1. 轻钢龙骨隔墙骨架一侧用18mm厚细木工板基层(刷防火涂料三度)找平处理，用钢钉与U形轻钢龙骨固定。

2. 制作好的软包模块用枪钉固定在细木工板基层上。

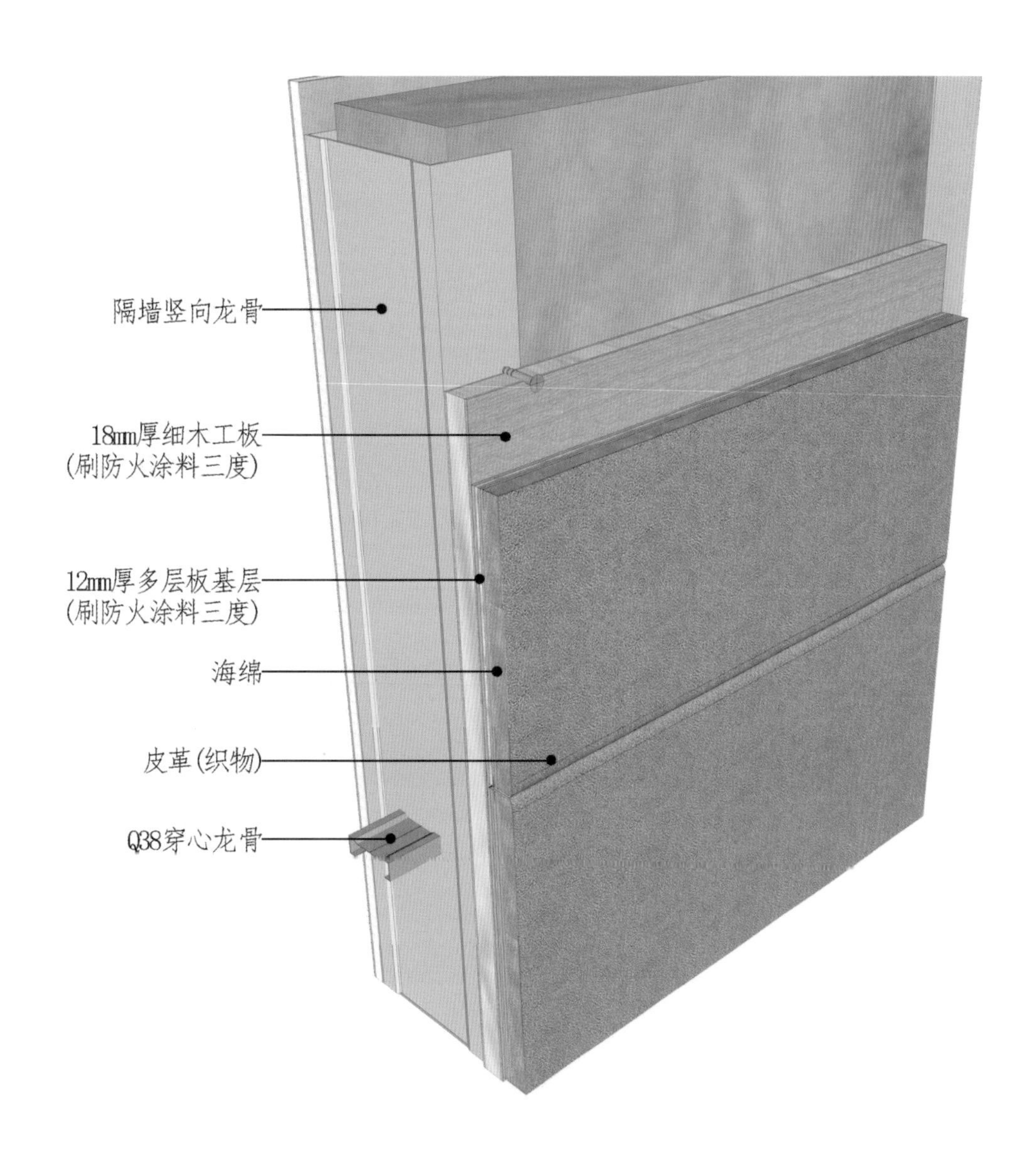

隔墙竖向龙骨
18mm厚细木工板
(刷防火涂料三度)
12mm厚多层板基层
(刷防火涂料三度)
海绵
皮革(织物)
Q38穿心龙骨

轻钢龙骨基层软包做法三维示意图

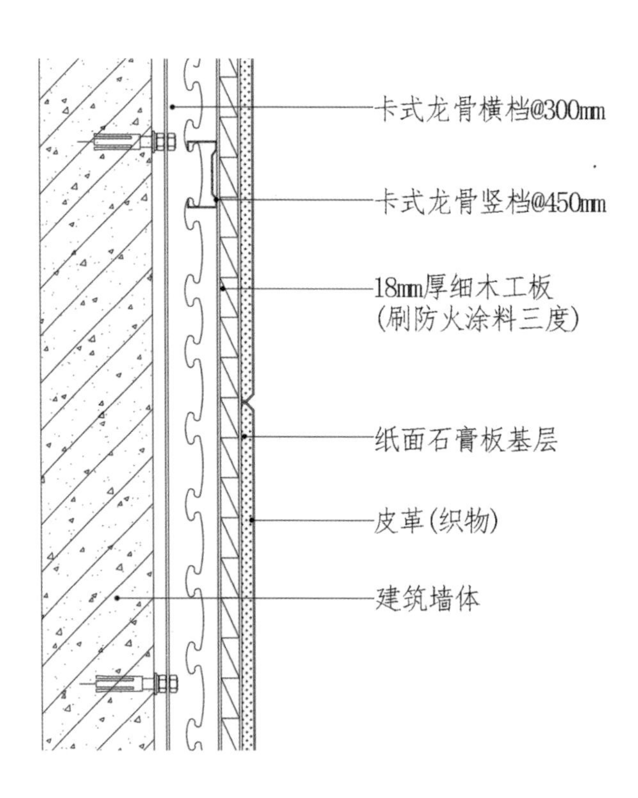
卡式龙骨横档@300mm
卡式龙骨竖档@450mm
18mm厚细木工板
(刷防火涂料三度)
纸面石膏板基层
皮革(织物)
建筑墙体

混凝土基层硬包做法节点图

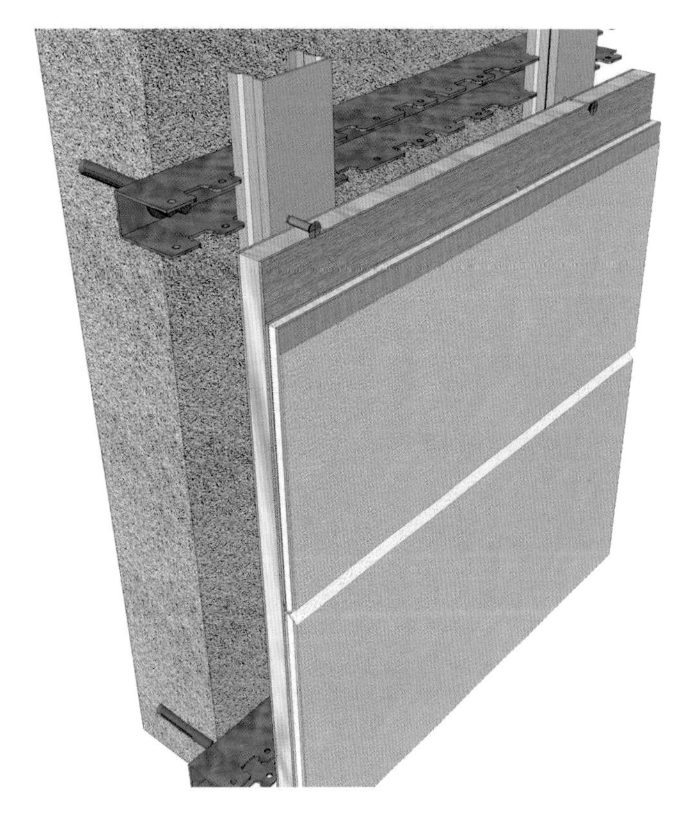

混凝土基层硬包做法三维示意图

工艺说明：1. 用膨胀螺栓将卡式龙骨固定于混凝土墙上，中距450mm，安装轻钢龙骨与卡式龙骨卡槽连接固定，中距300mm。

2. 18mm厚细木工板基层(刷防火涂料三度)找平处理，用钢钉与U形轻钢龙骨固定。

3. 制作好的硬包模块用免钉胶固定在细木工板基层上。

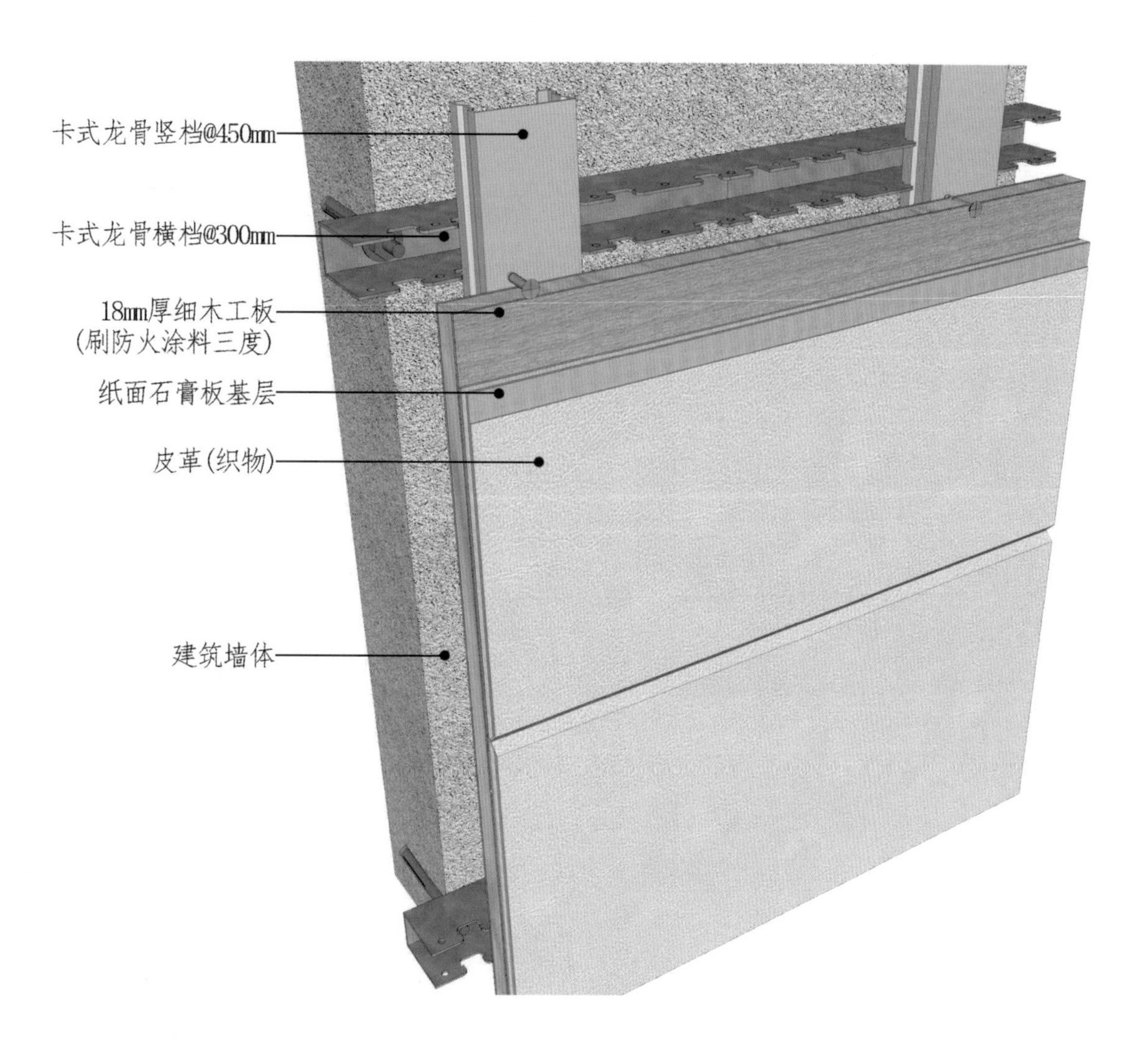
卡式龙骨竖档@450mm
卡式龙骨横档@300mm
18mm厚细木工板
(刷防火涂料三度)
纸面石膏板基层
皮革(织物)
建筑墙体

混凝土基层硬包做法三维示意图

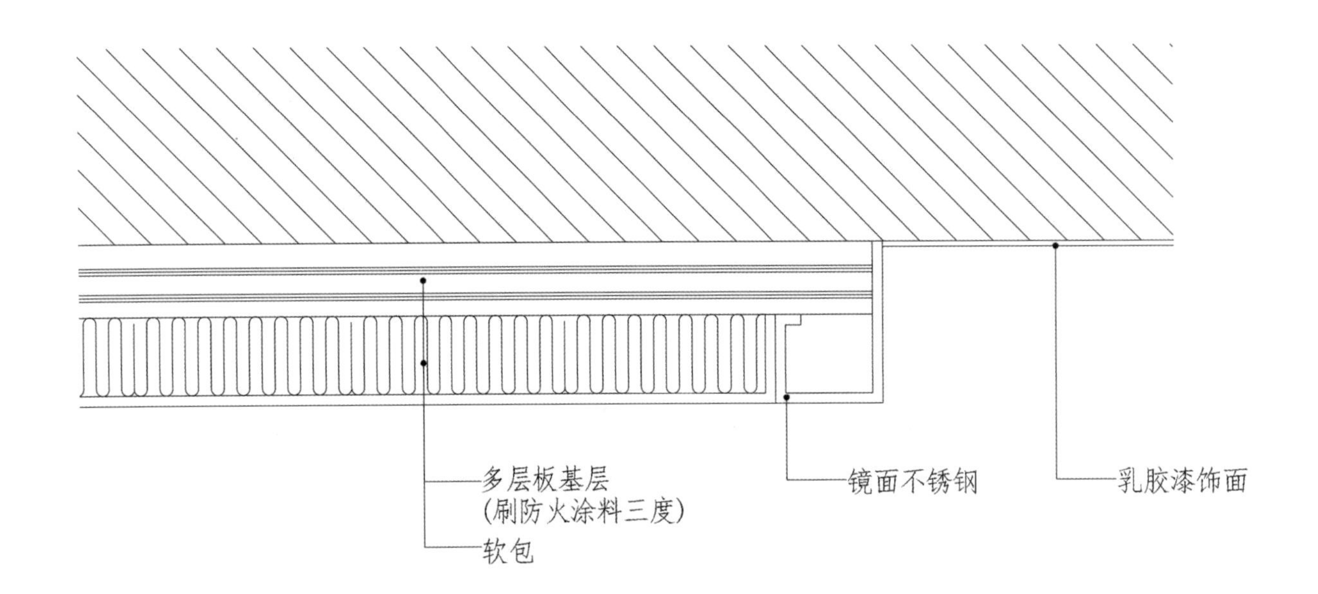
多层板基层
(刷防火涂料三度)
软包
镜面不锈钢
乳胶漆饰面

乳胶漆与软硬包相接(1)节点图

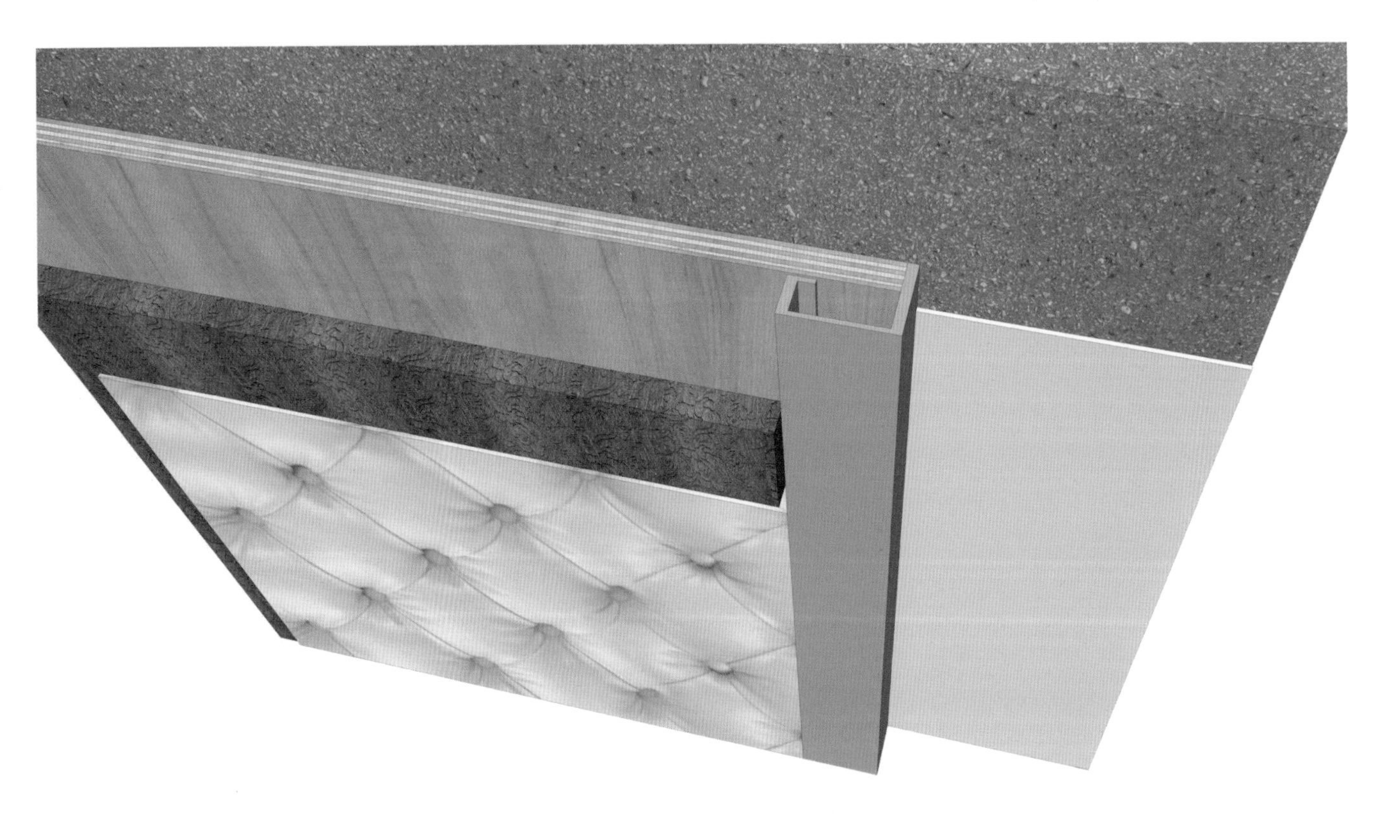

乳胶漆与软硬包相接(1)三维示意图

工艺说明： 1. 施工工序：准备工作→现场放线→材料加工→基层处理→多层板基层固定→腻子找平、砂纸打磨、乳胶漆三度→成品软包安装→完成面处理。

2. 用料分析：

a. 多层板材料(刷防火涂料三度)；

b. 腻子找平，砂纸打磨；

c. 软包基层固定，其他材料防火夹板；

d. 用专用胶固定安装；

e. 软包基层需做三防处理。

3. 完成面处理：

用专用保护膜做成品保护。

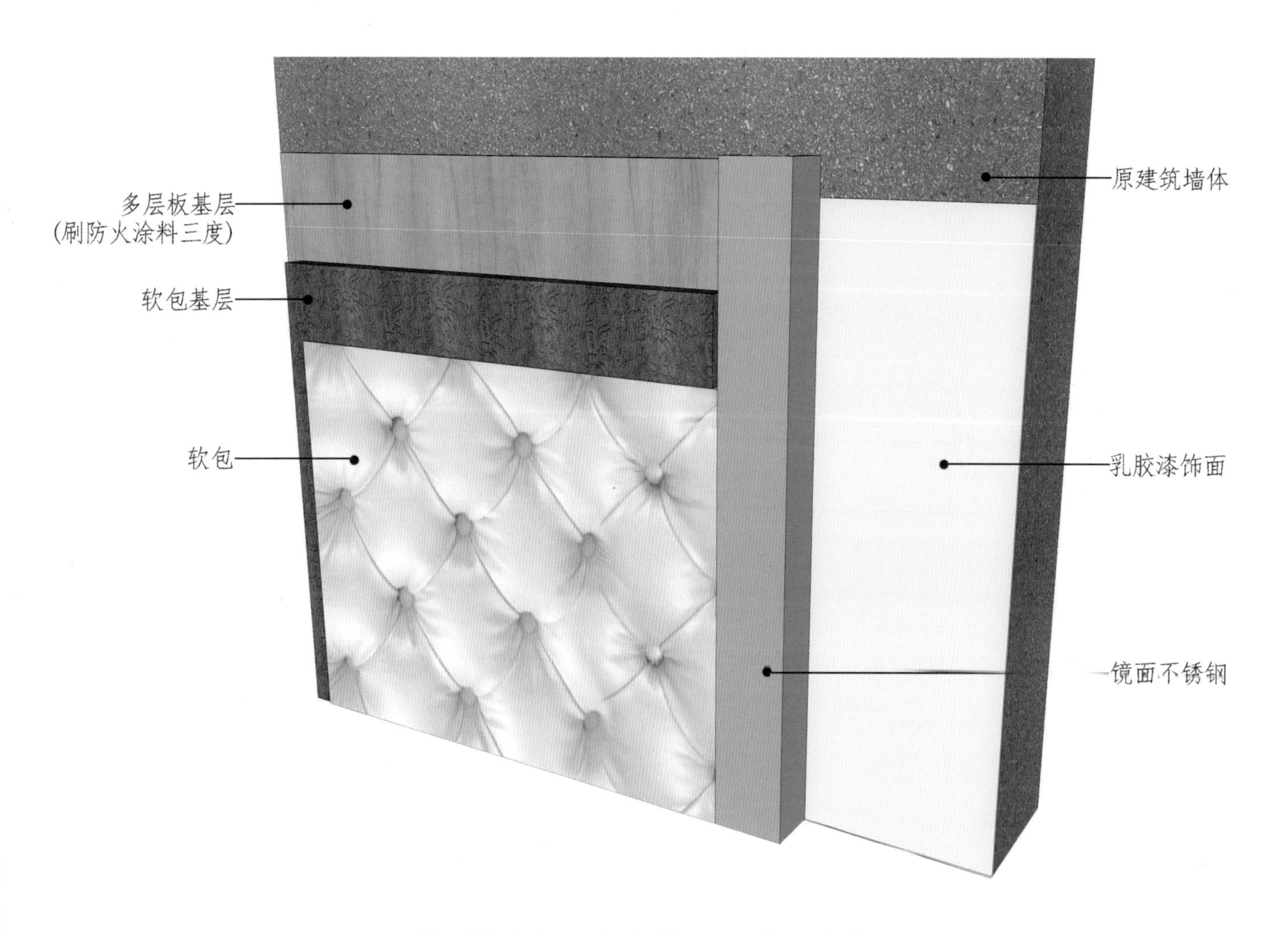
多层板基层
(刷防火涂料三度)
软包基层
软包
原建筑墙体
乳胶漆饰面
镜面不锈钢

乳胶漆与软硬包相接(1)三维示意图

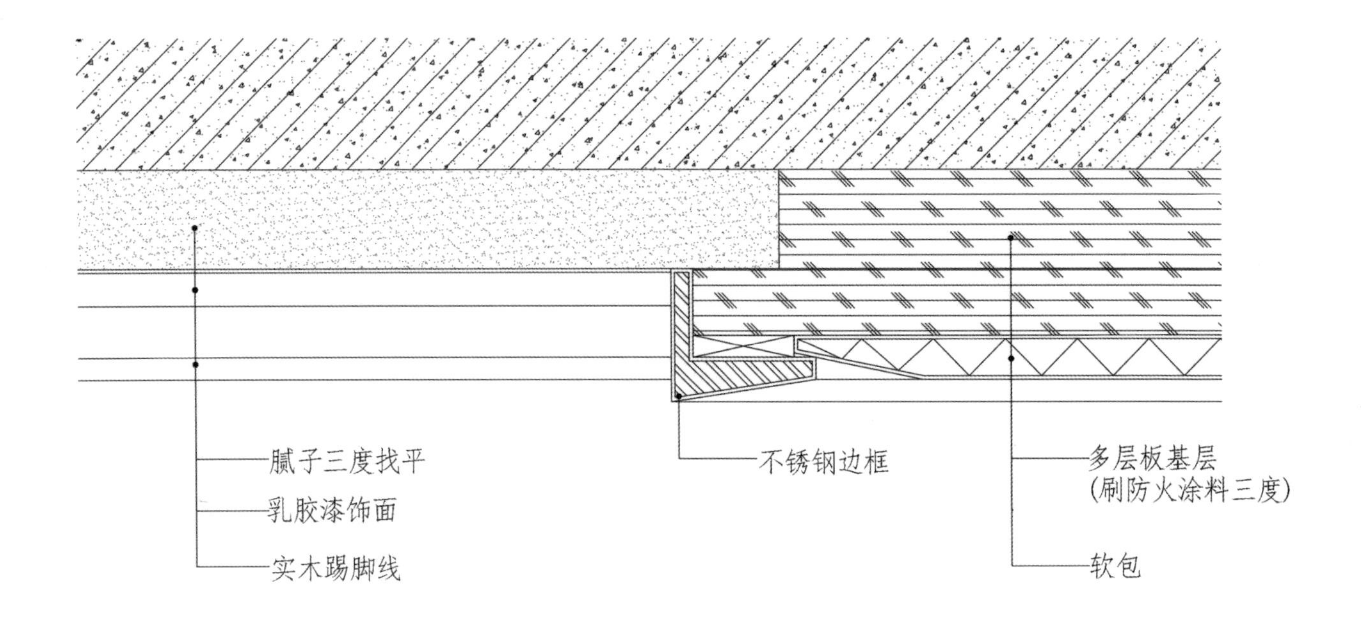
腻子三度找平
乳胶漆饰面
实木踢脚线
不锈钢边框
多层板基层
(刷防火涂料三度)
软包

乳胶漆与软硬包相接(2)节点图

乳胶漆与软硬包相接(2)三维示意图

工艺说明： 1. 施工工序：准备工作→现场放线→材料加工→基层处理→多层板基层固定→腻子找平、砂纸打磨、乳胶漆三度→成品软包安装→完成面处理。

2. 用料分析：

a. 多层板材料(刷防火涂料三度)；

b. 腻子找平，砂纸打磨；

c. 软包基层固定，其他材料防火夹板；

d. 用专用胶固定安装；

e. 软包基层需做三防处理。

3. 完成面处理：

用专用保护膜做成品保护。

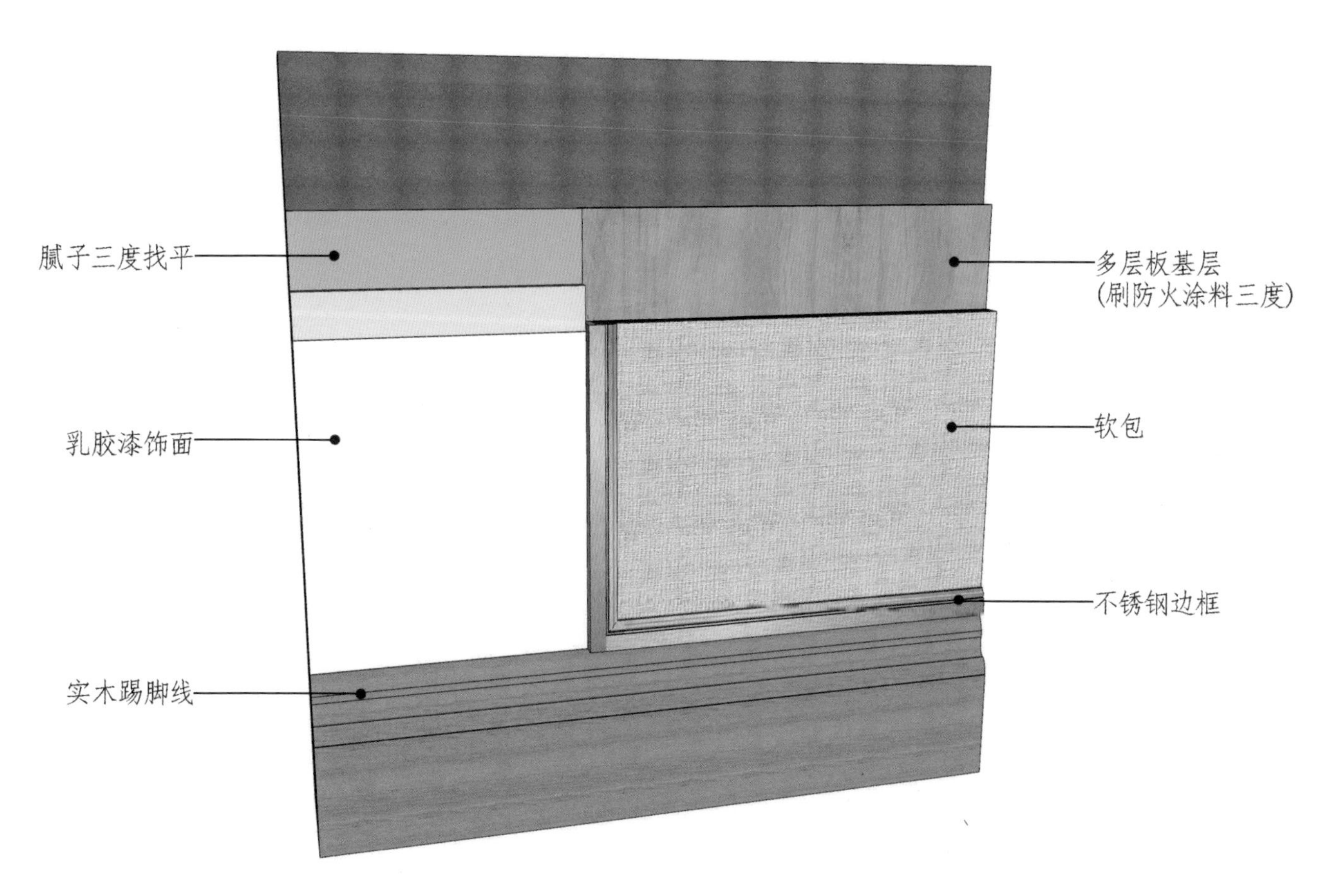

腻子三度找平
乳胶漆饰面
实木踢脚线
多层板基层
(刷防火涂料三度)
软包
不锈钢边框

乳胶漆与软硬包相接(2)三维示意图

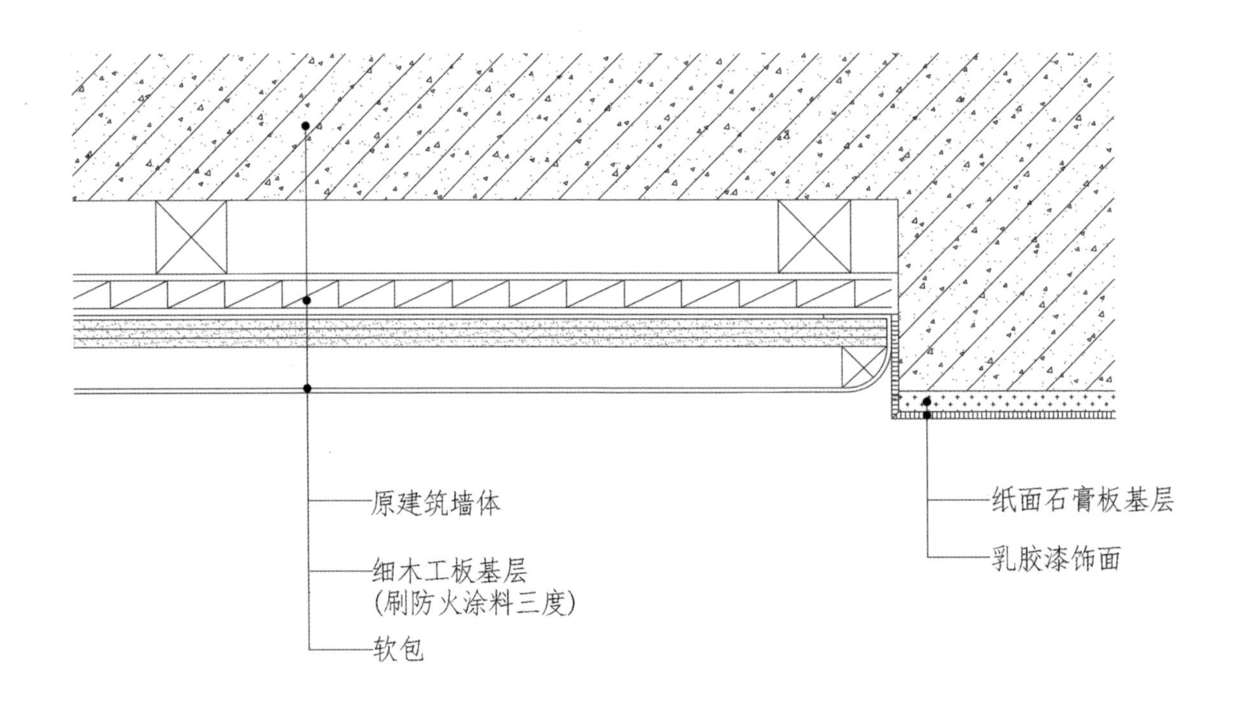
原建筑墙体
细木工板基层
(刷防火涂料三度)
软包
纸面石膏板基层
乳胶漆饰面

乳胶漆与软硬包相接(3)节点图

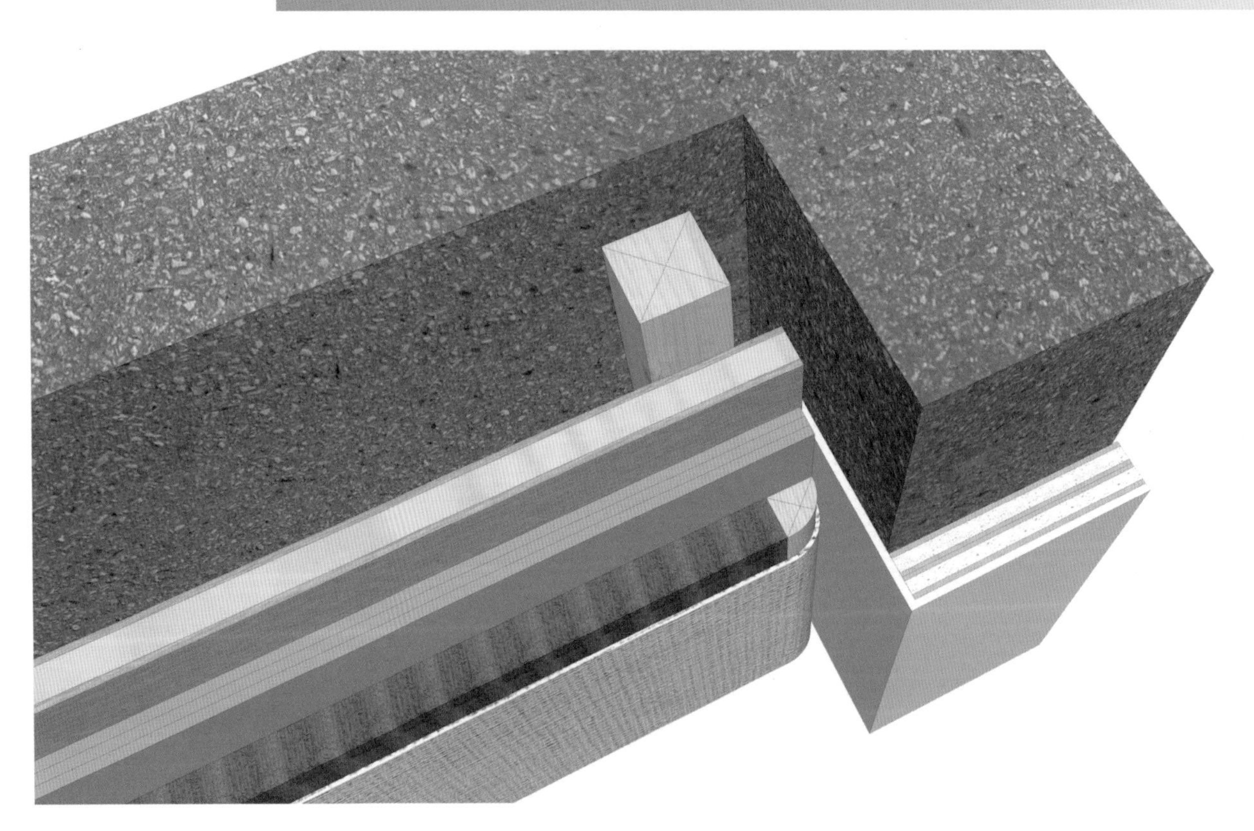

乳胶漆与软硬包相接(3)三维示意图

工艺说明： 1. 施工工序：准备工作→现场放线→材料加工→基层处理→木龙骨框架固定调平→细木工板固定→成品软包安装→完成面处理。

2. 用料分析：

a. 木龙骨材料(防火、防腐处理)；

b. 用专用胶固定安装；

c. 安装时乳胶漆压软硬包；

d. 细木工板(刷防火涂料三度)。

3. 完成面处理：

用专用保护膜做成品保护。

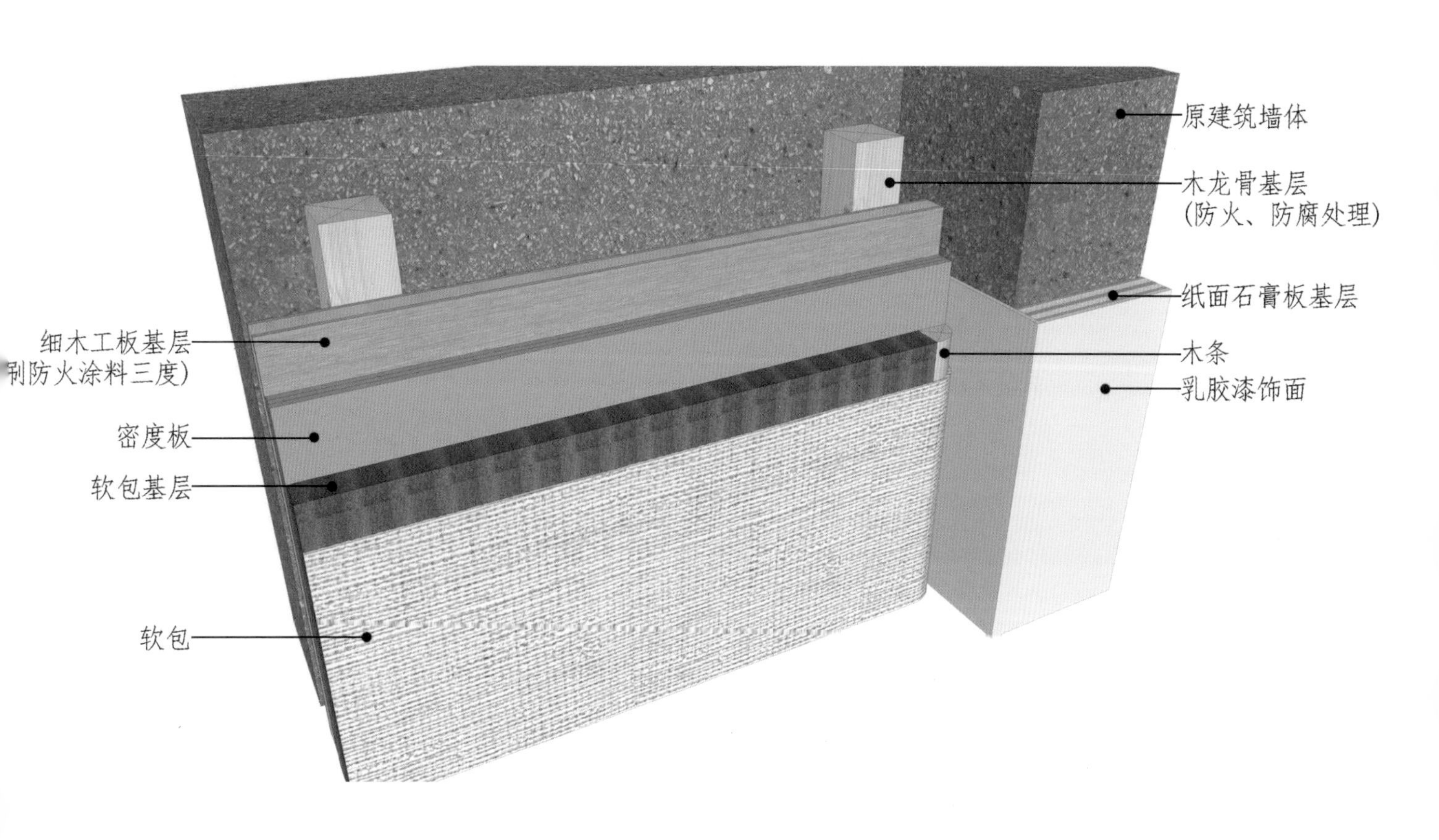
原建筑墙体
木龙骨基层
(防火、防腐处理)
纸面石膏板基层
木条
乳胶漆饰面
细木工板基层
刷防火涂料三度)
密度板
软包基层
软包

乳胶漆与软硬包相接(3)三维示意图

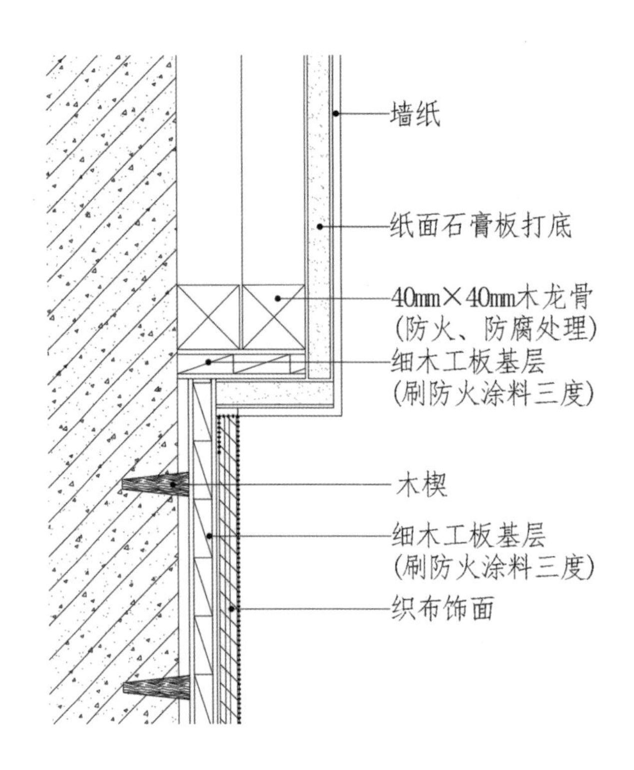
墙纸
纸面石膏板打底
40mm×40mm木龙骨
(防火、防腐处理)
细木工板基层
(刷防火涂料三度)
木楔
细木工板基层
(刷防火涂料三度)
织布饰面

软硬包与墙纸相接节点图

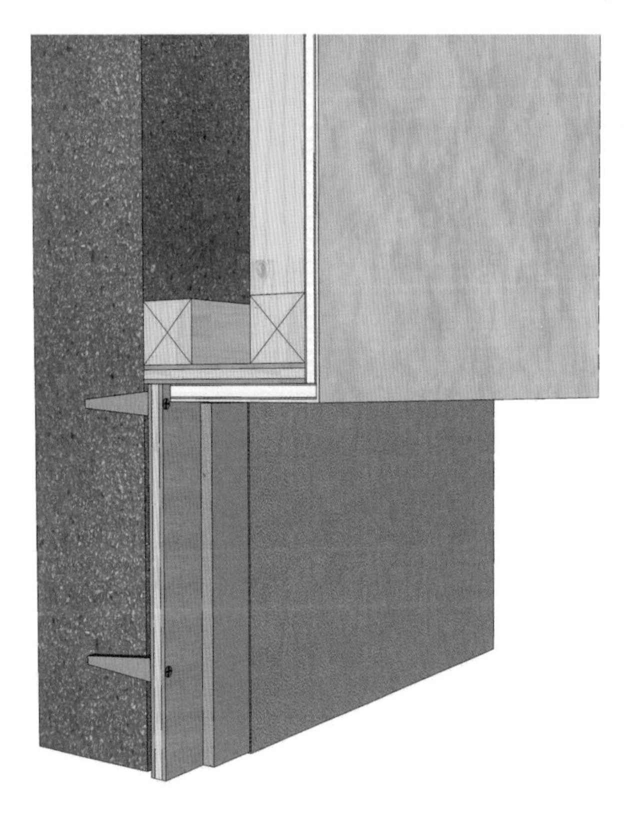

软硬包与墙纸相接三维示意图

工艺说明： 1. 施工工序：准备工作→现场放线→材料加工→基层处理→细木工板基层调平固定→纸面石膏板基层→墙纸粘贴→成品软硬包安装→完成面处理。

2. 用料分析：

a. 木龙骨(防火、防腐处理)；

b. 细木工板基层(刷防火涂料三度)；

c. 用专用胶铺贴墙纸；

d. 安装时先贴墙纸再装软硬包。

3. 完成面处理：

用专用保护膜做成品保护。

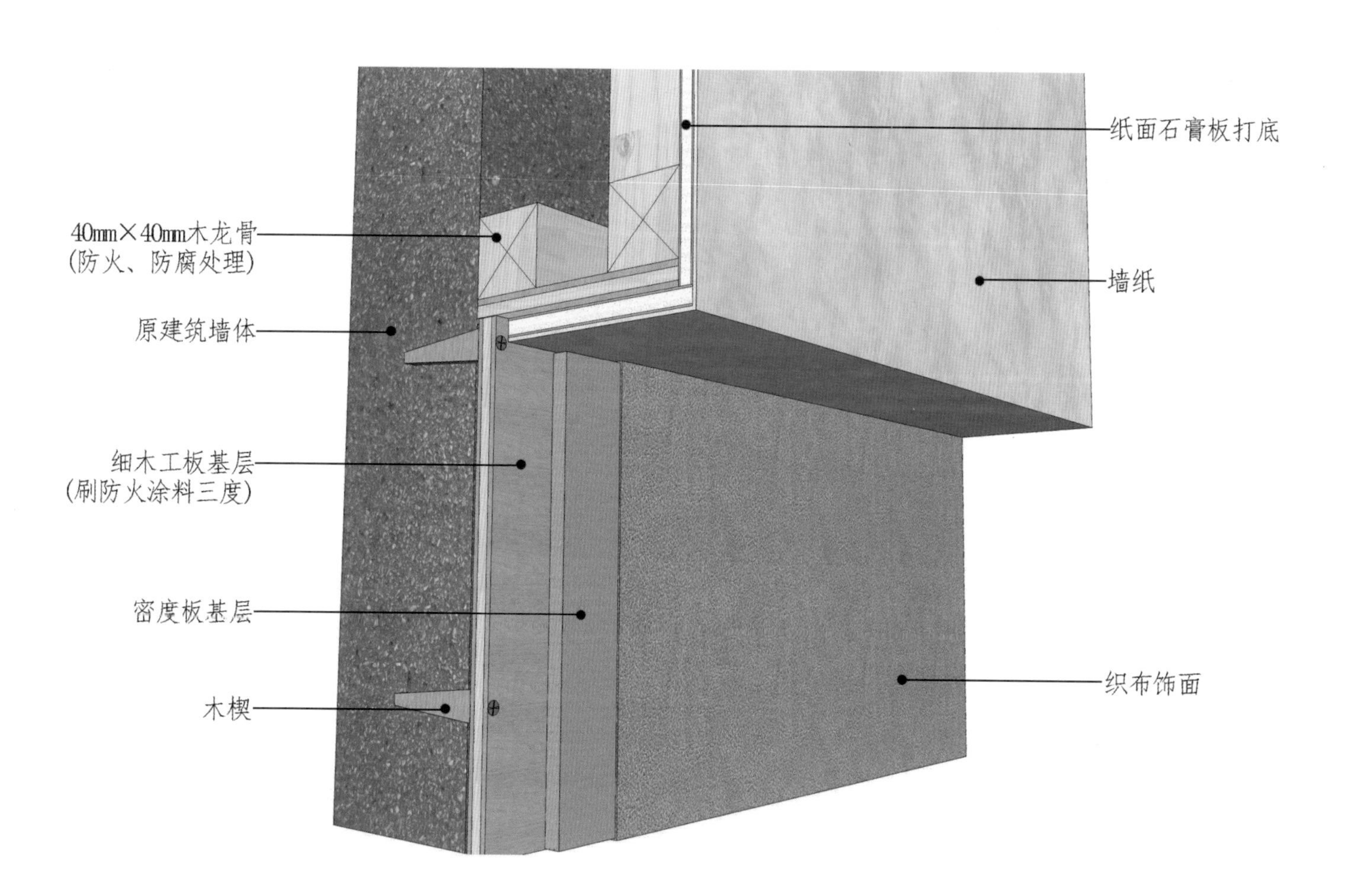
纸面石膏板打底
40mm×40mm木龙骨
(防火、防腐处理)
墙纸
原建筑墙体
细木工板基层
(刷防火涂料三度)
密度板基层
织布饰面
木楔

软硬包与墙纸相接三维示意图

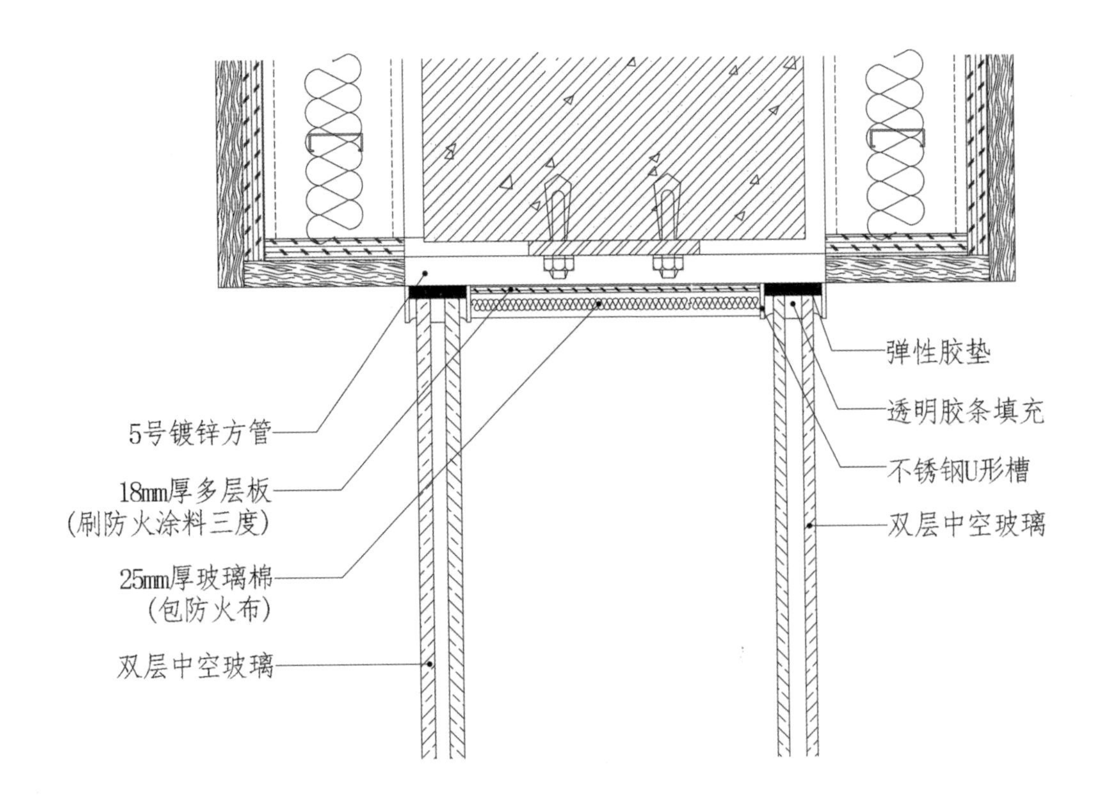
5号镀锌方管
18mm厚多层板
(刷防火涂料三度)
25mm厚玻璃棉
(包防火布)
双层中空玻璃
弹性胶垫
透明胶条填充
不锈钢U形槽
双层中空玻璃

玻璃窗与墙面相接节点图

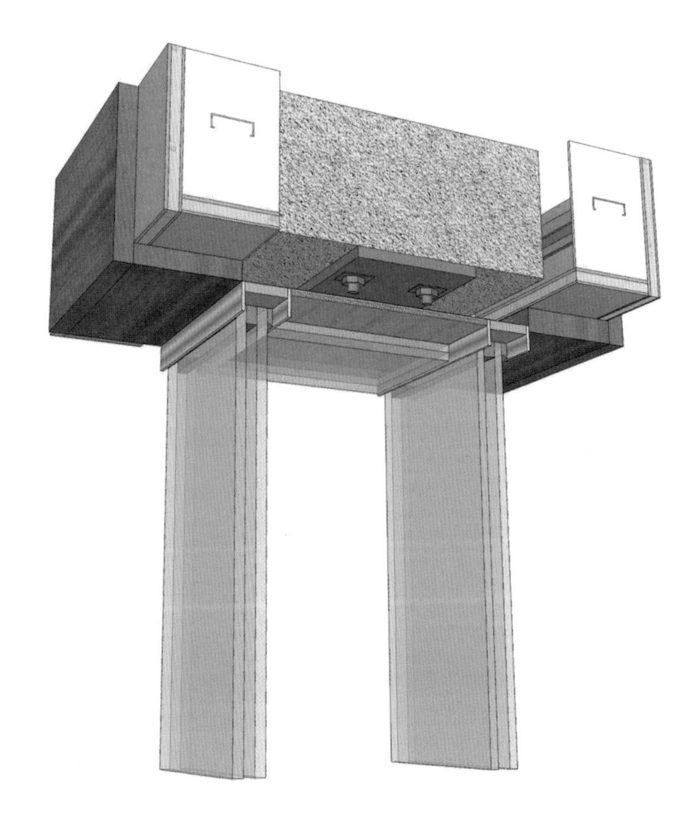

玻璃窗与墙面相接三维示意图

工艺说明： 1. 玻璃物料选样，无划痕，无损伤。

2. 钢架基层预埋。

3. U形槽焊接安装。

4. 弹性胶垫填充。

5. 安装玻璃，透明胶条填充。

6. 收口处3mm打胶处理。

7. 清理，保护。

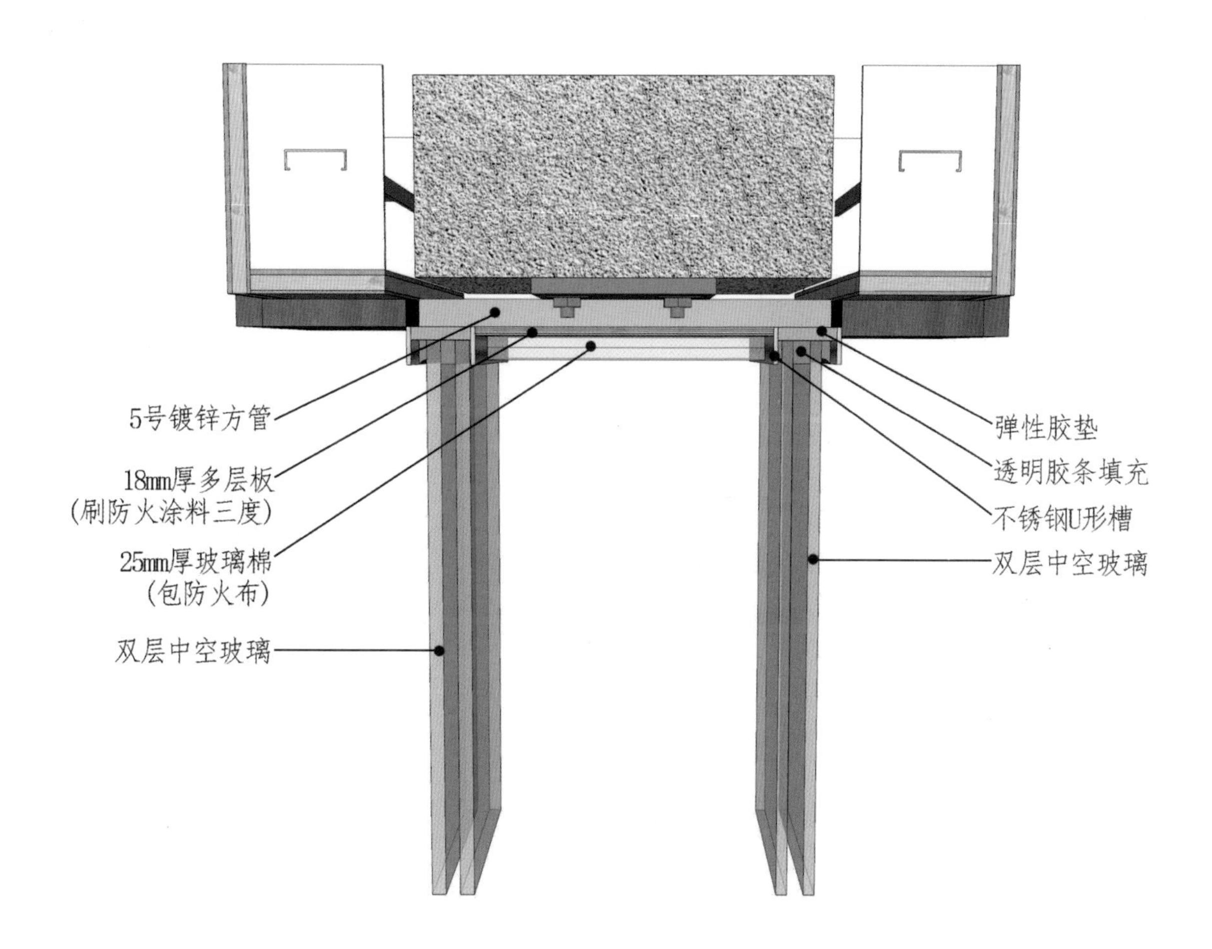
5号镀锌方管
18mm厚多层板
(刷防火涂料三度)
25mm厚玻璃棉
(包防火布)
双层中空玻璃
弹性胶垫
透明胶条填充
不锈钢U形槽
双层中空玻璃

玻璃窗与墙面相接三维示意图

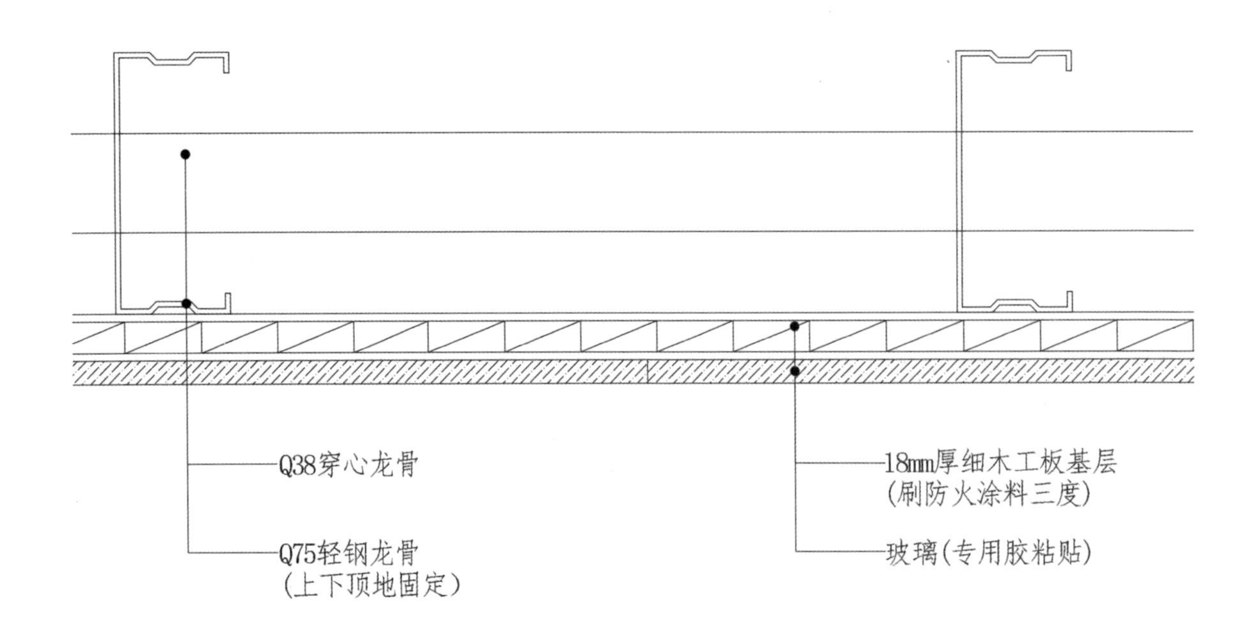
Q38穿心龙骨
Q75轻钢龙骨
(上下顶地固定)
18mm厚细木工板基层
(刷防火涂料三度)
玻璃(专用胶粘贴)

墙面艺术玻璃做法节点图

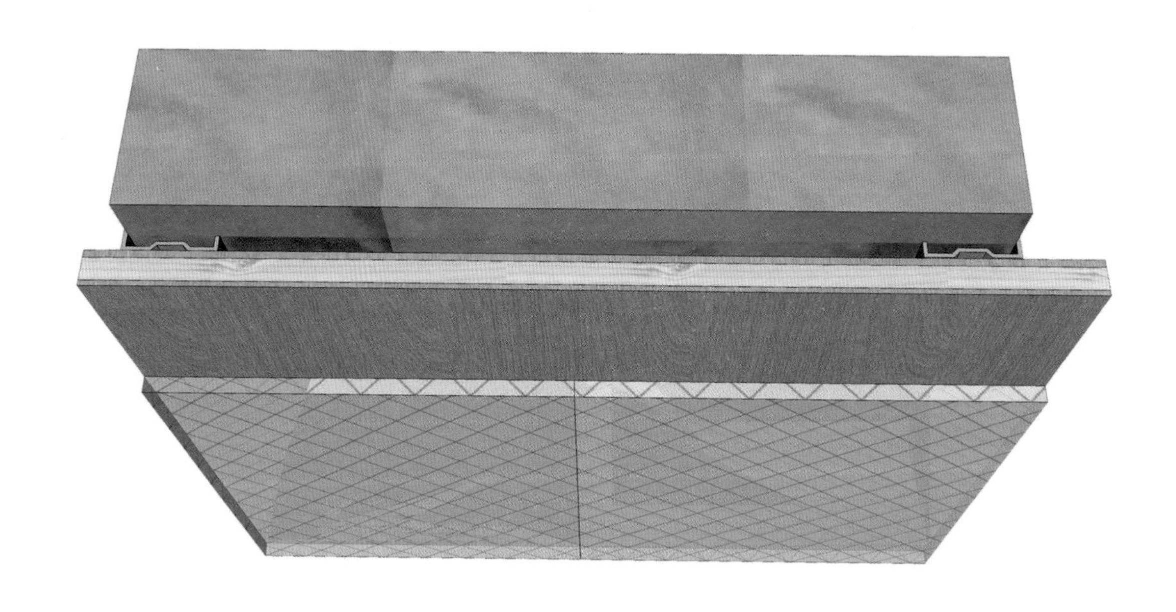

墙面艺术玻璃做法三维示意图

工艺说明： 1. 玻璃物料选样，无划痕，无损伤。

2. 隔墙轻钢龙骨基层安装。

3. 细木工板基层(刷防火涂料三度)进行安装。

4. 使用艺术玻璃专用胶安装。

5. 安装完成，清理，保护。

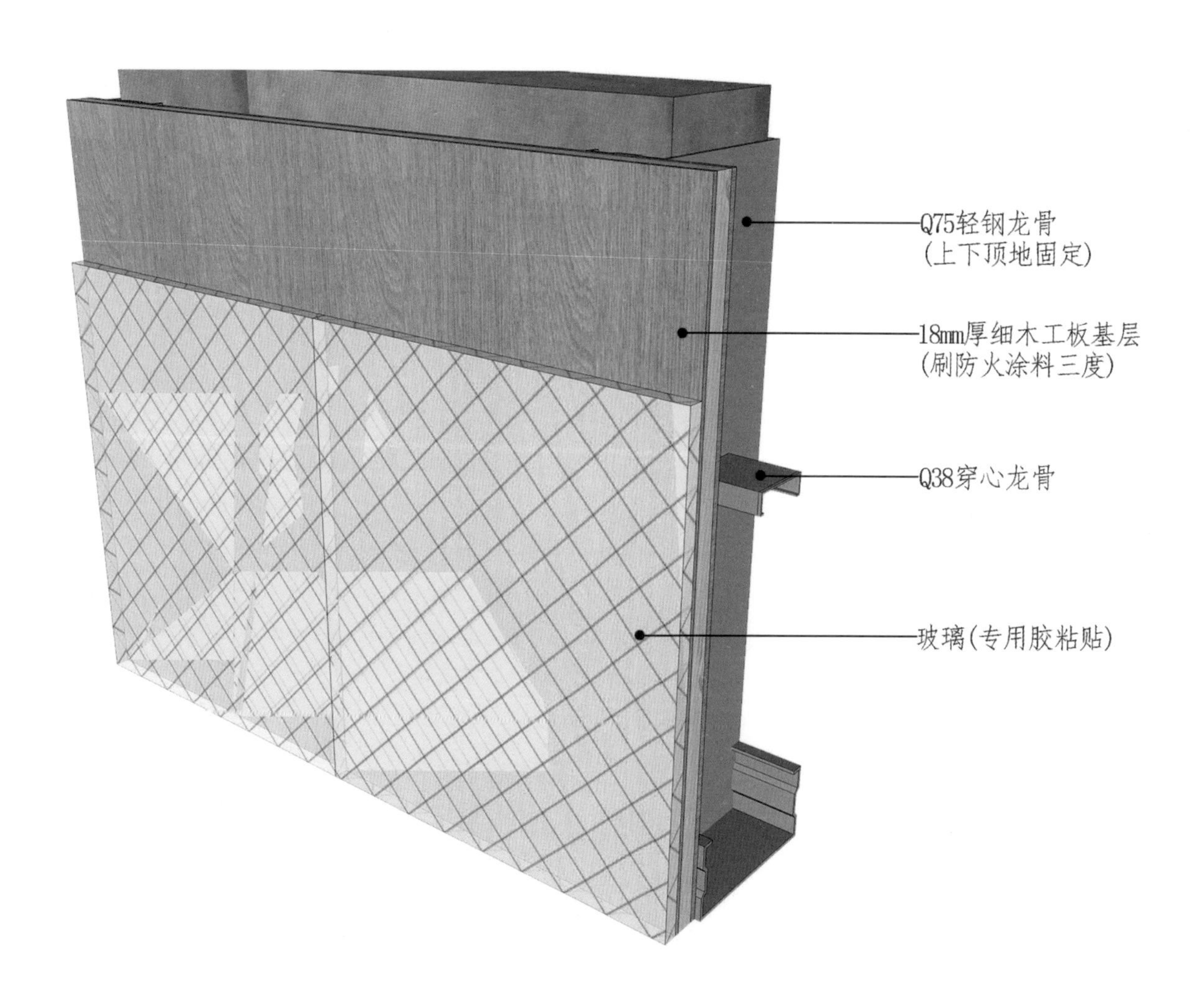
Q75轻钢龙骨
(上下顶地固定)
18mm厚细木工板基层
(刷防火涂料三度)
Q38穿心龙骨
玻璃(专用胶粘贴)

墙面艺术玻璃做法三维示意图

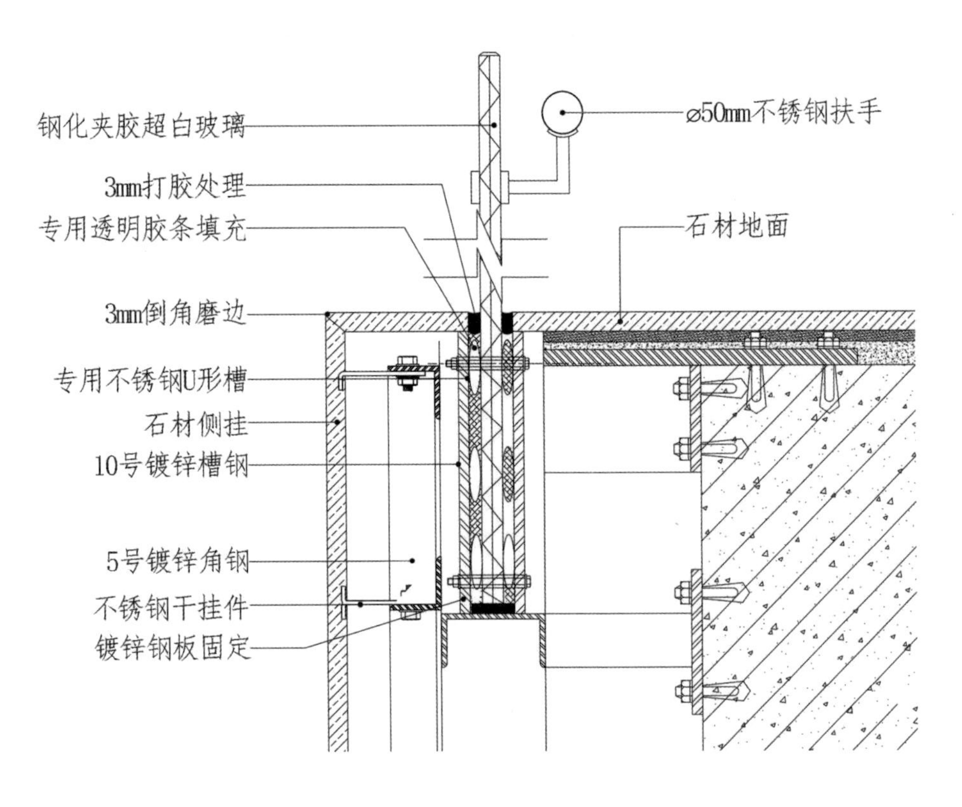

钢化夹胶超白玻璃
ø50mm不锈钢扶手
3mm打胶处理
专用透明胶条填充
石材地面
3mm倒角磨边
专用不锈钢U形槽
石材侧挂
10号镀锌槽钢
5号镀锌角钢
不锈钢干挂件
镀锌钢板固定

玻璃栏杆扶手工艺做法(1)节点图

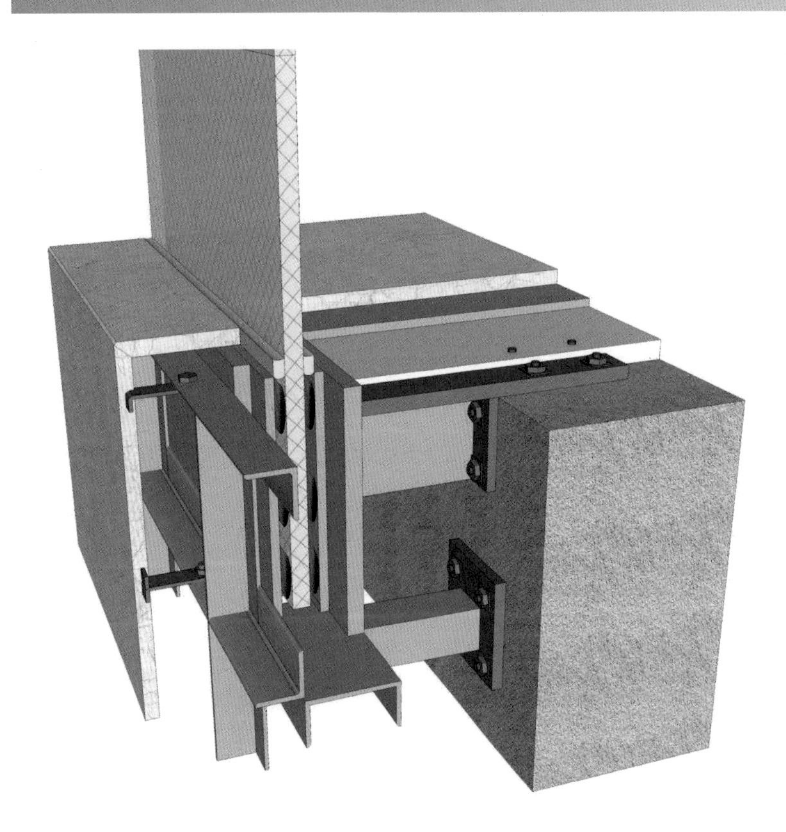

玻璃栏杆扶手工艺做法(1)三维示意图

工艺说明： 1. 玻璃物料选样，无划痕，无损伤。

2. 钢架基层预埋。

3. U形槽焊接安装。

4. 弹性胶垫填充。

5. 安装玻璃，透明胶条填充。

6. 收口处3mm打胶处理。

7. 清理，保护。

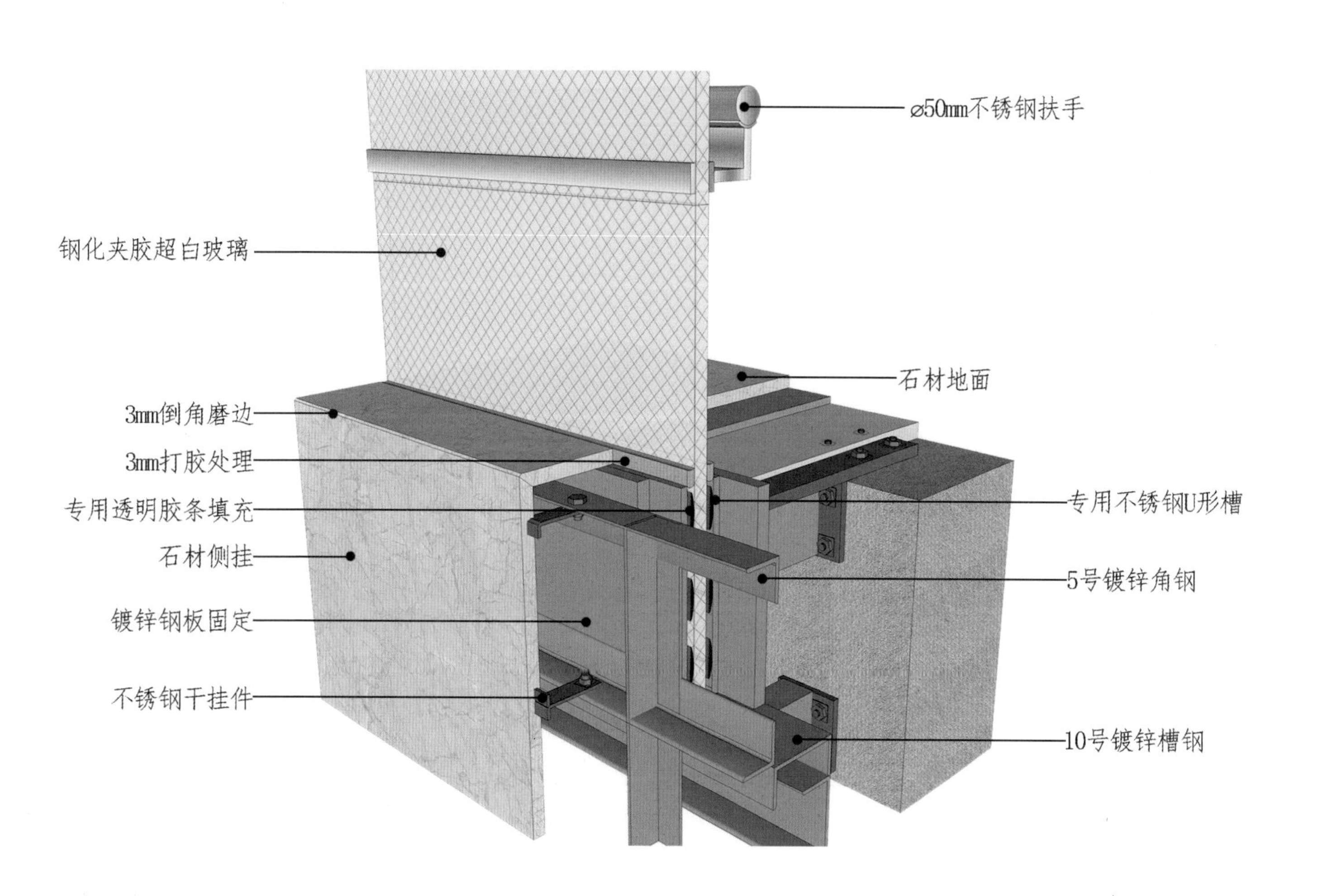

⌀50mm不锈钢扶手
钢化夹胶超白玻璃
石材地面
3mm倒角磨边
3mm打胶处理
专用透明胶条填充
专用不锈钢U形槽
石材侧挂
5号镀锌角钢
镀锌钢板固定
不锈钢干挂件
10号镀锌槽钢

玻璃栏杆扶手工艺做法(1)三维示意图

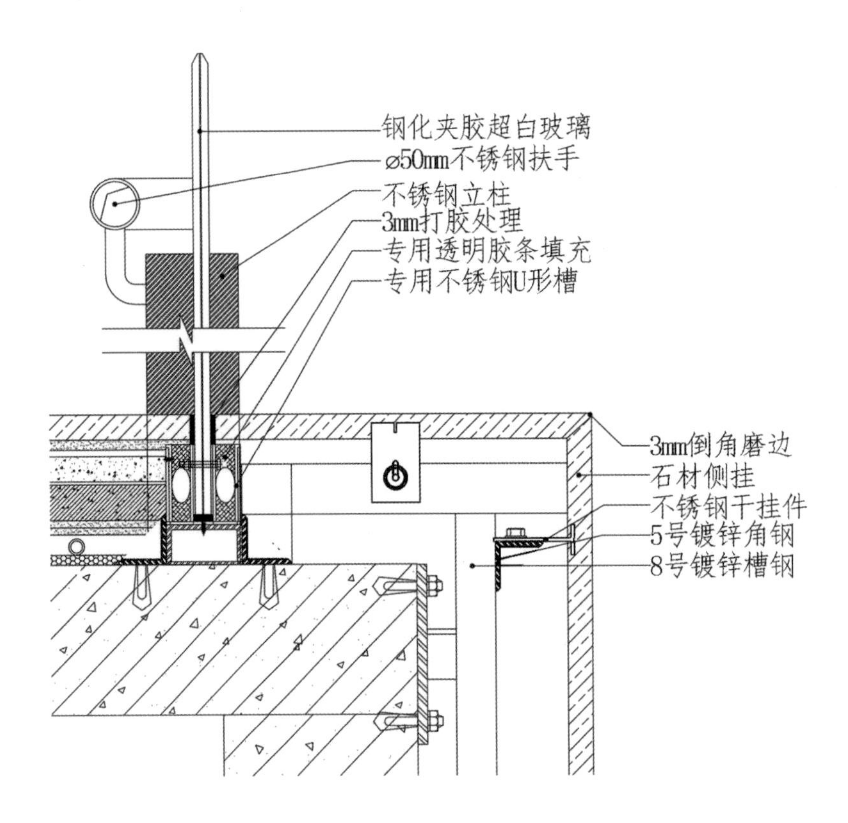
钢化夹胶超白玻璃
⌀50mm不锈钢扶手
不锈钢立柱
3mm打胶处理
专用透明胶条填充
专用不锈钢U形槽
3mm倒角磨边
石材侧挂
不锈钢干挂件
5号镀锌角钢
8号镀锌槽钢

玻璃栏杆扶手工艺做法(2)节点图

玻璃栏杆扶手工艺做法(2)三维示意图

工艺说明： 1. 玻璃物料选样，无划痕，无损伤。

2. 钢架基层预埋。

3. U形槽焊接安装。

4. 弹性胶垫填充。

5. 安装玻璃，透明胶条填充。

6. 收口处3mm打胶处理。

7. 清理，保护。

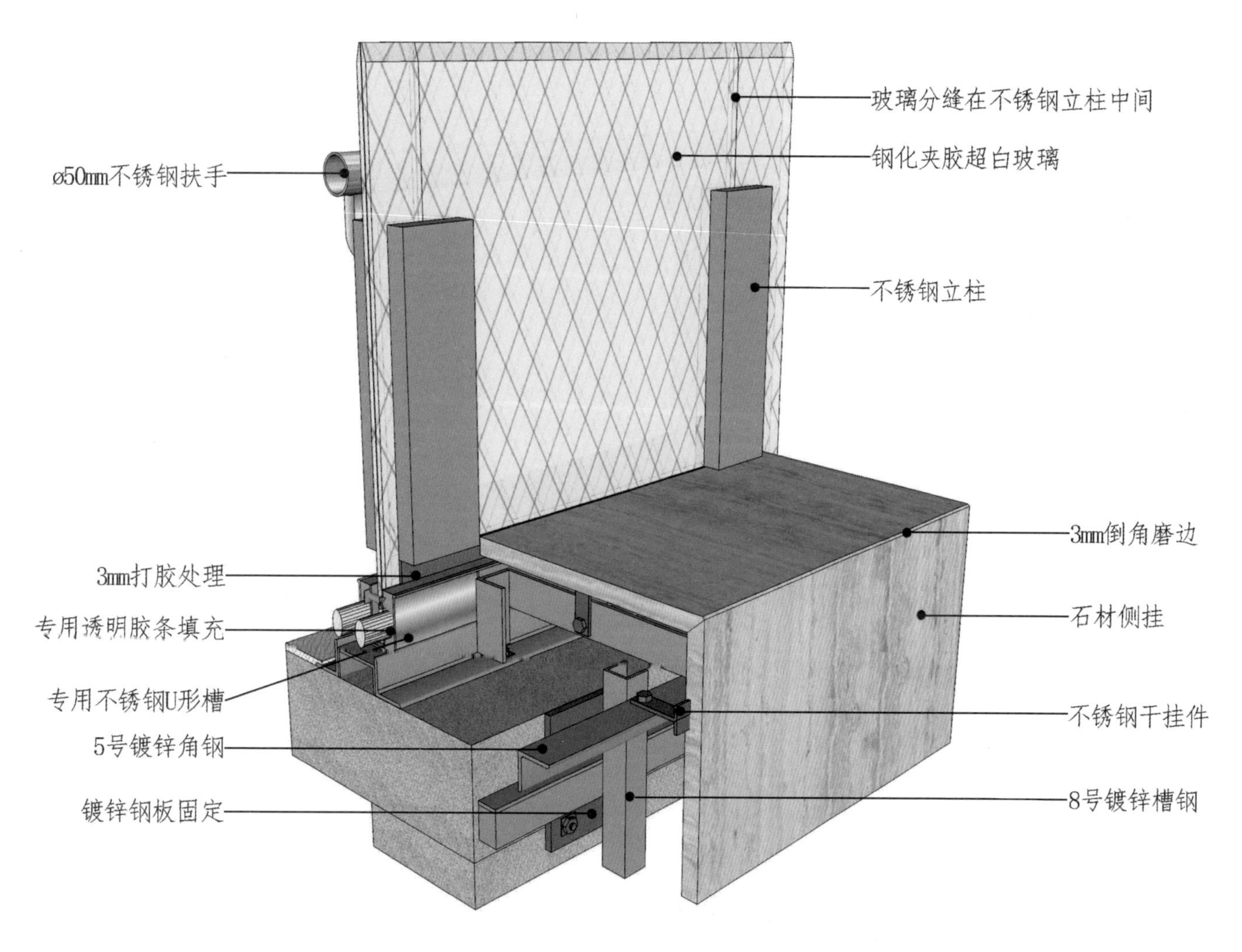
玻璃分缝在不锈钢立柱中间
钢化夹胶超白玻璃
ø50mm不锈钢扶手
不锈钢立柱
3mm倒角磨边
3mm打胶处理
石材侧挂
专用透明胶条填充
专用不锈钢U形槽
不锈钢干挂件
5号镀锌角钢
镀锌钢板固定
8号镀锌槽钢

玻璃栏杆扶手工艺做法(2)三维示意图

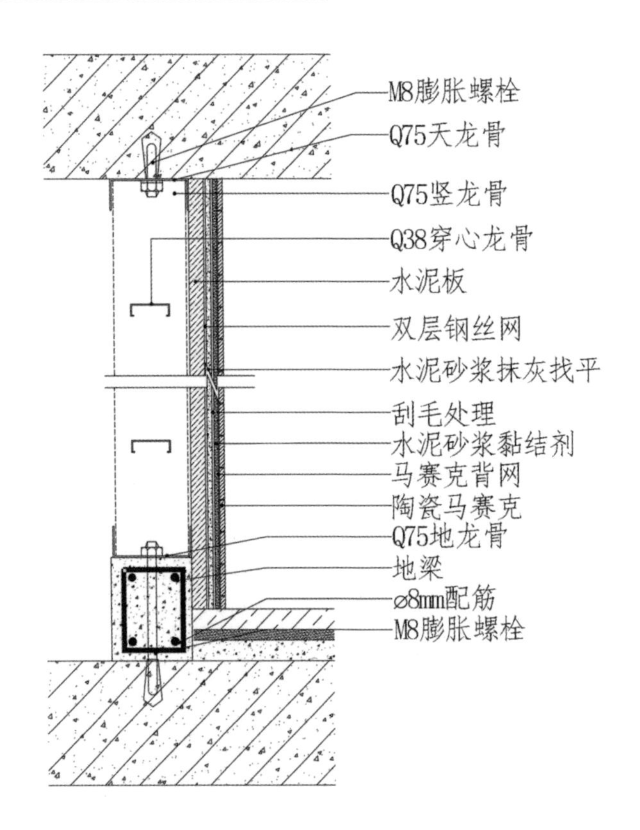
M8膨胀螺栓
Q75天龙骨
Q75竖龙骨
Q38穿心龙骨
水泥板
双层钢丝网
水泥砂浆抹灰找平
刮毛处理
水泥砂浆黏结剂
马赛克背网
陶瓷马赛克
Q75地龙骨
地梁
⌀8mm配筋
M8膨胀螺栓

陶瓷马赛克隔墙工艺做法(1)节点图

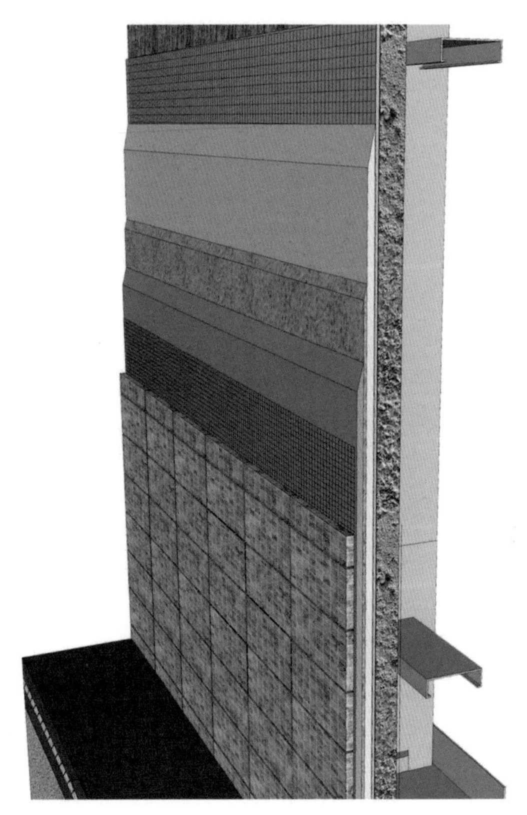

陶瓷马赛克隔墙工艺做法(1)三维示意图

工艺说明： 1. 选用马赛克，表面平整、尺寸正确、边棱整齐。

2. 上下固定Q75天地龙骨，上Q38穿心龙骨完成基层施工。

3. 固定水泥板，上双层钢丝网。

4. 水泥砂浆抹灰找平处理，一定保证平整度。

5. 刮毛处理，保证黏结层的附着力。

6. 铺贴马赛克，完成施工。

7. 揭纸，调缝，擦缝。

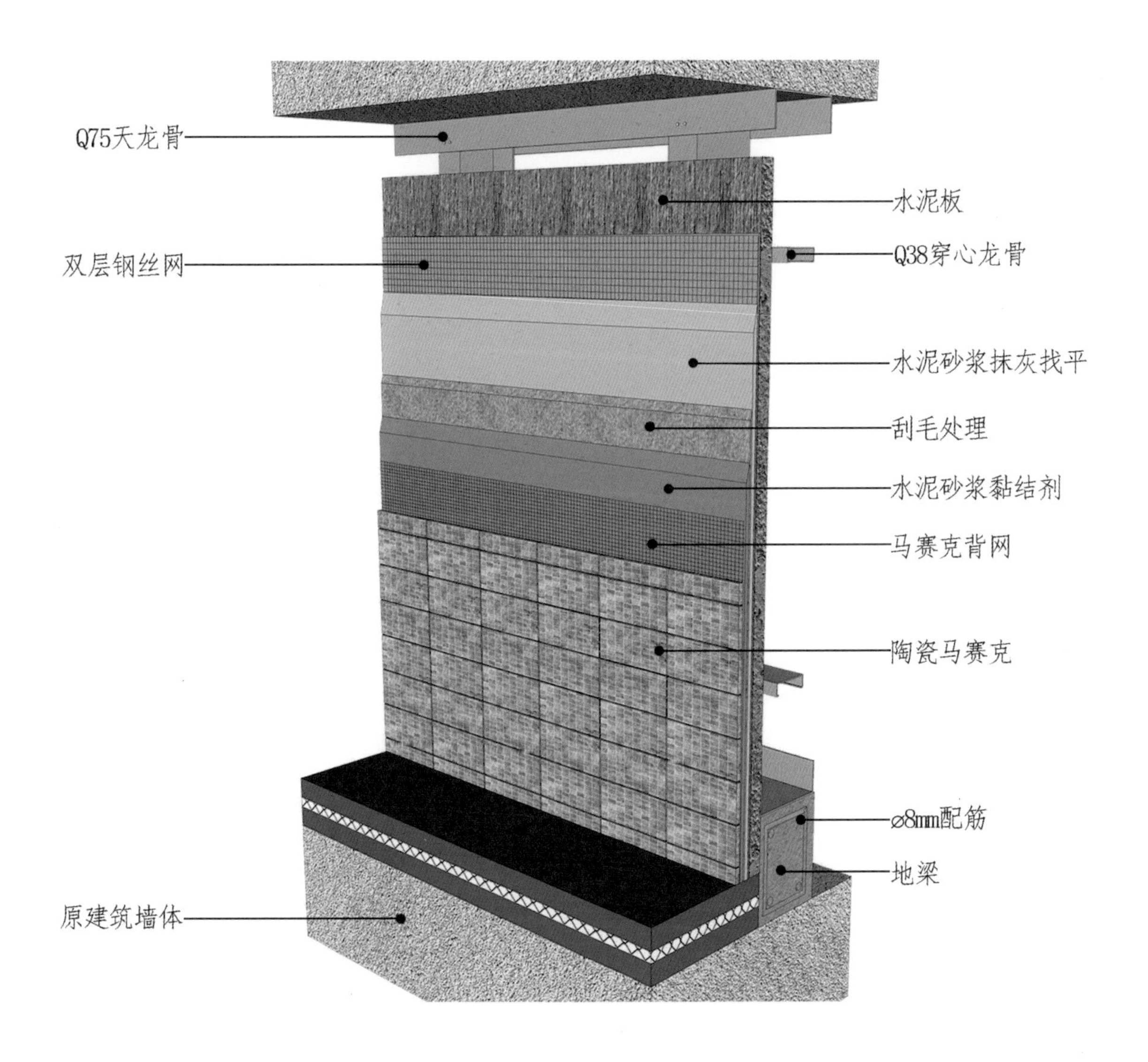
Q75天龙骨
水泥板
双层钢丝网
Q38穿心龙骨
水泥砂浆抹灰找平
刮毛处理
水泥砂浆黏结剂
马赛克背网
陶瓷马赛克
⌀8mm配筋
地梁
原建筑墙体

陶瓷马赛克隔墙工艺做法(1)三维示意图

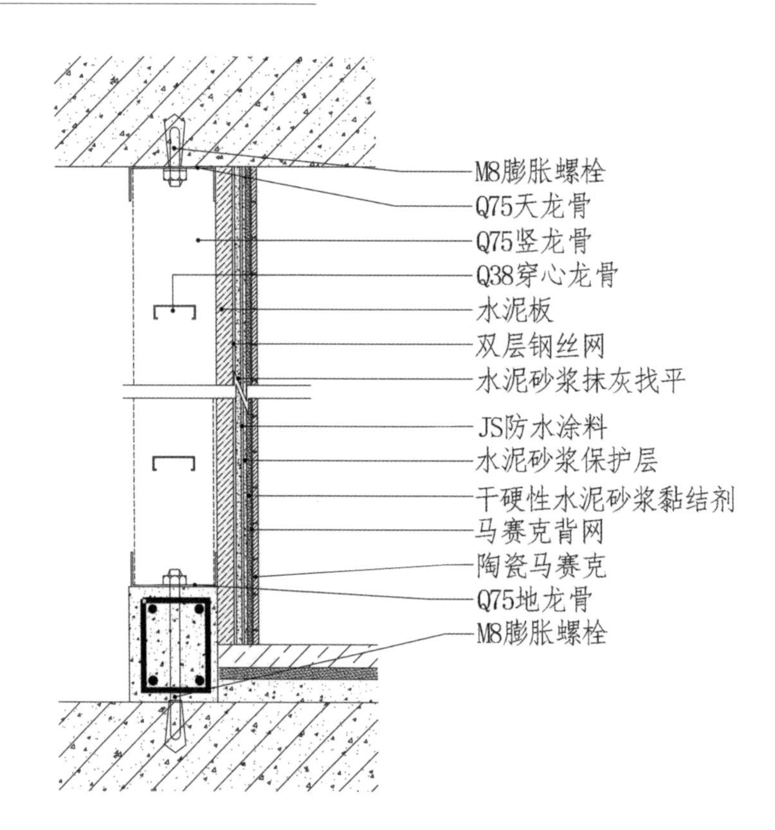
M8膨胀螺栓
Q75天龙骨
Q75竖龙骨
Q38穿心龙骨
水泥板
双层钢丝网
水泥砂浆抹灰找平
JS防水涂料
水泥砂浆保护层
干硬性水泥砂浆黏结剂
马赛克背网
陶瓷马赛克
Q75地龙骨
M8膨胀螺栓

陶瓷马赛克隔墙工艺做法(2)节点图

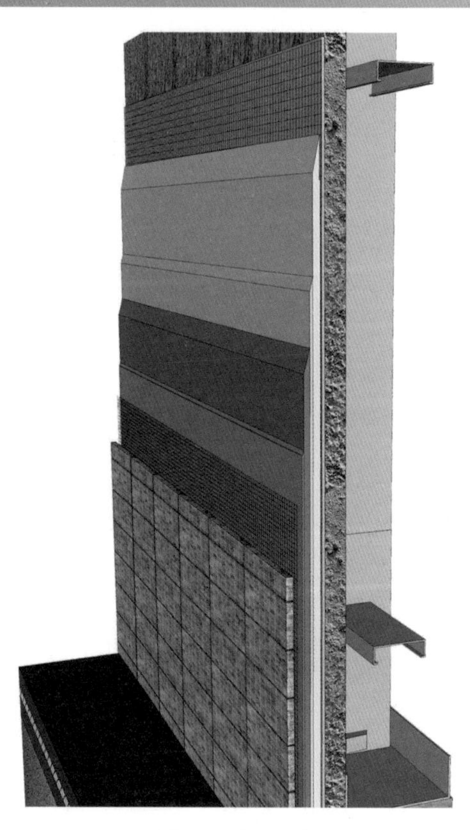

陶瓷马赛克隔墙工艺做法(2)三维示意图

工艺说明： 1. 选用马赛克，表面平整、尺寸正确、边棱整齐。

2. 上下固定Q75天地龙骨，上Q38穿心龙骨完成基层施工。

3. 固定水泥板，上双层钢丝网。

4. 水泥砂浆抹灰找平处理，一定保证平整度。

5. 做JS防水涂料或聚氨酯防水层。

6. 再做水泥砂浆一道，做防水保护层。

7. 刮毛处理，保证黏结层的附着力。

8. 铺贴马赛克，完成施工。

9. 揭纸，调缝，擦缝。

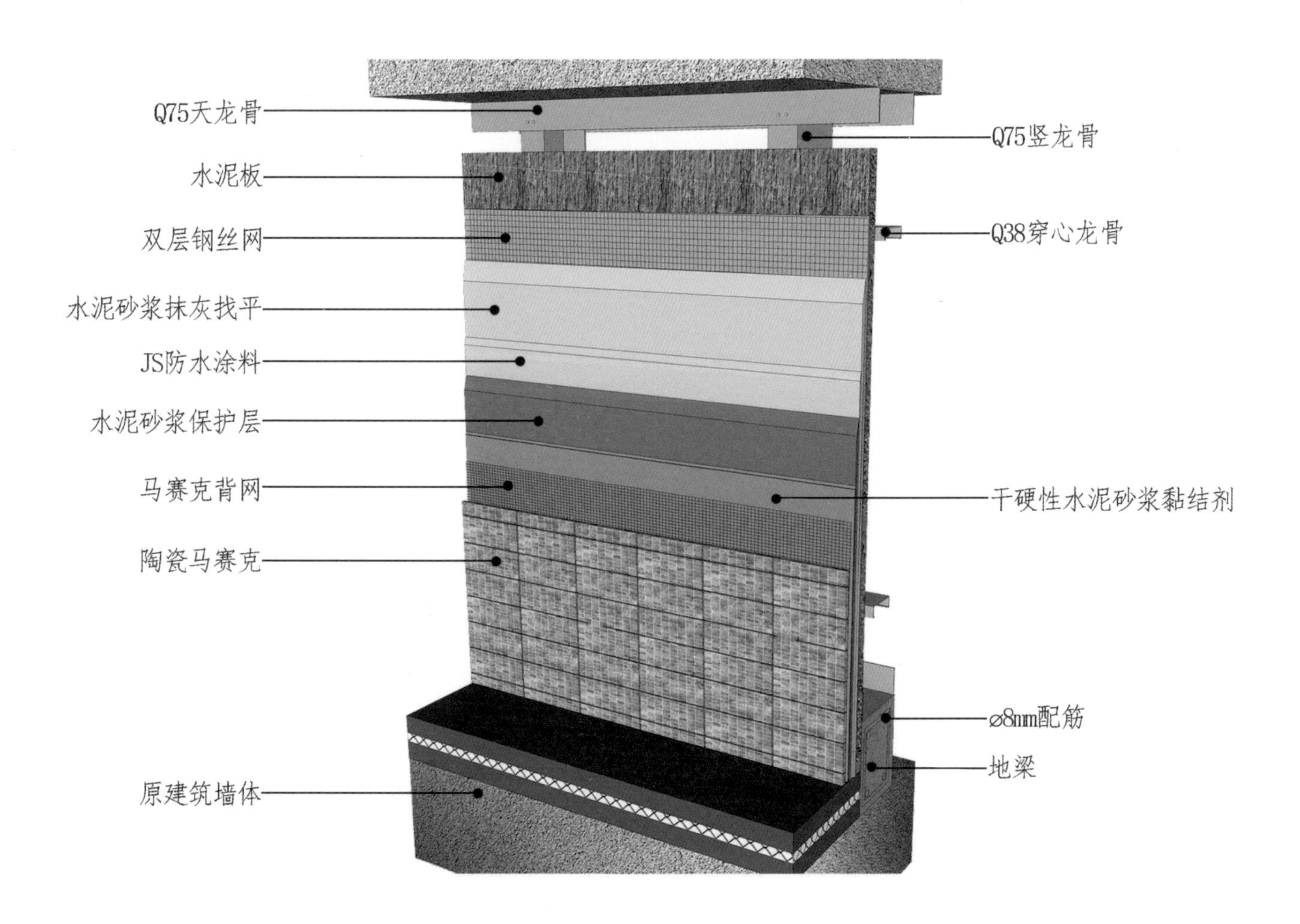
Q75天龙骨
水泥板
双层钢丝网
水泥砂浆抹灰找平
JS防水涂料
水泥砂浆保护层
马赛克背网
陶瓷马赛克
原建筑墙体
Q75竖龙骨
Q38穿心龙骨
干硬性水泥砂浆黏结剂
⌀8mm配筋
地梁

陶瓷马赛克隔墙工艺做法(2)三维示意图

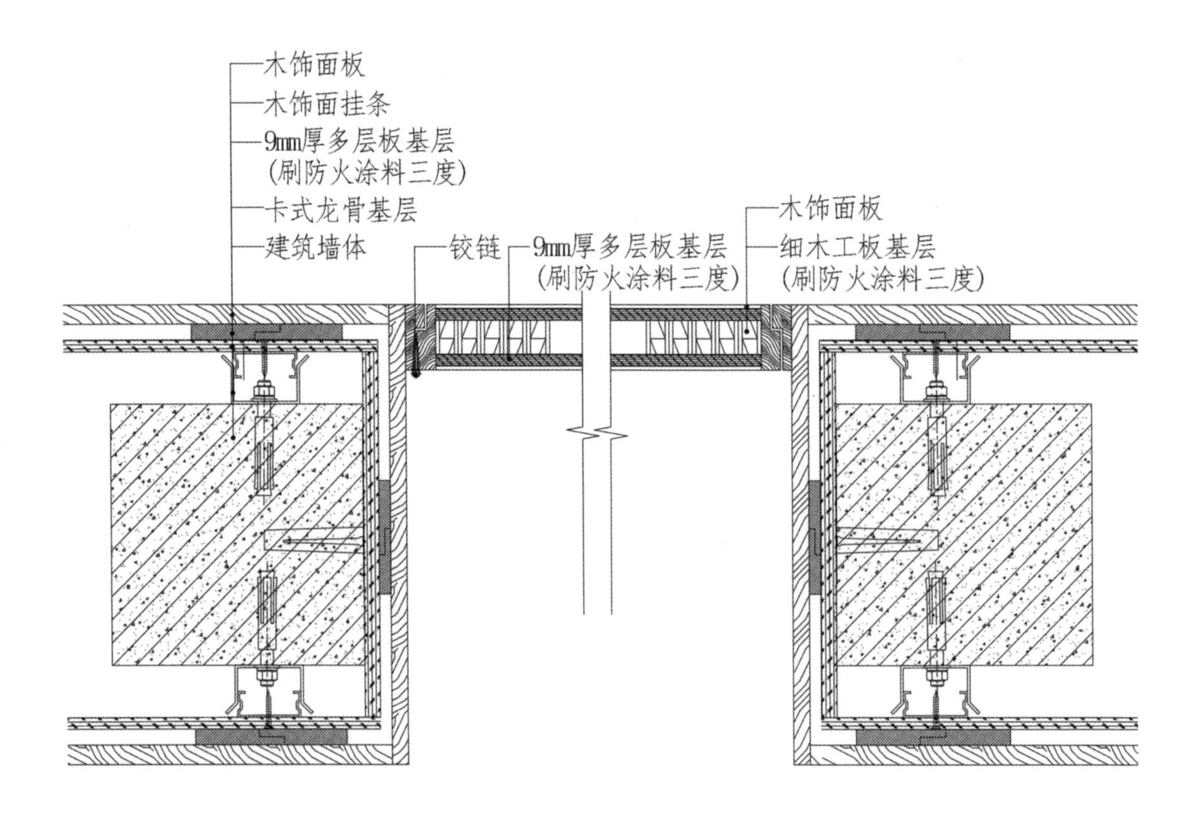
木饰面板
木饰面挂条
9mm厚多层板基层
(刷防火涂料三度)
卡式龙骨基层
建筑墙体
铰链
9mm厚多层板基层
(刷防火涂料三度)
木饰面板
细木工板基层
(刷防火涂料三度)

混凝土基层门套做法节点图

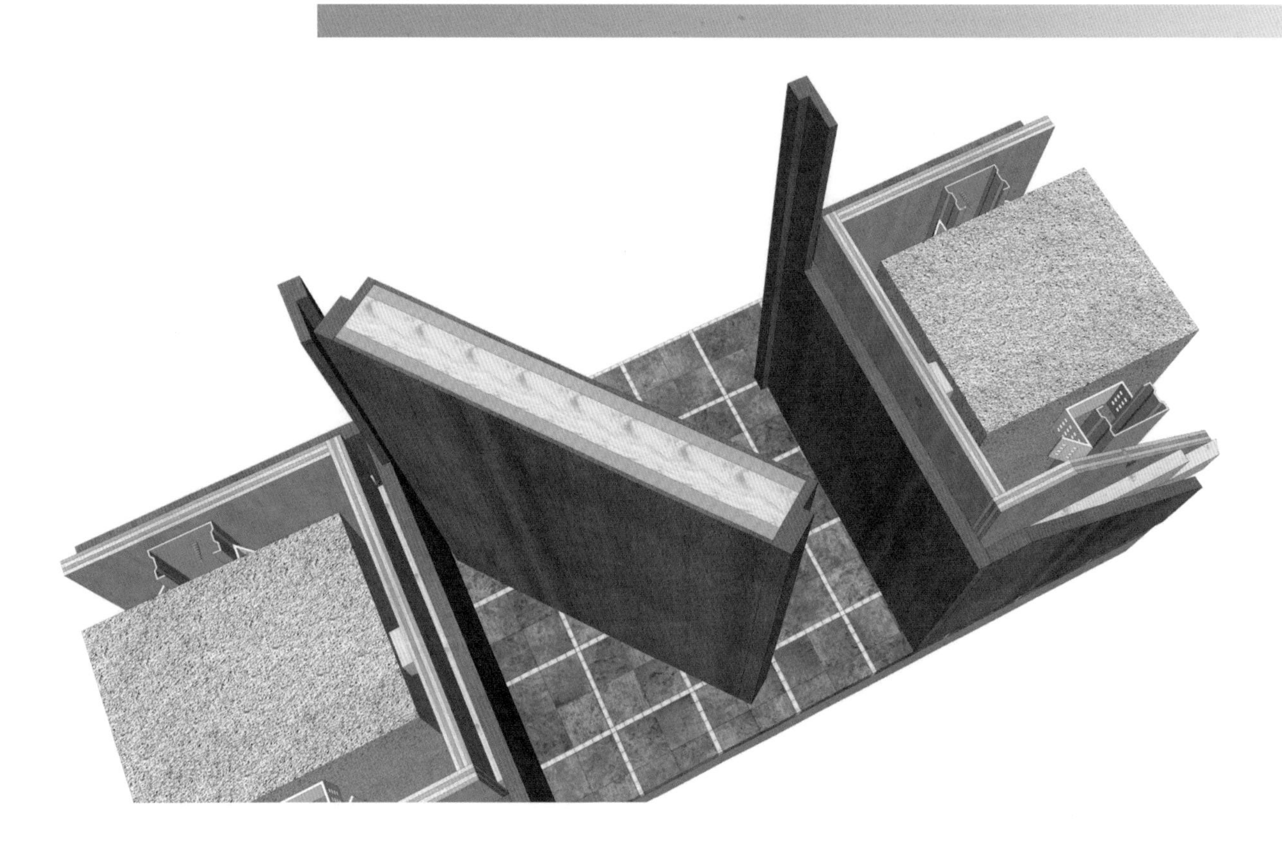

混凝土基层门套做法三维示意图

工艺说明：1. 将轻钢龙骨固定在混凝土墙体上，注意完成面的尺寸。

2. 18mm厚细木工板基层(刷防火涂料三度)找平处理，用自攻螺钉与轻钢龙骨固定。

3. 调整保持门套垂直度，将木饰面门套固定于18mm厚门套基层板上。

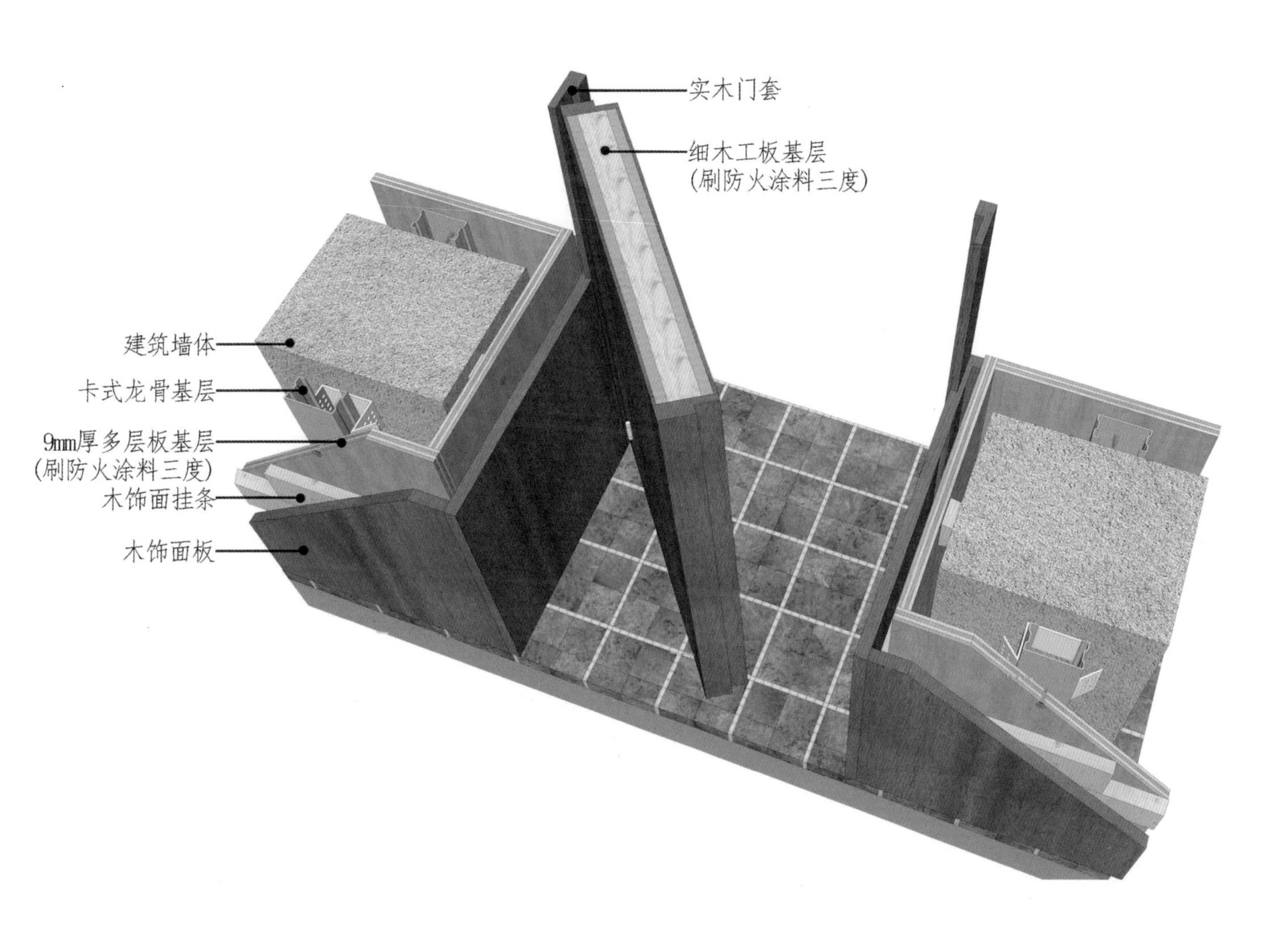
实木门套
细木工板基层
(刷防火涂料三度)
建筑墙体
卡式龙骨基层
9mm厚多层板基层
(刷防火涂料三度)
木饰面挂条
木饰面板

混凝土基层门套做法三维示意图

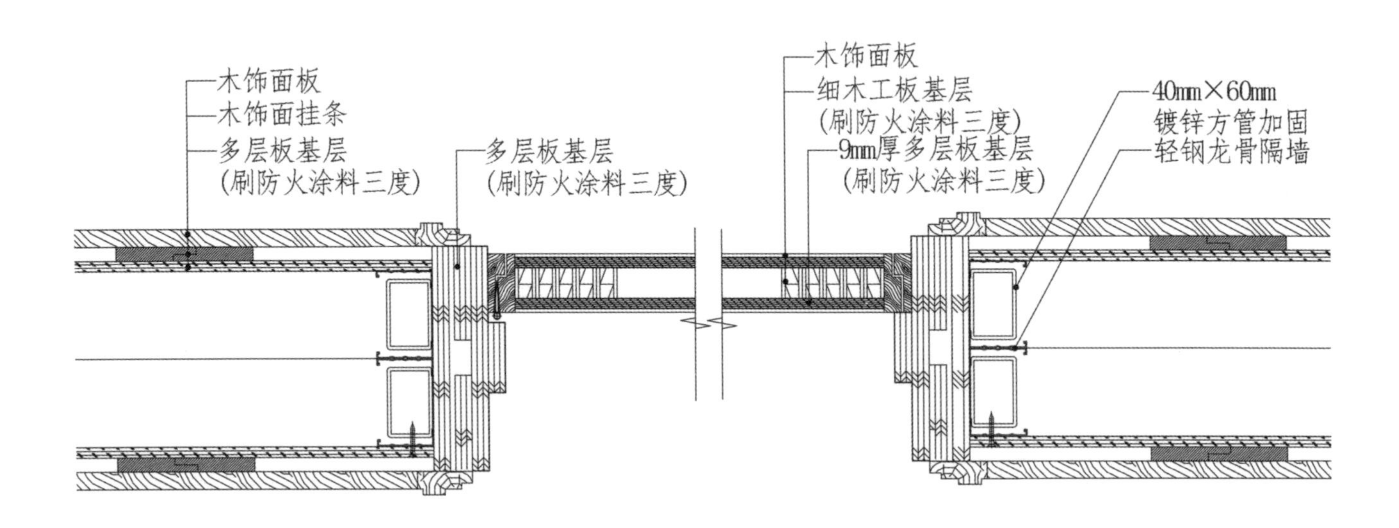
木饰面板
木饰面挂条
多层板基层
(刷防火涂料三度)
多层板基层
(刷防火涂料三度)
木饰面板
细木工板基层
(刷防火涂料三度)
9mm厚多层板基层
(刷防火涂料三度)
40mm×60mm
镀锌方管加固
轻钢龙骨隔墙

轻钢龙骨基层门套做法节点图

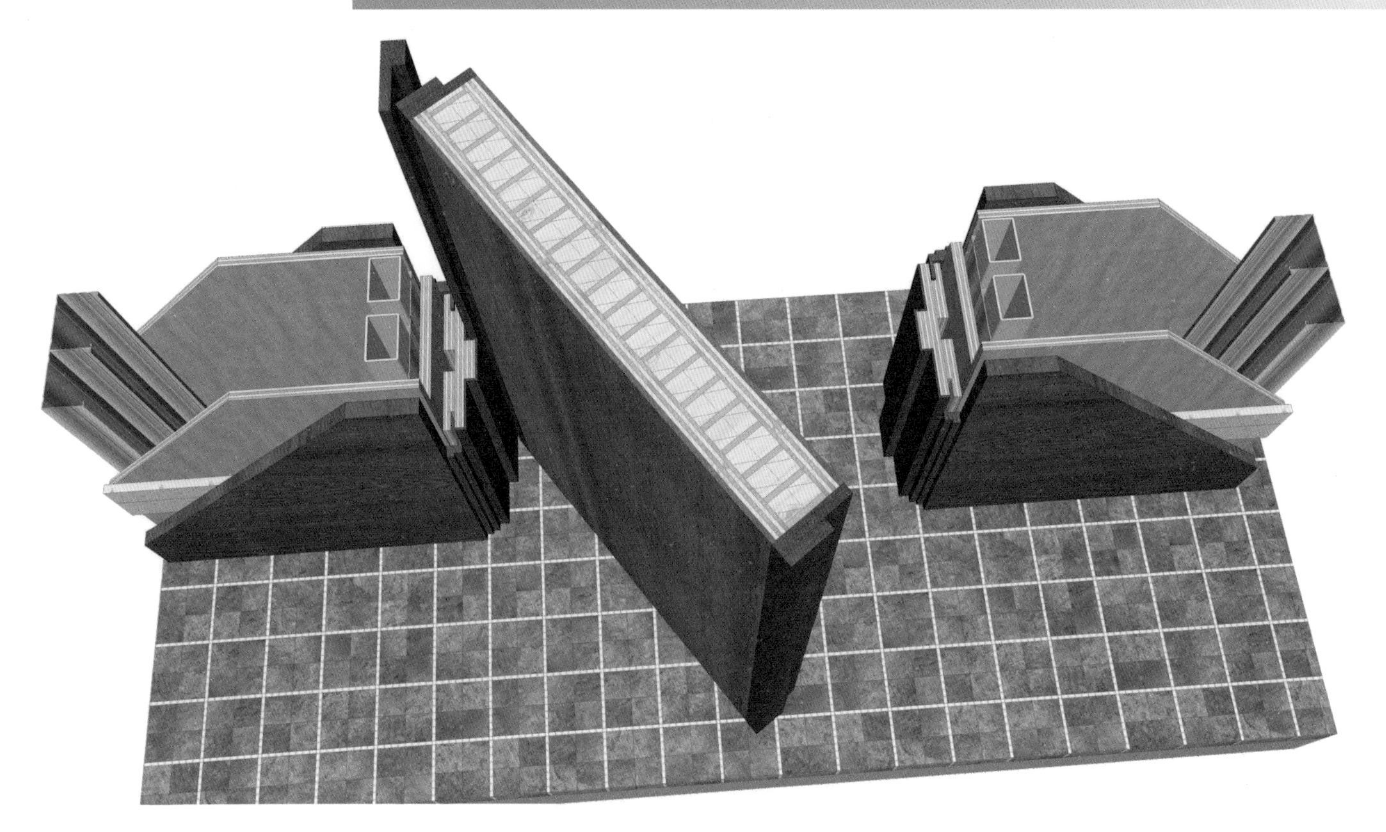

轻钢龙骨基层门套做法三维示意图

工艺说明：1. 双道40mm×60mm方管固定在靠近门套的轻钢龙骨内。

2. 9mm厚多层板基层(刷防火涂料三度)找平处理，用自攻螺钉与龙骨固定。

3. 调整保持门套垂直度，将木饰面门套固定于18mm厚门套基层板上。

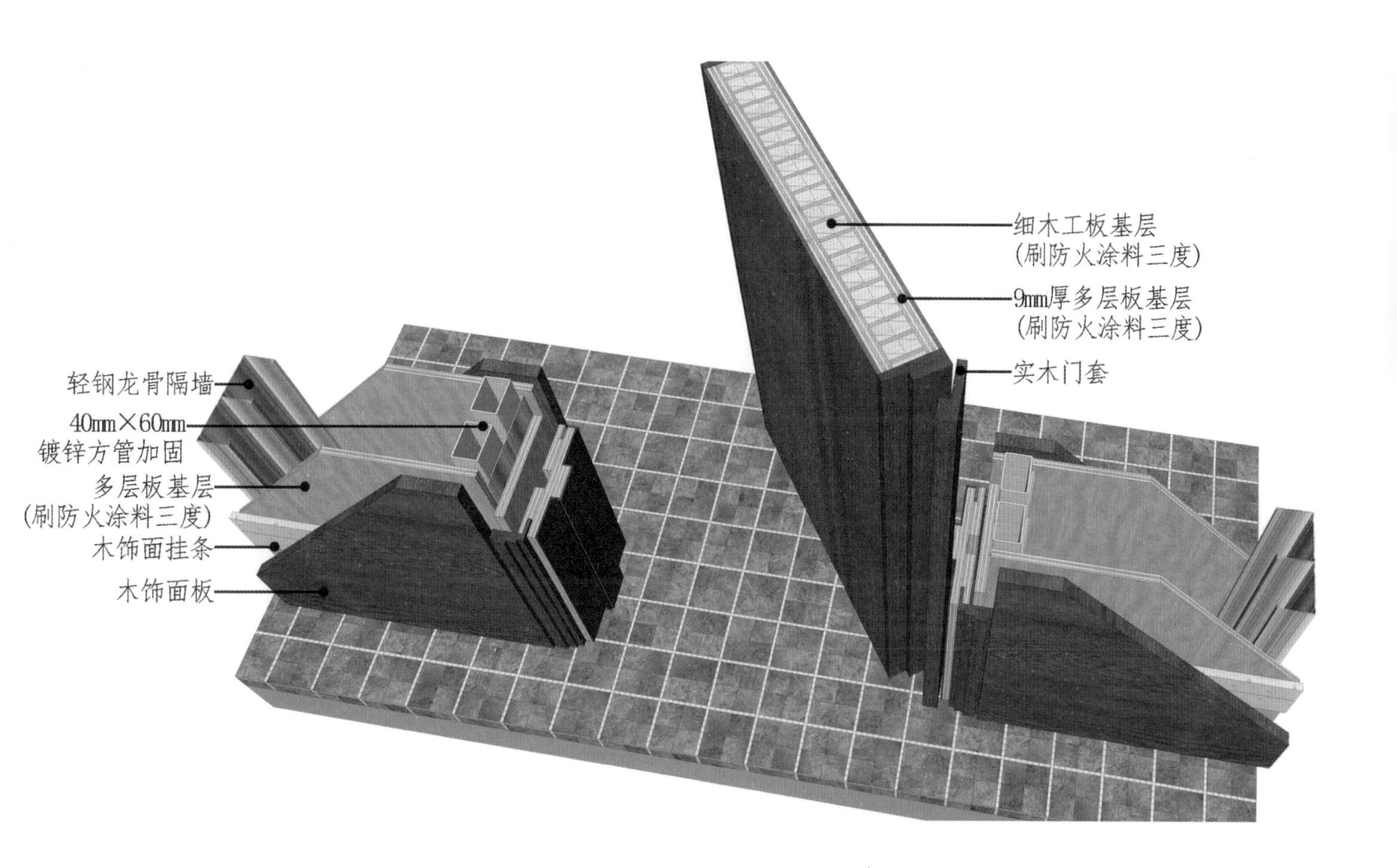
轻钢龙骨隔墙
40mm×60mm
镀锌方管加固
多层板基层
(刷防火涂料三度)
木饰面挂条
木饰面板
细木工板基层
(刷防火涂料三度)
9mm厚多层板基层
(刷防火涂料三度)
实木门套

轻钢龙骨基层门套做法三维示意图